BOSCH

Frank Thomas Dietz

Opel Rekord & Commodore

Entwicklung | Geschichte | Technik

HEEL

Impressum
HEEL Verlag GmbH
Gut Pottscheidt
53639 Königswinter
Telefon 0 22 23 / 92 30-0
Telefax 0 22 23 / 92 30 26
Mail: info@heel-verlag.de
Internet: www.heel-verlag.de

Verantwortlich für den Inhalt: Frank Thomas Dietz

Lektorat: Jürgen Schlegelmilch

Fotonachweis: Opel AG, Jan Strunk, Archiv HEEL Verlag, Archiv Printzen, Thomas Dirk Heere

Lithographie, Satz und Gestaltung: F5 Mediengestaltung Ralf Kolmsee, Bonn

Printed in Croatia

ISBN: 978-3-95843-704-3

Inhalt

Vorwort

Ob Heinz Rühmann, Grethe Weiser, Willy Millowitsch, Gustav Knuth oder Theo Lingen, aber auch Hans Söhnker, Beppo Brehm und Max Schmeling – alle fuhren Opel Rekord, ob im Film, als Privatwagen oder auch in beiden Fällen – mit dem Rekord konnte man sich sehen lassen. Es war also ein „repräsentativer Wagen", „nach dem man sich noch einmal umdreht, wenn man ihn geparkt hat", wie die Werbung deutlich machte. Mit dem Rekord – und später dem Commodore – dokumentierte man durchaus die Zugehörigkeit zu einer Gesellschaftsschicht, „die es geschafft hatte", trotzdem aber noch hohen Wert auf ein vernünftiges Preis-Leistungs-Verhältnis legte. Speziell mit der ab März 1963 lieferbaren Rekord-A-Baureihe (und auch den späteren Modellen) nahm Opel Kurs auf die anspruchsvolleren Kunden in der Oberen Mittelklasse: Luxus-Ausstattungen, großvolumige Vierzylinder- oder auch Sechszylinder-Triebwerke lockten neue Kunden an, die bisher eigentlich zum größeren Kapitän oder zu Mercedes-Modellen hätten greifen müssen.

Das Jahr 1967 markierte nicht nur politisch und gesellschaftlich den Start in eine neue Ära: Während in den USA „the summer of love" ausgehend von San Francisco mit der Hippie-Bewegung eine neue Toleranz verschiedener Lebensstile und die Legalisierung von Drogen forcierte, kämpfte in der Bundesrepublik Deutschland die konservative Regierung unter Ludwig Erhardt erstmals mit dem Phänomen der Arbeitslosigkeit: 460.000 Arbeitssuchende entsprachen einer Quote von 2,1 % und erscheinen heute geradezu unerheblich. Erstmals sank das Bruttosozialprodukt nach dem Krieg um 0,3 %. Gleichzeitig aber hatten sich Automobilkunden an einen höheren Standard gewöhnt, und auch junge Abteilungsleiter wollten statt vierzylindriger „Hausmannskost" ihren Status nach außen dokumentieren. Genau auf diese Kunden zielte der neue kompakte Sechszylinder-Opel!

Nun bot Opel – speziell ab 1967 mit der Vorstellung des ersten Commodore – ein besonders feingliedriges Modellangebot für den anspruchsvollen Kunden. Ein Blick auf das Motorenangebot für Rekord/Commodore/Kapitän/ Admiral und Diplomat verdeutlicht dies:

Rekord 1500 (58 PS), Rekord 1700 (60 PS), Rekord 1700 S (75 PS), Rekord 1900 S (90 PS), Rekord 6 2,2 (95 PS), Rekord Sprint 1900 (106 PS), Commodore 6 2,2 (95 PS), Commodore 6 2,5 (115 PS), ab 1968 Commodore GS (130 PS), ab 1969 Commodore 2800 (145 PS), ab 1970 Commodore GS/E (150 PS),

Hinzu kamen die Top-Modelle Kapitän, Admiral und Diplomat mit maximal 230 PS aus einem Small-Block V8, wie er auch in der zeitgenössischen Chevrolet Corvette eingesetzt wurde. Sogar ein exklusives Coupé von Karmann gehörte dazu, das mit 347 produzierten Einheiten zu den exklusivsten Opel-Modellen überhaupt zählt. Einer der prominentesten Besitzer der letzten Jahre ist Dr. Karl-Thomas Neumann, bis Spätsommer 2017 Vorstandsvorsitzender von Opel.

1978 legte Opel mit der Vorstellung der neuen Top-Modelle Senator und Monza den ersten Grundstein zur Neuordnung des Modellangebots in der oberen Mittelklasse. Nachdem der Senator – wie auch das Coupé Monza – ab 1982/83 auch mit Vierzylindermotoren verfügbar war, entfiel der Commodore fast zeitgleich. Ein Umstand, dem ich als junger Tageszeitungs-Redakteur einen eigenen Zweispalter mit der Überschrift „Commodore streicht die Segel“ widmete.

Der nächste große Schritt stellte die Ablösung des Traditionsmodells Rekord durch den Omega dar, den es auch als Sechszylinder gab. Bis 1993 liefen Omega und Senator parallel, bevor der Omega B dann beide Modelle ersetzte. Die inzwischen geringen Verkaufszahlen des Senator hatte den Unternehmensführern eine eigene Oberklasse-Linie unrentabel erscheinen lassen – Stoff für eine eigene Betrachtung dieses Themas in der Zukunft.

Dieses Buch schildert eine der interessantesten Phasen des Rüsselsheimer Traditionsherstellers, der häufig sich abzeichnende Trends schon vorwegnahm oder zumindest auf neue Herausforderungen prompt reagierte. Vor dem Hintergrund gravierender Änderungen im Markt arbeitet die Marke Opel – seit 2017 unter dem Dach des PSA-Konzerns – konsequent an einer neuen Zukunft, ohne sich auf den Erfolgen der Vergangenheit auszuruhen. Aber diese großen Erfolge geben der Marke mit dem Blitz ihre Identität, die sie auch weiterhin untermauern wird.

Frank Thomas Dietz

Stolz: Auch Hildegard Knef pilotierte in den 1950er Jahren einen Opel, wie diesen Olympia wdes Baujahres 1954. Der Olympia bildete das Herzstück der Opel-Pkw-Produktion, die durch den Kapitän nach oben abgerundet wurde. Auch andere Prominente schworen auf Opel, darunter Heinz Rühmann, Gustav Knuth, Inge Meysel oder auch Grethe Weiser.

Ouvertüre

Oliver Steinmetz: Meine „wilden alten Zeiten“ mit Opel Rekord und Commodore

Liebe Leser, bitte sehen Sie mir nach, dass in meiner Erinnerung die Commodore (A) eine wesentlich wichtigere Rolle spielen als die Rekord (C): Als ich fast 9 Jahre alt war, eröffnete mein Vater Klaus mit meiner Mutter Alexandra am 1. Januar 1970 in Rüsselsheim das „Steinmetz Sportzentrum für Opel-Fahrzeuge“, und fortan wurde das mein liebster Abenteuer-Spielplatz. Wenn ich am Abend nicht von meiner Mutter für meine ölverschmierten Hände getadelt wurde, konnte der Tag nicht so spannend gewesen sein. Ich wollte alles aus der Nähe sehen: Das „Aus-Biaxen“ von Ansaug- und Auspuffkanälen, das Abplanen von Zylinderköpfen, die Montage der Kotflügelverbreiterungen oder die geradezu bildhauerische Erzeugung eines 6-in-1-Fächerkrümmers, nur mittels gerader Rohrstücke und eines Schweißbrenners!

Wenn ich heute mit meinem Renn-Commodore bei Oldtimer-Veranstaltungen auftrete, werde ich immer wieder von Opel-Enthusiasten angesprochen. Oft beginnt die Unterhaltung nach dem Muster „Mein Onkel hatte auch so einen, da durfte ich oft mitfahren. Das war das schnellste Auto weit und breit damals!“ Dieser „Onkel“ war typischerweise ein Freiberufler oder Handwerker, der es „zu etwas gebracht“ hatten.

Es muss 1970 gewesen sein, als mich einer der Steinmetz-Mitarbeiter fragte, ob ich eine Probefahrt mitmachen wollte. Selbstverständlich wollte ich!! Sicher wurde aber auch mein Vater um Erlaubnis gefragt. Jedenfalls fand ich mich plötzlich auf dem Beifahrersitz eines Rallye-Commodore – wahrscheinlich ein Scheel-Schalensitz. Ich weiß noch genau, dass er die Pirelli CN 36 in der Größe DR 70 HR 14 draufhatte, dass ich vor mir den Halda Tripmaster und Twinmaster hatte, und um uns herum einen massiven Überrollbügel. Was ich hören konnte, als der Kollege ab der Auffahrt Rüsselsheim-Ost auf der A 67 aufs Gas ging, sträubt mir noch heute jedes Nackenhaar: Der GS 2800 Reihensechszylinder durfte durch drei 45er-Doppelvergaser frei einatmen, die scharfe Steinmetz-Nockenwelle sorgte für größere Ventilhübe und Überschneidungen zwischen Einlass und Auslass, der Innenraum war erfreulich frei von Schalldämmungen, so dass wir die „Symphonie für sechs Zylinder“ aus der ersten Reihe erleben durften. Diese Beschleunigung hatte ich so direkt noch nicht erlebt. Was solche Eindrücke mit einem Neunjährigen machen, sollen die Psychologen erklären – aber ich war ein für allemal infiziert!

Die Rücksitze kannte ich natürlich ebenfalls: 1973 fuhren wir im Sommer von Rüsselsheim aus nach Basel, in einem weißen Commodore B Coupé: Vater Klaus am Steuer, Mutter Alexandra auf dem Beifahrersitz, und mein neunjähriger Bruder Mario und ich auf der Rückbank (natürlich ohne Gurte!). Wie immer war das kein „normaler“ Opel, sondern die Strassenversion des „Jumbo“ mit 3,4-Liter-Sechszylindermotor, der es dank Spezial-Kur-

belwelle mit 8 mm größerem Hub, vergrößerter Bohrung und anderer Modifikationen auf atemberaubende 208 PS bei 5800/min brachte. Wahrscheinlich wollten meine Eltern nicht nur so in Urlaub fahren – das gab's bei uns eigentlich nicht – sondern vielleicht auf dem Weg die Garage Möll in Solothurn besuchen, unseren Schweiz-Importeur. Vor Basel kam aber erst mal das, was seit Schengen nicht mehr so schlimm ist: Der Stau vor der Schweizer Grenze. Der buchstäblich „heißgemachte" Motor fand die Steherei gar nicht witzig und zeigte auf den Wasser- und Ölthermometern immer bedrohlichere Werte an. Parallel dazu verschlechterte sich die Laune meines Vaters, denn er hatte in all' den Jahren als Versuchs- und Rennfahrer eine geradezu übermenschlich feine Wahrnehmung für die Mechanik entwickelt. Nun litt er körperlich und geistig mit seinem Auto. Er begann, über die „Lahmärsche" vor uns zu fluchen, während sich in der Benzinleitung die Dampfblasen sammelten. Irgendwie schaffte er es, den Motor über die Grenze zu „tragen", bevor die Zylinderkopfdichtung sich verabschiedet hätte. Tja, heute sind derartige Sport-Modelle wesentlich unempfindlicher – früher war eben nicht alles besser.

Nun wünsche ich Ihnen viel Spaß und neue Erkenntnisse bei der Lektüre dieses wunderbaren Buches.

Mit sportlichen Grüßen, Ihr

Oliver Steinmetz

OPEL
D GG OR 65H
OPEL
Wir leben Autos.
OPEL

Geschichte

Opels Rekorde mit dem Rekord

Der Aufbruch in die neue Rekord-Ära startete mit einem kleinen Fauxpas: Der neue Rekord A war fix und fertig entwickelt, die Vorstellung stand kurz bevor, und die ersten Broschüren waren bereits gedruckt. Als Modell „R3“, so die ersonnene Bezeichnung des P2-Nachfolgers, sollte das äußerst attraktiv gestylte Modell auf den Markt kommen, da entdeckte – so jedenfalls berichteten Zeitzeugen – ein Mitglied der Opel-Geschäftsleitung, dass es auch eine Präservativ-Marke mit dieser Bezeichnung gab. Um diese verständlicherweise nicht gewünschte Verbindung erst gar nicht publik zu machen und jegliches Missverständnis zu vermeiden, änderte die Verkaufsabteilung in Rüsselsheim schnell die Modellbezeichnung. So folgte auf den Rekord P2 also nicht der R3, sondern der Rekord A. Nur für eine Änderung beim Kraftfahrtbundesamt war es bereits zu spät – deshalb erschien im Kfz-Brief tatsächlich die Bezeichnung Rekord R3.

Diese Vorgeschichte konnte dem beispielhaften Verkaufserfolg des neuen Modells jedoch keinen Abbruch tun. Ganz im Gegenteil: Als rund zweieinhalb Jahre nach Modellstart (März 1963) zusammengerechnet wurde, hatte der Rekord A mit 861.722 gebauten Fahrzeugen buchstäblich einen neuen Rekord aufgestellt und den bisher beispiellosen Erfolg des Rekord P1 – gebaut wurden insgesamt 824.606 Einheiten plus 31.143 des Derivat-Modells „Opel 1200“ – noch übertrumpfen können. Mit den Verkaufsergebnissen des zwischen 1960 und 1963 gefertigten Rekord P2 war man in Rüsselsheim indes nicht sonderlich zufrieden gewesen.

Erstmals hatte dieses Modell zeitweilig im Schatten des Konkurrenzmodells von Ford in Köln, der so genannten „Badewanne“, gestanden und auch nicht das Resultat seines Vorgängers Rekord P1 erzielt. Denn der Taunus 17 M hatte vor allem durch seine gelungene Form seit seiner Vorstellung im Jahre 1960 viele Fans gefunden, darunter auch einige aus dem Opel-Lager. Der Rekord P2 konnte zwar mit 754.385 gebauten Fahrzeugen den 17 M „in Schach“ halten, der Herausforderer aus Köln hatte mit schlussendlich 669.175 Einheiten gegenüber dem Rekord jedoch beträchtlich aufgeholt. Es war allen in Rüsselsheim klar, dass der Neue seine Konkurrenz eindeutiger distanzieren sollte und mindestens die Ergebnisse des P1 inklusive des 1200 erreichen musste – und so kam es dann auch.

Doch nochmals kurz zurück zur Vorgeschichte des neuen Rekord, der den zweiten Teil seines Namens, nämlich die Modellbezeichnung „Olympia“, nur noch verschämt als kleinen Schriftzug auf dem Handschuhfach

Festtagsstimmung: Mit großem Aufwand stellte Opel den neuen Rekord P2 im Spätsommer 1960 den gespannten Händlern in der Wiesbadener Rhein-Main-Halle vor. Es sollte das Ende der „Trapezform-Ära“ sein.

trug. Es bedarf keiner tiefgreifenden Erklärung, dass es sich bei der ab 1935 gebauten Olympia-Familie eigentlich um die „Urzelle" des Rekord handelte. Als dieses Modell im Vorfeld der Berliner Olympiade vorgestellt wurde, sorgte seine „selbsttragende Ganzstahlkarosserie" für Furore. Es war das erste Mal, dass bei einem deutschen Großserien-Automobil diese Technologie angewandt wurde. Weniger innovativ gab sich hingegen der seitengesteuerte 1,3-Liter-Motor mit 24 PS (später 29 PS), den dieses Auto bei seiner Vorstellung unter der Motorhaube trug.

Erst zwei Jahre später - 1937 - sollte der Olympia den Urahn jener Motorengeneration erhalten, der auch nach dem Zweiten Weltkrieg bis ins Jahr 1965 den Grundstein für alle bis Mitte der 1960er Jahre folgenden Motoren-Versionen legte, den 1,5-Liter-Kurzhub-Motor mit hängenden Ventilen, der über eine unten im Block angeordnete stirnradgetriebene Nockenwelle gesteuert wurde. Zur selben Triebwerks-Generation gehörte auch der konstruktiv eng verwandte neue 2,5-Liter-Kurzhub-Reihensechszylinder, der den kurz vor Weihnachten 1938 vorgestellten Kapitän, aber auch den Opel-Lastwagen „Blitz" antrieb. Wie der Kapitän und der Blitz, sollte auch der Olympia nach dem Krieg wieder mit leichten Änderungen erscheinen.

Nach verschiedenen Facelifts wurde der Olympia im Frühjahr 1953 - inzwischen mit großzügigem Chromschmuck, neuer Vorderachse und einem geräumigeren Kofferraum sowie der damals hochgeschätzten Lenkradschaltung versehen - von einem neuen Modell abgelöst (allerdings baute Opel den alten Olympia parallel zum neuen Modell noch einige Monate weiter), das zwar technisch an den Vorgänger anknüpfte, aber sich von diesem formgestalterisch fundamental unterschied. Genau das war das Charakteristische an diesem Fahrzeug, dessen Entwicklung Ende der 1940er Jahre unter der Leitung von Karl Stief in Rüsselsheim begonnen hatte. Das neue Design nannte sich Ponton-Form (Ponton ist der französische Ausdruck für „Brückenboot", ein kahnartiges, flaches Fahrzeug, meist aus Stahl, das zum Bau so genannter Pontonbrücken eingesetzt wurde) und kam aus den USA, wo verschiedene Hersteller bereits Mitte bis Ende

Neue Sachlichkeit: Dr. Hans Schnabel stellt im Februar 1963 den bundesdeutschen Opel-Händlern den neuen Rekord A vor. Motto: „Die große Fahrfreude".

Traumwagen: Sechs Jahre zuvor, im Spätsommer 1957, hatten Opel-Händler und Journalisten zur Vorstellung des neuen Rekord P1 eingeladen. Im Vergleich wirkte der Erfolgsschlager der späten 1950er Jahre deutlich barocker.

Revolutionär: 1937 sorgte der Opel Olympia mit der ersten in Deutschland in Serie produzierten selbsttragenden Ganzstahlkarosserie für Furore. Dieses Konzept wird heute von allen Großserien-Herstellern weltweit angewandt.

der 1940er Jahre entsprechende Modelle auf den Markt gebracht hatten. Bei General Motors war die Cadillac-Division wohl der prominenteste Vertreter, der entsprechend geformte Ponton-Modelle für den Jahrgang 1948 auf den Markt gebracht hatte. Das Besondere an dieser neuen Formgestaltung war übrigens die Einbeziehung der traditionell freistehenden Kotflügel in die komplette Form des Wagens, wie zum Beispiel auch beim VW Käfer.

In Deutschland hingegen war Wettbewerber Ford aus Köln etwas schneller. Der neue Taunus 12 M, Nachfolger des inzwischen stark ergrauten „Buckel-Taunus", hatte bereits im Jahr 1952 das „Licht der Welt" erblickt, und der erste rein deutsche Ponton-Wagen in Gestalt des Borgward Hansa war gar seit 1949 auf dem Markt.

Nun endlich – im Frühjahr 1953 – war der neue Olympia Rekord da und bildete das Highlight der Automobilausstellung in Frankfurt. „Rekord" sollte die Modernität ausdrücken und war eigentlich als Eigenname vorgesehen. Ob nun wirklich die seit Langem geschützten Namensrechte von Hanomag für diese Bezeichnung oder die angebliche „Nicht-Schützbarkeit" einer Allgemeinbezeichnung wie Rekord dies vereitelten, lässt sich heute nicht mehr eindeutig klären. Jedenfalls wurde der Begriff Olympia noch zehn weitere Jahre zusätzlich genutzt. Preiswerte Einstiegsmodelle

Rechts und rechte Seite:
Modern und schnittig: Der Rekord P1 war der Traumwagen für jedermann. In der Werbung wurde sein modernes Design gerne mit Flugzeugen in Verbindung gebracht, die das Non-plus-ultra der modernen Reisegesellschaft darstellten.

Traumhaft sichere Geborgenheit - ein wunderbares Gefühl im REKORD! Reale Ursachen begründen diese Gewißheit, sicher zu sein: gute Straßenhaltung, leichte Bedienbarkeit, Panorama-Sicht und progressive Federung. Alles wirkt zusammen. Die Schönheit des REKORD zeigt seine Eigenschaften. Man spürt sein Temperament, erkennt den Raumkomfort – vieles spricht dafür, diesen Wagen zu begehren.

REKORD DM **6385.-** a. W.
Sonderausstattung gegen Mehrpreis

OPEL
der Zuverlässige

ADAM OPEL AG · RÜSSELSHEIM AM MAIN · OPEL-Dienst im In- und Ausland

Neuer Start: Im Spätsommer 1947 startete bei Opel in Rüsselsheim erneut die Pkw-Produktion. Der Nachkriegs-Olympia entsprach fast hundertprozentig dem Vorkriegsmodell, die Verwendung von Chrom fiel recht spärlich aus. Das änderte sich jedoch mit dem Modelljahr 1951, als der Olympia einen geräumigen Kofferraum und einen reichlich verchromten Kühlergrill erhielt.

zwischen 1954 und 1959 trugen diesen Namen ausschließlich und waren gegenüber den schmuckvolleren Olympia-Rekord-Modellen durch reduzierten Chromanteil sowie eine abgemagerte Ausstattung (z. B. fehlende Zeituhr und Beifahrer-Sonnenblende) zu erkennen.

Der an ein Haifischmaul erinnernde Kühlergrill sowie die bauchigen hinteren Kotflügel verhalfen diesem neuen Opel-Mittelklasse-Modell auf Anhieb zu eigenständiger Optik, die von jedermann bewundert wurde. So zum Beispiel auf der Frankfurter Automobilausstellung, wo der neue Olympia Rekord zu einem echten Publikumsmagneten wurde. Entsprechend selbstbewusst trat Opel auch in der Werbung auf: „Star seiner Klasse“, hieß

Rutschbahn: Mit spektakulären Tests auf dem Opel-Prüffeld in Rüsselsheim überzeugte Opel Fachjournalisten von den Qualitäten des neuen Rekord. Hier im Bild eine Fahrt über die künstlich bewässerte Kopfsteinpflaster-Strecke, die angesichts der damals noch unumgänglichen Diagonal-Bereifung sicherlich eine kundige Hand des Piloten voraussetzte.

Frühlingsgefühle: Herrschaften, die bereits relativ schnell nach dem Krieg wieder zu ordentlichem Wohlstand gekommen waren, griffen ab 1951 zur gelungenen Cabrio-Limousine mit dick gefüttertem Verdeck. Die Mehrzahl der Kunden entschied sich in jenen Jahren jedoch für die praktische zweitürige Limousine.

es da auf dem neuen vierfarbigen Katalog, der freudestrahlende Menschen in ihrem neuen Olympia Rekord auf Fahrten durch Europas Metropolen zeigte. Dazu hieß es vollmundig: „Im Rahmen seiner Klasse bietet dieser neue OPEL-Wagen ein Höchstmaß an Formschönheit und Komfort, Wirtschaftlichkeit und Zuverlässigkeit. Keine dieser Erwartungen wird enttäuscht. Berufene Sachkenner haben den neuen Wagen höchst gewissenhaft auf Herz und Nieren geprüft. Ihr einhelliges Urteil: Der Olympia Rekord ist technisch und preislich ein Spitzenerzeugnis seiner Klasse!"

Neben der adretten Form, waren es auch die nun lieferbaren attraktiven Zweifarben-Kombinationen, die diesem Auto zu besonderem Chic verhalfen. Das galt übrigens auch für den im Herbst desselben Jahres vorgestellten neuen Kombi CarAVan, den Opel nun erstmals in Eigenregie fertigte und nicht mehr – wie noch beim Vorgänger Olympia geschehen – freie Karosseriebau-Unternehmen mit der Produktion eines solchen Modells beauftragte.

Der Name stammte übrigens aus dem Amerikanischen und bedeutete „This car is a van" – also: Dieses Auto ist ein Lieferwagen. Auch eingedeutscht passte der Begriff sehr gut – in Anlehnung an den Begriff „Caravan", den man auch für Wohnwagenanhänger verwendet. Apropos Lieferwagen: Den gab es natürlich auch auf Basis des CarAVan. Charakteristisch an ihm waren die fehlenden Seitenscheiben sowie die fehlende hintere Sitzbank. Die Nutzlast für dieses Modell lag bei einer halben Tonne.

Der neue Olympia Rekord bot wieder den nun 40 PS starken (und von der Fachpresse vielgerühmten!) 1,5-Liter-Vierzylinder-Kurzhubmotor (jetzt mit geringfügig erhöhter Verdichtung, gepanzerten Auslassventilen sowie optimiertem Carter-Vergaser) und baute auf einer neuen Bodengruppe mit über 9 Zentimeter längerem Radstand auf. Die Vorderachse mit Schraubenfedern hatte man vom Olympia übernommen, neu waren allerdings die Teleskop-Stoßdämpfer und die vom Kapitän „geliehene" Lenkung. Bekannt war auch die hintere Starrachse, die nun statt Blattfedern mit sieben Blättern solche mit drei Blättern aufwies. Auch die Bremsen fielen größer aus und verbesserten so die Verzögerungswerte. Kleinigkeiten, wie selbstabstellende Blinkleuchten (statt der damals noch üblichen Winker) und

Zwei Wagen in einem: Der neue Opel CarAVan erfreute die Kunden ab Herbst 1953. Seine gelungene Form verhalf ihm zu einem familiären Freizeit-Image, wie es auch heute von modernen Kombis erreicht wird. Mit dem reinen Lastesel-Dasein zwischen Farbtöpfen und Werkzeugkisten wollte dieser gelungene Kombi nichts zu tun haben. Dafür gab es ja auch den Lieferwagen ohne seitliche hintere Fenster!

eine leichtgängigere Kupplung, vervollständigten das Angebot.

Neu auch die während der Fahrt längsverstellbare Sitzbank vorn (Werbung: „... eine komfortable vordere Sitzbank mit durchsitzfester Elastik-Federung mit ausgeklügelter Formgebung für ermüdungsfreies Sitzen") und natürlich die komplette Innenausstattung mit äußerst attraktiver Armaturentafel und neuem Kombiinstrument für Tachometer, Kilometerzähler, Benzinstandanzeige und „Fernthermometer". Die beim Olympia Rekord serienmäßige Zeituhr (sie arbeitete noch mechanisch und durfte regelmäßig aufgezogen werden – ein Unikum, das erst beim Rekord P2 im Jahre 1960 durch eine elektrische Uhr ersetzt wurde) saß direkt vor dem Beifahrer – eingebaut in den blechernen Deckel des Handschuhkastens.

Ähnlich hartnäckig blieb Opel übrigens auch einem weiteren Detail bis zum Jahre 1956 treu: der Trennung von Zünd- und Anlassschalter. Während also die Zündung mit dem Schlüssel aktiviert wurde, musste zum Starten der rechte Fuß ran – der entsprechende Hebel für den Anlasser saß nämlich im Fußraum direkt neben dem Kardan-Tunnel. Darüber hinaus gab es bei allen Modellen bis zum Rekord A 1963 noch ein separates Lenkrad-Sperrschloss, das direkt auf der Lenksäule saß und extra zu bezahlen war. Erst das Schloss des Rekord A kombinierte alle drei Funktionen in einem Zünd-Anlass-Lenkschloss, wie wir es prinzipiell auch heute noch kennen, wenn inzwischen auch elektronische und druckknopf-gesteuerte Zünd-Anlasskombinationen – wie auch im neuen Opel Insignia – immer häufiger anzutreffen sind.

Weitere Details stammten von amerikanischen Vorbildern, – so beispielsweise die Schmetterlings-Scheibenwischer (noch über die Nockenwelle angetrieben), im Fachjargon „lebhafte Gegentakt-Scheibenwischer genannt", oder die vordere „durchsitzfeste Sitzbank mit Zick-Zack-Federung". Als erneut vorbildlich erwies sich die aufpreispflichtige Opel-Frischluftheizung (160 Mark), und im Sommer sorgten Ausstellfenster im Fond bei der Limousine und Schiebefenster beim CarAVan für prima Klima.

Über schlechtes Klima konnten sich sicherlich auch die Käufer der neuen Cabrio-Limousi-

Gut bei Kräften: Obwohl inzwischen rund 16 Jahre alt, war der 1,5-Liter-OHV-Kurzhubmotor nach wie vor auf der Höhe der Zeit. Dieses Triebwerk mit der charakteristischen Ventilsteuerung über eine stirnradgesteuerte Nockenwelle sollte sogar noch für zwölf weitere Jahre den Kern der Opel-Vierzylindermotoren bilden. Aufgebohrt auf 1,7 Liter Hubraum und maximal 67 PS stark, trat das bewährte Motorkonzept sogar noch im Rekord A seinen Dienst an.

ne ab Anfang 1954 nicht beklagen. Dieses Modell besaß ein gefüttertes Rolldach mit stehenden Scheibenrahmen und kostete 6550 Mark. Die Katalog-Werbung frohlockte: „Über verschneite Alpenpässe schickte die Opel-Werksleitung das neue Olympia Rekord Cabriolet zu einer letzten Erprobungsfahrt an die sonnendurchglühte Riviera. Und hier, wo die schöns-

Große Klappe: Bis Sommer 1957 waren die Heckklappen der geräumigen Opel-Kombis noch links angeschlagen. Wie bei modernen Modellen dieses Genres, ließ sich auch damals schon die Rücksitzlehne umklappen und bot damit einen ebenen Laderaum. Die Seitenfenster der frühen CarAVan-Modelle ließen sich übrigens durch seitliches Verschieben öffnen, später (ab Spätsommer '57) wurden Schwenkfenster wie bei den zweitürigen Limousinen eingebaut.

ten Wagen der Erde von den Verwöhntesten dieser Welt gefahren werden, geschah es, dass die Opel-Fahrer mehr als einmal angehalten wurden – weil man ihr Olympia Rekord Cabriolet auf der Stelle abkaufen wollte."

Auf Basis dieser ersten Olympia-Rekord-Serie änderte Opel das Design nun – einem bekannten amerikanischen Brauch folgend – im Jahres-Rhythmus. Im Herbst 1954 erschien das erste Facelift, leicht erkennbar am charakteristischen Kühlergrill, dem so genannten „doppelten Haifischmaul" mit zusätzlicher Zwischenleiste im Stil des neuen Kapitän, der zur selben Zeit debütierte. Die Opel-Werbetexter schrieben zu diesem Modell: „Bewährtes birgt kein Risiko ... Formschönheit, Ausstattung und Anschaffungspreis – alles spricht für den Rekord." Ebenfalls neu: das größere Heckfenster. Das bereits erwähnte Einstiegsmodell „Olympia" mit vereinfachter Ausstattung und niedrigerem Preis stand ab Frühherbst 1954 bei den Händlern – für 5990 Mark, demselben Preis, den Opel zuletzt für den noch erhältlichen auslaufenden Olympia verlangt hatte. Entsprechend bewarb Opel auch den Olympia mit dem Slogan „Wenn Leistung und Wirtschaftlichkeit entscheiden". Nochmals günstiger gab es alle Opel-Modelle übrigens ab Anfang 1955, denn Opel senkte auf breiter Front die Preise und verlangte nun für den Opel Olympia Rekord 5990 Mark, während es den Olympia (im Volksmund wegen seiner fehlenden Zierleisten auch „nackter Spatz" genannt) jetzt schon für 5250 Mark gab.

Die nächste Änderung folgte bald: Für das Modelljahr 1956 zierte ein abermals geänderter Kühlergrill mit einfacherer, glattflächigerer Optik die Front. Außerdem stieg die Leistung des 1,5-Liter-Vierzylinders auf nun 45 PS bei 3900 Umdrehungen. Dazu kamen eine neue Kugelumlauf-Lenkung, Vollsynchronisation aller drei Vorwärtsgänge sowie schlauchlose Reifen. „Was ist wichtiger: der Motor oder die Karosserie? Die Fahreigenschaften des Wagens oder seine Innenausstattung?", philosophierte das Rüsselsheimer Unternehmen im Prospekt für den '56er Olympia. Weiter hieß es da: „Es wäre gefährlich, wollte man sich hier auf eine Reihenfolge festlegen. Taugt das eine nicht, bringt das andere wenig Nutzen. Deshalb ist ein Automobil erst dann gut, wenn es im Einzelnen wie im Gesamten eine wirklich gute Leistung aufweist. Gerade in diesem Sinne ist der Opel Olympia ein gutes Automobil." Wenn das kein Sachargument ist.

Aufgepepptes Design kennzeichnete auch die Rekord-Reihe des Modelljahres 1957 („Die Linie des Fortschritts"), die erneut stark an den neuen Kapitän erinnerte. „Da ist sein Äußeres, das die Blicke auf sich lenkt: die Eleganz der Frontpartie, der Schwung der Linien und Formen, das wuchtige, weit ausladende Heck ... Beim Rekord entspricht das Äußere den vielen technischen Besonderheiten, die ihn auszeichnen: der leise, elastische 1,5-Liter-Opel-Kurzhubmotor, das neue voll- und sperrsynchronisierte Dreigang-Getriebe, die neue Kugelumlauf-Lenkung ..."

Linke Seite:
Winterfahrt: Das neue Rekord A Coupé (oben) baute grundsätzlich auf dem bekannten Konzept des Rekord P2 Coupé (unten) auf. Während Unterbau und Radstand unverändert blieben, wurde ein verkürztes und niedrigeres Dach aufgesetzt.

Röntgenblick: Relativ einfach aufgebaut, war die Technik des Olympia Rekord als robust, zuverlässig und dauerhaltbar bekannt. Die Ponton-Form bot bei relativ kompakten Außenabmessungen im Innenraum jede Menge Platz. Das Fahrwerk mit hinteren Blattfedern war – entsprechend der Zielgruppe – betont komfortabel abgestimmt.

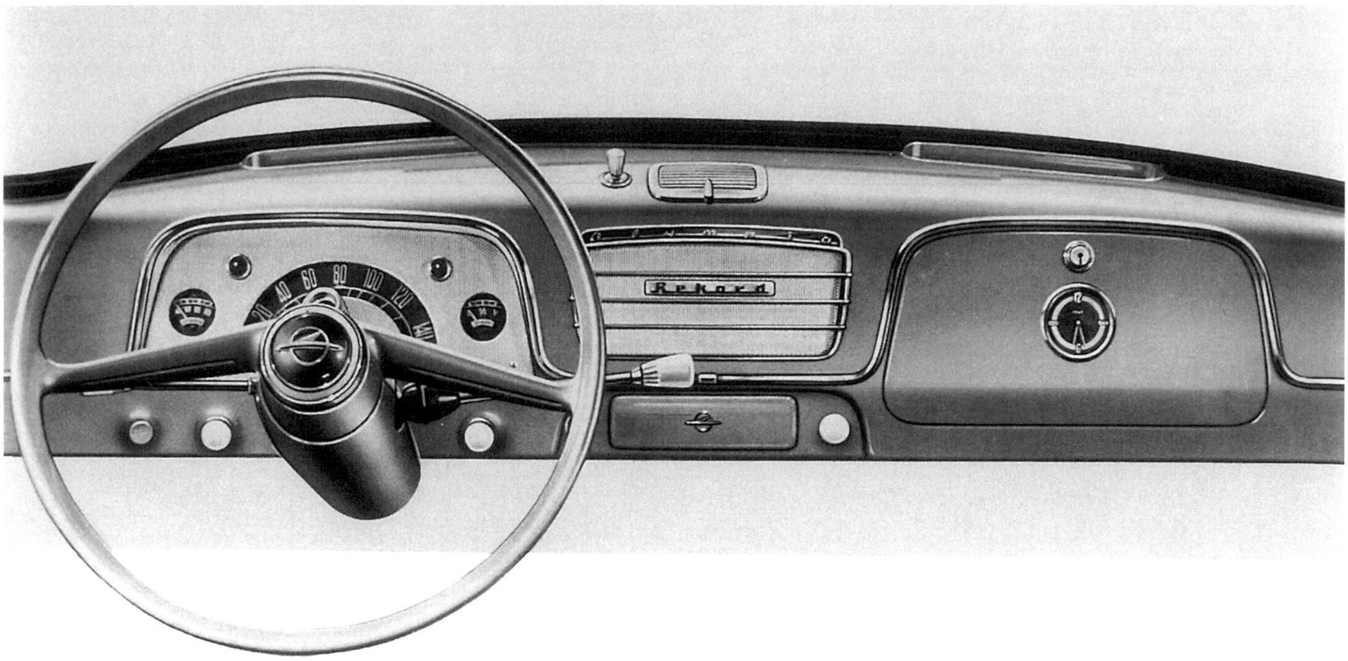

Musikbox: Unübersehbar war der Einfluss amerikanischer Stilelemente im Innenraum. Das halbrunde Tachometer nebst den Zusatzinstrumenten für Benzin und Wassertemperatur sowie den insgesamt vier Kontrollleuchten bot dem Fahrer die wichtigsten Informationen auf einen Blick. Die Heiz- und Frischluftanlage kostete übrigens 160 Mark extra.

Aus dem Programm genommen wurde Ende 1956 übrigens die hübsche Cabriolet-Limousine. Stattdessen bot Opel ein Faltdach für die Limousine an, das sich deutlich einfacher und somit auch preiswerter produzieren ließ. Da die Kunden diese Alternative offensichtlich gut akzeptierten, bestand für das Werk in Rüsselsheim kein Bedarf, ein neues Cabrio auf den Markt zu bringen – ein Status, der sich während der kompletten Rekord-Produktionszeit nicht mehr ändern sollte. Alternativ boten aber routinierte Sonderkarossiers, wie Autenrieth und insbesondere Deutsch in Köln, in den kommenden Jahren bis in die späten 1960er reizvolle Cabrio-Varianten auf Rekord-Basis an. Insgesamt fertigte Opel von der Olympia-Rekord-Baureihe ab Frühjahr 1953 558.422 Einheiten und festigte damit in der deutschen Zulassungsstatistik seine Stellung als die Nummer 2 hinter dem VW Käfer. Dies ist insofern bemerkenswert, als dass der Preisunterschied zwischen diesen beiden Modellen bis zu 1400 Mark betrug, bei einem Durchschnittsverdienst zwischen 300 und 500 Mark monatlich eine Menge Geld.

Der nächste Paukenschlag folgte bald, und zwar im August 1957. Bei sommerlich hohen Temperaturen stellte Opel Motorjournalisten aus ganz Deutschland in der Rüsselsheimer Stadthalle – ein beliebter Standort für solche Veranstaltungen in jenen Jahren, da viele der berichtenden Motorjournalisten in Ermangelung eines eigenen Autos in jener Zeit nur wenige Meter vom benachbarten Rüsselsheimer Bahnhof zum Einladungsort laufen müssen – den neuen Rekord P1 vor. Es mag sonderbar klingen, doch viele Journalisten – darunter auch Motor-Redakteure – hatten in den 1950er Jahren nicht einmal permanent Testwagen zur Verfügung und mussten deshalb zeitweilig mit dem Zug anreisen.

Obwohl sich auch in diesem Modell viele technische Komponenten des Vorgängers wiederfanden, wirkte der P1 wie ein „Auto von einem anderen Stern". Tatsächlich: Die Transplantation des Styling-Themas eines 1955er Chevrolet Bel Air auf europäische Abmessungen schien bestens gelungen. Herausragende Merkmale waren dabei die Panoramascheiben an Front und Heck. Hardtop-Konzepte, wie sie in den USA in jenen Jahren schon zum guten Ton gehören, also Coupés und Limousinen ohne starre B-Streben, bei denen sich alle Seitenscheiben komplett versenken lassen und so im geöffneten Zustand für cabrioähnliches Fahrvergnügen sorgen sollen, suchte man in Europa hingegen vergebens. Opels erstes Modell mit festem Stahldach, bei dem sich die Seitenscheiben komplett versenken lassen, sollte das Rekord-C-Coupé sein, das im August 1966 Premiere feierte und dann ab 1967 auch als Sechszylinder-Modell Commodore lieferbar war (den nur kurz produzierten Rekord 6 lassen wir einmal außer Acht).

Doch dazu später mehr und zurück zum P1, der gegenüber seinem Vorgänger sowohl im Radstand als auch in der Spurweite um 6 Zentimeter zulegte. Die Fahrzeuglänge übertraf die des alten Modells um 19 Zentimeter. „Der Rekord – dezent, elegant, solide ... überall

Neuer Stil: Jedes Jahr änderte Opel die Kühlergrill-Gestaltung des Olympia Rekord. Für das Modelljahr 1955 entwarfen die Designer in Rüsselsheim das so genannte „doppelte Haifischmaul" mit apart aufgesetzten Chromstreben.

eine immer gleich gute Referenz. Ein Wagen, nach dem man sich noch einmal umschaut, wenn man ihn geparkt hat", las der interessierte Kunde (oder der so genannte „prospektive Kunde") im Prospekt für das neue Modell.

„Unser damaliger technischer Direktor Hans Mersheimer hatte ganz klare Vorstellungen", erinnert sich Erhard Schnell, pensionierter Opel-Design-Studioleiter und für so reizvolle Modelle wie den Opel GT und den Calibra ver-

Schaumgummipolsterung und durchsitzfeste Zickzackfedern: Auch auf langen Strecken boten die vordere und hintere Sitzbank des Olympia Rekord akzeptablen Komfort, selbst wenn Liegesitze noch nicht zum Lieferumfang gehörten. Oft sah man in den 1950er Jahren übrigens auch drei Frontpassagiere auf der vorderen Sitzbank.

Ob als CarAVan für die schönen Stunden der Freizeit oder als repräsentative Limousine für den geschäftlichen Einsatz – der Rekord machte in allen Versionen einen überzeugenden Eindruck. Mit dem CarAVan schloss Opel an einen Trend aus den USA an, wo diese Karosserieform schon längst gesellschaftsfähig war.

Stilvoll: Gerne fuhren Architekten den Rekord P1 als besonders gelungenen Kombi, für den es neben der beliebten „Gepäckgalerie" auch aparte Zweifarben-Lackierungen auf Wunsch gegen Mehrpreis gab.

Idyllisch: Ob als Rekord P 2 Limousine (oben), Rekord Limousine ‘55 oder als P 1 – die Rekord Limousine war in den 1950er und 60er Jahren, bis weit in die 70er hinein, das beliebteste Modell der deutschen Gehobenen Mittelklasse und belegte Monat für Monat, Jahr für Jahr, Platz 2 der deutschen Zulassungsstatistik, direkt hinter dem VW Käfer.

antwortlich. „Panorama-Scheiben waren einfach ein Muss – und der Erfolg mit dem neuen Modell gab dem charismatischen Mersheimer Recht.

Mersheimer war es übrigens auch, der später in seinen Dienstwagen, ein Rekord A Coupé, einen Small-Block-V8 von GM einbauen ließ und so Wegbereiter einer neuen Ära von deutschen „Muscle-Cars“ wurde. So ist ihm beispielsweise der Rekord A 6 zu verdanken, ein Rekord (lieferbar als viertüriges L-Modell und Coupé), der die Form des Mittelklasse-Modells mit dem Sechszylinder-Motor des Kapitän verband und so im Lager der kräftigeren Mercedes- und BMW-Limousinen („Neue Klasse“) ab Mitte der 1960er Jahre für Aufruhr sorgte. „Opel-Fahrer sollen auf der Autobahn auch öfter mal links fahren können“, soll Mersheimer verschiedentlich bei den montäglichen Sitzungen der „Technischen Leitung“ sowie des Opel-Vorstands gesagt haben. Doch zur Geschichte des Rekord A später mehr. Designer Schnell, damals seit kurzer Zeit bei Opel, erinnerte sich später auch an ein besonderes Lob, das er als junger Formgestalter von Mersheimer erhielt. „Damals durfte ich mich an so ‚wichtigen‘ Dingen wie den Schriftzügen für dieses Modell versuchen.“ Für den geschwungenen Rekord-Schriftzug erhielt er eine Auszeichnung, weil sich darin nach Meinung von Technik-Chef Mersheimer das fortschrittliche Konzept des P1 zeigte.

Zur zweitürigen P1-Limousine gesellte sich kurze Zeit später ein ebenfalls sehr attraktiv gestylter CarAVan (mit einer um fast 20 Zentimeter verlängerten Laderaumfläche), den

Einstieg: Für besonders kostenbewusste Kunden bot Opel unterhalb des Rekord den Olympia an, der bis 1959 im Programm war. Vom Rekord unterschied er sich durch fehlenden Chromschmuck, einfachere Innenausstattung und fehlende Details, wie Beifahrer-Sonnenblende, Zeituhr und Zigaretten-Anzünder. Auch das Lenkrad war vereinfacht worden und entsprach nun dem des Vorgängermodells.

Star seiner Klasse: Für große Begeisterung sorgte im Herbst 1961 das neue Rekord Coupé mit dem neu entwickelten 1700er-Spezialmotor, der es nun auf 60 statt 55 PS brachte. Entsprechend aufwändig wurde das Rekord Coupé auch während der IAA 1961 präsentiert.

es natürlich ebenfalls wieder als Lieferwagen ohne hintere Seitenfenster und Rücksitzbank gab. Gewohnt attraktiv auch die Preise: 6385 Mark für die Limousine und 5600 Mark für die einfacher ausgestattete Olympia-Variante. Neu hinzu kam ab Herbst 1958 die neue Halbautomatik „Olymat" (für 350 Mark mehr). Damit versuchte Opel eine europäische Interpretation der in den USA schon damals sehr beliebten Getriebeautomatik. Während heute in den USA fast alle Pkw mit einer solchen Automatik ausgestattet sind, hat sich in Europa die Getriebeautomatik nach wie vor nur bei hubraumstarken Fahrzeugen richtig durchsetzen können.

Im Sommer 1959 kam eine neue Karosserie-Variante hinzu – die viertürige Limousine. Der Aufpreis für diese Variante betrug fast 500 Mark, beinhaltete aber den beliebten Dachhimmel aus Kunststoff (statt teddyähnlichem Stoff, der schnell zur Verschmutzung neigt) sowie Make-up-Spiegel in der Beifahrer-Sonnenblende und Lenkradschloss. Ferner leistete der 1,5-Liter-Motor nun 50 (statt bisher 45) PS, vor allem Ergebnis der auf 7,25:1 erhöhten Verdichtung. Dazu kam eine neue, auf 1,7 Liter aufgebohrte Motorvariante. Mit diesem Schritt knüpfte Opel übrigens an entsprechende Maßnahmen beim Haupt-Wettbewerber Ford an, dessen Modell Taunus sogar serienmäßig mit 1,7-Liter-Motor ausgeliefert wurde. Der Aufpreis von 75 Mark war kaum der Rede wert. Allerdings hielt sich der technische Aufwand für die Entwicklung des neuen Motors auch in Grenzen. Gegenüber dem bekannten 1,5-Liter-Vierzylinder fällt vor allem die von 80 auf 85 Millimeter vergrößerte Bohrung auf. Das maximale Drehmoment erhöhte sich auf 122 Nm bei 2100 Umdrehungen.

Bis 1956 bot Opel den Rekord auch als Cabrio-Limousine (rechts) an. Ab Modelljahr '57 gab es für die Limousine auf Wunsch und gegen Mehrpreis ein Faltschiebedach. Eine weitere neue Variante kam hingegen 1959 beim Rekord P1 hinzu – die viertürige Limousine (unten). Ebenfalls neu im Programm ab Mitte '59: der Opel 1200, der Vorläufer des Kadett, der aus dem einfachen Olympia-Modell entwickelt worden war. Gegenüber dem Olympia bzw. Rekord hatte der 1200 auch einen neuen Motor mit auf 1,2 Liter reduziertem Hubraum, der 40 PS leistete.

Rechte Seite, oben:
Stilvolle Eleganz: Ob als Viertürer (oben) oder klassische zweitürige Limousine – der Rekord begeisterte die Kundschaft in allen seinen Varianten. Erstmals bot er die Form eines amerikanischen Chevy Bel Air im Euro-Format. Allerdings fielen beim Viertürer die hinteren Pforten bemerkenswert schmal aus.

Fast coupéhaft wirkte hingegen die zweitürige Variante mit der nach hinten deutlich abfallenden Dachlinie. Auffällig und klares Indiz für die Rekord-Version war übrigens auch die Seitenzierleiste mit dem auffälligen Knick vor dem hinteren Radkasten. Allen P1-Modellen gemein waren hingegen die großen Panoramascheiben an Front und Heck.

Geräumigkeit für die ganze Familie: Bereits das Ponton-Modell, Vorgänger des legendären P1, bot im Innenraum genügend Platz, um vier erwachsene Personen bequem zu transportieren. Zur Not konnten es auch fünf sein. Wenn Kinder den Rücksitz für sich alleine hatten, herrschten fürstliche Platzverhältnisse im komfortablen Innenraum.

Der REKORD ist schön. Ohne jegliche Effekthascherei. Ein Wagen, der sehr gut aussieht – und der sich ebenso gut fahren läßt … einfach, weil er vernünftig gebaut ist. In all seinen Funktionen dient er nur dem einen Zweck: den Fahrer hinter dem Lenkrad in seiner angespannten Tätigkeit fühlbar zu entlasten und es den Fahrgästen so bequem wie möglich zu machen. Der REKORD bürgt für sicheres Vorwärtskommen – im äußeren wie im technischen Aufbau. Das zeigt sich in jeder Situation: Ob Sie sich mit ihm im Stadtverkehr tummeln oder in „vollem Galopp“ über die Autobahn preschen – exakt reagiert er auf jedes Kommando, zuverlässig führt er Ihre Befehle aus. Wahrhaftig, so gut und so unbeschwert zu fahren – mit dem REKORD zu fahren – macht Freude!

Glas bedeutet Sicht. Viel Glas ist gleichbedeutend mit mehr Sicht. Ungewöhnlich groß ist die Rückwandscheibe, denn Rück-Sicht ist wichtig. Übrigens, vom Fahrersitz aus sieht man alle vier Kotflügel. Zwei bemerkenswerte Lösungen: der formal bestechende Einbau der Rückwandscheibe und die sehr breite, griffnahe Ablage vor dem Heckfenster.

Gute Sicht bei jedem Wetter. Klares Blickfeld für den Fahrer bei Regen oder Schnee durch die asymmetrisch angeordneten, großen Scheibenwischer.

Linke Seite:
Gestreckte Formen, gerade Linien: Sowohl P2-Limousine als auch das entsprechende -Coupé strahlten eine neue Sachlichkeit aus. Das Coupé bot aufgrund des verkürzten Daches bei gleichbleibendem Unterbau einen riesigen Kofferraum. Wegen seiner eigentümlichen Form wurde dieser „2-plus-2-Sitzer" übrigens auch „Schuhkarton mit Baskenmütze" genannt.

Selbstverständlich auch viertürig wurde der Rekord P2 als Limousine angeboten. Später folgte auf dieser Basis sogar noch ein Luxus-Modell. Gegenüber dem Zweitürer wirkte der Viertürer etwas gestreckter. Generell auffälliges P2-Detail waren die beiden runden roten Rückleuchten, die im Volksmund auch „Teenager-Busen" genannt wurden.

Zurück in die Zukunft: Ab Sommer 1959 überbrückte Opel die Zeit bis zur Vorstellung des neuen Kadett im Jahre 1962 mit dem Opel 1200, einem abgemagerten P1-Zweitürer, der neben geänderter Ausstattung und der charakteristischen durchgezogenen seitlichen Zierleiste auch einen neuen 1,2-Liter-Motor mit 40 PS Leistung bot. Dieses Modell blieb auch nach Einführung des Rekord P2 parallel im Programm. Eine interessante und kostengünstige Lösung eines Problems ...

Auf jeden Fall war die Presse begeistert. Man sprach von einem „Traumwagen“ und würdigte ausdrücklich die Formanleihen bei amerikanischen Vorbildern wie dem Chevrolet Bel Air.

Das Fehlen von kraftvollen V8-Motoren, Getriebeautomatik und Servolenkung störte hierzulande noch niemanden. Der Rekord-Käufer war froh, sich mehr als einen VW Käfer leisten zu können. Und dennoch dachte man bei Opel schon seit geraumer Zeit über ein preiswerteres Auto unterhalb des Rekord nach.

Ein erster Schritt in diese Richtung war durch die Einführung des günstigen Olympia-Einstiegsmodells Mitte der 1950er Jahre bereits getan. Die Rüsselsheimer Kapazitäten reichten für noch ehrgeizigere Pläne – den Marktführer Käfer ernsthaft unter Druck zu setzen – allerdings nicht aus. Erst 1960 wurden Verträge für die Übernahme eines stillgelegten Zechengeländes in der Nähe Bochums unterschrieben. Und hier sollte dann rechtzeitig zum 100. Firmenjubiläum auch der neue kleine Opel mit dem bekannten Namen Kadett vom Band laufen. In der Zwischenzeit behalf man sich bei Opel eben mit einer interessanten Notlösung. Trotzdem hatte Opel keinen Grund, über die Verkaufsergebnisse des Rekord P1 traurig zu sein.

Auch ohne die bisher üblichen Aktualisierungstricks mit jährlich geliftteter Front- und Heckpartie kam der deutsche Traumwagen mit den auffälligen Z-förmigen A-Streben – wegen des Vorsprungs im Einstieg auch gerne „Kniescheiben-Zertrümmerer“ genannt, da man sich an dieser Stelle beim hastigen Einsteigen leicht stoßen konnte – auf ein Verkaufsvolumen von knapp 825.000 Einheiten, darunter rund 450.000 Export-Fahrzeuge, rund 30.000 speziell für den US-Markt. Als im September 1960 das neue Modell – interne Bezeichnung P2 – auf der IAA in Frankfurt stand, hieß die Devise „Neue Sachlichkeit“. Der neue Rekord P2 mit schlanken Dachpfosten, leicht angedeuteten Heckflossen und jenen kleinen runden Rückleuchten, die im Volksmund schnell die Bezeichnung „Teenager-Busen“ erhielten, folgte der im europäischen Design-Mekka Turin ersonnenen „Trapez-Form“. Zu deren prominentesten Vertretern gehörten zu jener Zeit der Peugeot 404 und der Fiat 1500/1800/2100/2300. Aber auch die „Neue Klasse“, also der BMW 1500/1800 ließ sich zu dieser Gattung zählen, ebenso wie dessen späterer „Cousin“, die Glas 1700 Limousine.

Für einen Moment müssen wir jetzt jedoch zurückblenden. Denn nur knapp ein Jahr vor der Vorstellung des neuen Rekord – wieder mit 1,5-Liter-Vierzylinder und 50 PS sowie 1,7 Liter und 55 PS lieferbar – hatte Opel mit einem interessanten „Schachzug“ überrascht. Statt ein neues kleines Modell als Käfer-Wettbewerber auf den Markt zu bringen, hatten die Rüsselsheimer – knapp ein Jahr vor der Einstellung des erfolgreichen P1 – den „Opel 1200“ vorgestellt, der Elemente des inzwischen eingestellten Einstiegs-Olympias (z. B. fehlende Beifahrer-Sonnenblende, keine serienmäßige Zeituhr, einfacherer Chromschmuck) mit einem neuen hubraum- und leistungsschwächeren Vierzylinder-Motor mit 1,2 Litern Hubraum und 40 PS kombinierte.

Bei diesem Triebwerk handelte es sich um einen engen Verwandten des 1,5-Liters. Einziger wesentlicher Unterschied war die um sie-

ben Millimeter geringere Bohrung. Mit 5675 Mark lag der Preis deutlich (rund 700 Mark) unter dem eines neuen Rekord 1500, aber rund 1000 Mark über dem eines VW Käfers 1200 Export. Dafür erhielt der Käufer jedoch einen deutlich leistungsfreudigeren und laufruhigeren wassergekühlten Vierzylindermotor, ein erheblich großzügigeres Platzangebot im Innen-, aber auch im Kofferraum sowie eine leistungsfähige Heizung, die allerdings mit 160 Mark extra bezahlt werden musste. Entsprechend hieß es in der Werbung: „Der Opel 1200 – das wirtschaftliche Voll-Automobil". Mit dem Erscheinen dieses Modells mit der charakteristischen durchgezogenen Seiten-Zierleiste entfiel der bereits erwähnte Basis-Olympia. Mit knapp über 31.000 produzierten Einheiten blieb dieses Derivat jedoch „meilenweit" hinter dem Verkaufserfolg des Rekord P1 zurück.

Der im Spätsommer 1960 vorgestellte Rekord P2 indes wurde zwar erneut von seinen Fans bestaunt, konnte aber kein vergleichbares Echo erzielen wie sein Vorgänger nach dessen Start. „Der Rekord – ein Wagen ohne Probleme", hieß es im Prospekt, der die Vorzüge des neuen Opel-Mittelklassemodells kurz und bündig auf einen gemeinsamen Nenner brachte: „Ein Wagen, wie Sie ihn sich wünschen: schön anzusehen, gut zu fahren." Technisch hingegen hatte der Neue gegenüber seinem Vorgänger wenige Innovationen zu bieten: Der Radstand blieb mit 2541 Millimetern unverändert, und auch die Doppel-Querlenker-Vorderachse mit Schraubenfedern und Stabilisator sowie die starre Hinterachse mit Blattfedern (drei Blätter bei der Limousine, vier beim CarAVan) blieb weitgehend unberührt, abgesehen von dem nun neuen Plattform-Hilfsrahmen.

Limousine und CarAVan des neuen Modells starteten im August 1960, der Viertürer folgte im Dezember desselben Jahres. Erneut unterschied sich die Ausstattung des viertürigen

Neue Sachlichkeit: Nicht nur die P2-Limousine strahlte neue Sachlichkeit aus, auch der CarAVan blieb von der in Italien ersonnenen „Trapezform" nicht verschont. Gegenüber dem P1 wirkte der Nachfolger deutlich glattflächiger, bot allerdings auch weniger Charme. Auch in den USA fand dieses Modell übrigens einige begeisterte Abnehmer.

Luxus-Modell: Auf Basis des viertürigen P2 bot Opel ab Ende 1961 erstmals auch eine Luxus-Ausstattung und griff damit ein Thema auf, das es beim Kapitän bereits seit 1955 gab. Die L-Ausstattung umfasste einen auf 60 PS leistungsgesteigerten 1700er Motor sowie Einzelsitze vorn und Viergang-Getriebe, um nur einige Datails zu nennen.

Modells geringfügig von der des Zweitürers. Wie beim Vorgänger, hat der Viertürer zusätzlich einen Make-Up-Spiegel in der Beifahrer Sonnenblende und Kunstleder-Dachhimmel. In bestimmten Bereichen zeigte der Rekord P2 gegenüber dem P1 indes einige deutliche Verbesserungen, speziell auf dem Gebiet der Insassen-Sicherheit. Er bot beispielsweise ein „geschüsseltes Lenkrad" mit tiefliegender Nabe, eine gepolsterte Oberkante der Armaturentafel und nachgiebige Schalter. Die nun parallel angeordneten Scheibenwischer mit elektrischem, zweistufigem Antrieb sorgten für eine weiter verbesserte Sicht.

Der nächste Paukenschlag folgte im August 1961: Auf der Frankfurter Automobilausstellung bewunderte man das neue Rekord Coupé, eine Karosserieform, die inzwischen in dieser Klasse auch beim Borgward Isabella zu finden war. Damit hatte Opel gegenüber Haupt-Wettbewerber Ford ein „heißes Eisen" im Feuer, denn der Trend zum sportlicher gestylten Coupé nahm in jenen Jahren deutlich zu. Beim Konkurrent Ford Taunus 17M mussten die Kunden bis zur Vorstellung des neuen Modells im Jahre 1964 warten, das damals mit einer komplett neuen Generation von V4- und V6-Motoren vorgestellt wurde.

Bei fast unveränderter Außenlänge fielen beim Rekord Coupé das kurze Dach und die beiden hinteren Notsitze auf. Die Fachpresse beschrieb das neue Modell als „Schuhkarton mit Baskenmütze" oder „rasender Kofferraum". Unter der Haube werkelte ein weiteres neues Derivat der bekannten OHV-Triebwerksfamilie, diesmal mit 1,7 Litern Hubraum und 60 PS – Opel sprach dabei von einem „Spezialmotor", der seine moderate Leistungssteigerung in erster Linie der Verdichtungserhöhung von 1:7,25 auf 1:8 sowie einem Carter-Vergaser mit von 30 auf 36 Millimeter vergrößertem Durchmesser zu verdanken hatte. Mit dieser „Doping-Kur" erreichte der 1,7-Liter-Spezialmotor mit 60 PS ein maximales Drehmoment von 12,8 mkg bei 1700 – 2000 Umdrehungen statt 12,2 mkg bei 1900 – 2300 Touren.

Die Ausstattung unterschied sich durch Veloursteppiche und vordere Liegesitze. Der Preis für das neue Modell, das oft in der attraktiven Farbkombination „La-Platasilber – türkisfarbenes Dach" zu sehen war, lag bis Mai 1962 bei 7675 Mark. Eine weitere neue Variante – gelobt sei das Baukasten-System – folgte im Juni 1962. Die Rede ist vom neuen viertürigen Rekord L (wie Luxus), den ebenfalls der neue 1,7-Liter-S-Motor befeuerte. Auch bot der „L" – wie das Coupé – die Viergang-Lenkradschaltung sowie vordere Liegesitze serienmäßig. Dazu kamen kleine Annehmlichkeiten, wie Lichthupe, Doppeltonhorn, ein kippbarer Innenspiegel, Haltegriffe für Mitfahrer, Ablagetaschen, beleuchteter Handschuhkasten, Veloursteppiche, abschließbarer Tankdeckel, Auspuffblende, Regenrinnen mit Zierleisten und Radzierblenden. Sein Preis ab Juni 1962: 7935 Mark.

Opel fand – wie gewohnt – die richtigen Worte für die Vorstellung des neuen Wagens gegenüber den Kunden: „Extraklasse in Luxus und Leistung: Der Rekord L nimmt unter seinesgleichen eine Sonderstellung ein. Er verwöhnt durch sein reichhaltiges Mehr an Ausstattungskomfort und begeistert durch das gesteigerte Maß an Leistungskraft. Wer ihn fährt, fährt Extraklasse – mit allen Vorzügen des Soliden und Bewährten. Wenn Sie also das Gute zum noch Besseren steigern wollen, dann machen Sie am besten einen Rekord mit dem schwungvollen ‚L' am Heck zu Ihrem nächsten Wagen." Trotz allem muss man berücksichtigen, dass Opel hier auf einen von Ford und Borgward eingeleiteten Trend mit „de Luxe-Modellen" reagierte, ähnlich wie es sich auch bei der Vorstellung des 1,7-Liter-Motors im Rekord verhalten hatte. Und obwohl die Typenvielfalt beim Rekord nun ein bisher nie gekanntes Maß erreicht hatte, machten namhafte Karosseriebetriebe wie Deutsch und Autenrieth mit Coupé- und vor allem Cabrio-Umbauten gute Geschäfte, die Opel aufgrund der Fertigungskapazitäten nicht selbst vornehmen konnte und wollte. Obwohl auch der Rekord P2 seine dominierende Stellung auf dem Markt in der Mittelklasse behaupten konnte, hatte Wettbewerber Ford etwa zeitgleich mit seinem neuen Taunus 17M („Badewanne") einen überaus ernstzunehmenden Konkurrenten auf den Markt gebracht, der vom Publikum Bestnoten erhielt. Trotzdem konnte am Ende der Produktionszeit der Rekord die Oberhand behalten: Während es der Taunus zwischen September 1960 und August 1964 auf insgesamt knapp 670.000 Einheiten brachte, konnte Opel vom Rekord P2 knapp 755.000 Fahrzeuge zwischen August 1960 und Dezember 1962 produzieren. Und dennoch waren die Erwartungen, die nun in den Nachfolger gesetzt wurden, nochmals deutlich gewachsen: Der Rekord A sollte und konnte Opels Führungsanspruch in der gehobenen Mittelklasse eindeutig belegen. Zentraler Schlüssel zum Erfolg sollte – einmal mehr – eine überaus repräsentative Karosserie sein. Claire McKichan, seit 1962 vom GM-Design-Center in Detroit nach Rüsselsheim mit dem Auftrag abgeordnet, ein komplettes Design-Team aufzubauen (bisher, also in den 1950er Jahren, waren die Karosserie-Formen noch von Ingenieuren nach eigenem Gusto und ohne komplizierte „Design-Kliniken" entwickelt worden), hatte verstanden, worum es ging.

Für einen Start in eine neue Rekord-Ära hatte er dem Rekord A ein Design mit besonders starken Anleihen vom neuen Chevrolet Chevy II (später Nova genannt) entworfen – glattflächig und ohne Schnörkel, getreu dem Werbe-Motto: „Der neue Rekord – die große Fahrfreude." Es sollte der Beginn einer über 20 Jahre währenden Erfolgsgeschichte sein, die in die „Ära Omega" mündete.

Rekord-Party: Vorhang auf für einen neuen Star. Der Rekord A begeisterte ab März 1963 wieder das Publikum in der gehobenen Mittelklasse. Mit seinen gewachsenen und sehr glattflächigen Formen auf Basis des Chevy II wirkte das neue Modell überaus repräsentativ.

Design

Familiäre Formvollendung

„Und eines will ich Ihnen sagen", dozierte der untersetzte Mitfünfziger mit starrem Blick, „die Chevrolet-Wagen sind mit die schönsten Automobile überhaupt." Andächtig lauschten die jungen Nachwuchs-Designer den bestimmenden Worten ihres künftigen obersten Chefs Hans Mersheimer, bis 1967 Technischer Leiter der Adam Opel AG in Rüsselsheim. Als er 1952 junge Formgestalter einstellte (das Zitat stammte aus einem solchen Einstellungsgespräch), darunter auch der spätere Schöpfer des Opel GT, Erhard Schnell, war er nicht nur Opels oberster Ingenieur, sondern hatte auch die Verantwortung für den Bereich Design, der sich allerdings noch Modellgestaltung nannte. Unter Hans Mersheimers Leitung war Karl Maeger für den so genannten Modellraum verantwortlich, ein lichtdurchflutetes Studio im obersten Stockwerk des Hauptverwaltungsgebäudes in Rüsselsheim. Zu seinem Team gehörten Willy Schmidt, Günther Burghardt, Theo Emmelheinz, Hans Kroth, Fritz Wacker und Karl Bechthold, der wiederum als Maegers Stellvertreter fungierte und später für die Interieur-Entwicklung verantwortlich war. Erhard Schnell stieß im Januar 1952 hinzu, Herbert Killmer, der später unter anderem für Rekord D und E verantwortlich war, im Jahre 1955.

„Die ersten Jahre waren relativ unspektakulär", erinnert sich Schnell heute. „Meine Hauptaufgaben lagen am Anfang im Gestalten von Emblemen." So stammen zum Beispiel der Rekord-Schriftzug des P1 und das Kapitän-Zierornament des Luxus-Modells auf der Motorhaube sowie das „L"-Zeichen des Kapitän auf den Wagenflanken aus Schnells Hand. „Die Schrift sollte Modernität und Fortschritt symbolisieren", sagt Schnell, „und das versuchte ich umzusetzen." Teilweise sogar mit ausdrücklichem Lob des Chefs, wie im Fall des Rekord-Schriftzugs für den P1.

Bei der Gestaltung der Fahrzeugform ging man Anfang der 1950er Jahre nicht unbedingt wissenschaftlich vor: Marktforschungsuntersuchungen und Produkt-Kliniken waren in Deutschland noch nicht üblich. Die Parameter wurden deshalb in jenen Jahren noch in Gesprächen zwischen der Verkaufsleitung und der Technik festgelegt. Dabei darf man selbstverständlich nicht vergessen, dass der damalige Automobilmarkt von seiner heuti-

Studienzeit: Die Phase der Konzeptentwicklung für den Rekord C (und natürlich auch den Commodore A) startete im Sommer 1963. Verschiedene Alternativen wurden illustriert, alle mit Anklängen an GM-Modelle aus den USA. Unten beispielsweise fällt die typische Gestaltung der C-Säule mit sanftem Auslauf in den Kofferraumbereich auf, ein Detail, das bei Opel mit den KAD-Modellen 1964 eingeführt wurde.

Treffen mit Oscar: Herbert Killmer (links) und Erhard Schnell 1962 auf dem Dach der ehemaligen Technischen Entwicklung in Rüsselsheim. Dort stellte man dem Management gerne Autos vor. Hier sind die beiden Designer am „Sitzbock" eines Rekord Coupé zu sehen, wo mit Hilfe der Sitzpuppe Oscar die Raumverhältnisse überprüft werden.

Europäischer Stil: Der Rekord II brach deutlich mit dem bisher vorherrschenden US-Stil und folgte italienischen Einflüssen. Die große Kühleröffnung – im Bild deutlich zu sehen – wurde erst kurz vor dem Start des Modells im Januar 1972 geändert und gegen eine klassische Variante mit über dem Stoßfänger angeordneten Grill getauscht.

Ohne Hüftschwung: Obwohl alle Rekord C-Modelle den charakteristischen Hüftschwung trugen, wurden auch Entwürfe ohne dieses Stilelement entwickelt. Auch dieses Konzept orientierte sich deutlich an US-Vorbildern. Erneut fällt die sanft abfallende C-Säule auf.

Letzter Schliff: Das Design für den Rekord A wurde zwar in den USA entwickelt, die Produktionsvorbereitungen trafen jedoch die Ingenieure in Rüsselsheim. Hier war man übrigens auch für die Chromakzente des Modells verantwortlich.

gen Komplexität weit entfernt war. Gestalterische Hilfe gab es jedoch aus den USA durch ein spezielles „Overseas-Studio“, das laut Schnell unter der Verantwortung der Chevrolet-Division stand und sich nach Zusendung eines Briefings aus Rüsselsheim ans Werk machte. Die daraus resultierenden Fiberglas-Modelle kamen dann zur Begutachtung über den Atlantik in die Automobilstadt am Main. Interessant war für Schnell und ebenso den ab 1955 in Opel-Diensten stehenden Herbert Killmer, dass man in den USA bei solchen Studien bereits auf modernste Werkstoffe wie Fiberglas zurückgriff, das sich besonders gut bearbeiten ließ und schnell aushärtete. Im Opel-Modellraum hatte man sich hingegen bis in die frühen 1950er Jahre noch auf das Bauen von Holzmodellen verlassen, ein ungleich schwierigeres Verfahren. Hinzu kam, dass Holzmodelle „arbeiten“ und die mühevoll zu Ansichtszwecken aufgetragene Lackierung dabei nach einiger Zeit Risse bekam, die ein erneutes Lackieren erforderlich machten.

Bei der Formentwicklung spielten folgende Faktoren entscheidende Rollen: Da waren zunächst die Vorgaben des Verkaufs, die auch angestrebte Wagenabmessungen, Kofferraum-Volumina und auch das angestrebte Leistungsspektrum umfassten. Hinzu kamen Wünsche nach speziellen Karosserieformen. Es musste also die Frage geklärt werden, ob es nur eine zweitürige Limousine oder etwa noch einen Viertürer, einen Kombi oder ein Coupé geben sollte. Für die Umsetzung dieser Vorgaben waren dann die Technik und die Formgestaltung verantwortlich. Neben den (Design-)

Im Prinzip eine weitere Stufe der Designentwicklung für den Rekord C. Dieses Konzept entstand im Jahre 1964 schon im neuen Design-Center in Rüsselsheim unter der Leitung von Claire McKichan. Erstmals war man in Rüsselsheim alleine für den Entwurf dieses wichtigen Modells verantwortlich.

Links: *Auch für interessante Nischemodelle blieb mitunter etwas Zeit im Rüsselsheimer Design-Center. So entstand beispielsweise diese Pick-up-Skizze. Zur selben Zeit hatte Chevrolet auf dem US-Markt mit dem El Camino übrigens ebenfalls ein Eisen im Feuer. Auch dieses Modell basierte auf dem Pkw Chevelle.*

Geglättet: Bereits kurz nach Anlauf des Rekord C starteten die ersten Entwürfe für den Rekord II bzw. Commodore, die sich aber noch sehr stark an den Formen des aktuellen Modells orientierten. Das Konzept wurde teilweise für Ranger, ein Rekord-/Commodore-Derivat in Belgien, Südafrika und der Schweiz übernommen.

Wünschen von Mersheimer und Maeger waren es die Vorschläge aus den USA, die dann das endgültige Outfit bestimmten.

Das sollte sich erst mit einer Umstrukturierung ändern, die sich 1962 abzeichnete. Denn in diesem Jahr schickte General Motors Claire McKichan aus Detroit nach Rüsselsheim, der bisher das Chevrolet-Studio im Tech-Center im Detroiter Vorort Warren geleitet hatte. Sein Auftrag: ein neues und modernes Design-Center nach US-Vorbild zu schaffen und weitere junge, talentierte Designer zu rekrutieren. Seine Vorliebe für kantige Formen à la Rekord A brachte ihm im Rüsselsheimer Design-Team sofort den Spitznamen „MacKichovicz" ein. Tatsächlich hatte Claire McKichan in den USA mit dieser Linie als Chef des Chevrolet-Studios große Würfe gelandet, darunter den Chevrolet Chevelle und den Chevy II, der direkt als Vorbild für den A-Rekord diente. So darf es aus heutiger Sicht nicht verwundern, dass der Rekord A in den Ateliers des GM-Design-Centers in Warren bei Detroit entstand. Im Herbst 1961 war das erste Fiberglas-Modell fertig und wurde nach Rüsselsheim verschickt. In Deutschland kümmerte man sich in erster Linie um „Trim and Ornamentation", also die Innenraumgestaltung und Schriftzüge sowie Chrom-Akzente.

Auch die Anpassung an die Produktions-Gegebenheiten nahmen die Spezialisten in Rüsselsheim vor. Die Gestaltung des Coupés oblag ebenfalls den Rüsselsheimer Designern. Der Kombi hingegen war wie die Limousine aus den USA beigesteuert worden. Es war jedoch nicht nur die außergewöhnlich gelungene

Konzept-Studie: Während das schnittige Coupé (oben) in dieser Form nicht den Weg in die Serie fand, wurde das Commodore Cabrio wenigstens in wenigen Einheiten, unter anderem bei Karmann in Osnabrück, gebaut. Auch die Firma Deutsch in Köln baute Rekord und Commodore zu viersitzigen Cabrios um.

Form, die den Rekord A charakterisierte. Auch ein weiteres – keinesfalls unbedeutendes – Detail kennzeichnete dieses Modell: die Neugestaltung des Markenzeichens, also des Blitzes. Statt des bisher üblichen großen goldfarbenen Emblems mit Torpedo, prangte nun ein deutlich kleineres Firmen-Emblem auf der Motorhaube, bei dem der Torpedo nur noch in stark abstrahierter Form zu erkennen war. Dieses Zeichen sollte allerdings keine allzu große Lebensdauer haben. Denn schon im Herbst 1965 führte Opel – zusammen mit dem Rekord B – wiederum ein umgestyltes Firmenlogo ein: das Zeichen mit integriertem Blitz, ein Element, das bis heute Bestand hat.

Abgesehen davon war der Rekord B aus Sicht der Formgestalter nichts Neues: „Die kleinen Retuschen – vorne rechteckige statt runde Scheinwerfer, hinten vier runde statt bisher rechteckiger Rückleuchten – waren in erster Linie dazu da, das neue Modell von seinem Vorgänger schon optisch zu unterscheiden. Dies war vor allem ein Wunsch des Vertriebschefs Dr. Hans Schnabel. Dort hatte man – ganz zu Recht – die Devise vertreten, dass ein Auto mit so gravierenden technischen Änderungen, wie einem komplett neuen Motorenprogramm, sich vom bisherigen Modell auf den ersten Blick zu unterscheiden habe.

Den ursprünglichen Wunsch, gleich den C-Rekord bereits ein Jahr früher – also synchron zur Verfügbarkeit der neuen CIH-Trieb-

Vorbild: Der Chevrolet Chevelle war das klare Vorbild für die Design-Entwicklung des neuen Rekord C, wenngleich das Chevy-Coupé nicht mit einem echten Fastback aufwarten konnte wie das Rekord-Coupé.

Alt gegen neu: Dieses Bild entstand bereits Ende 1966 im Hof des Rüsselsheimer Design-Centers. Es zeigt eine Facelift-Version des Rekord C, die als mögliches Nachfolgemodell (Rekord II) diskutiert wurde. Doch Chuck Jordan, ab 1967 neuer Design-Chef, entschied anders und favorisierte italienische Linien.

werke – auf Kiel zu legen, war schnell als unrealistisch verworfen worden, was dessen späterem Erfolg allerdings keinen Abbruch tun sollte. Der im August 1966 präsentierte C-Rekord war ein noch größerer Sprung nach vorn als der Rekord A aus dem Jahre 1963. Es war das erste Modell, das komplett von Opels neuem Design-Team gestaltet wurde. Allerdings hatte auch für dieses Modell Claire McKichan die Richtung klar vorgegeben: Der Chevrolet Chevelle sollte hier das Vorbild sein.

Und so kam es auch. Wer heute beide Modelle nebeneinander stellt, kann die Ähnlichkeiten auf den ersten Blick erkennen. Um allerdings mehrere Alternativen zu erhalten, ließ McKichan bei diesem Projekt zwei Design-Teams gegeneinander antreten: Erhard Schnell, damals Leiter des so genannten „Advanced Studios", und Herbert Killmer, Leiter des „Rekord-Studios", traten bei diesem Projekt als Kontrahenten an. Während sich Killmer dabei für eine Linie ohne seitlichen Hüftschwung entschied, favorisierte Erhard Schnell den so genannten „Coke-Bottle-Look" – und lag damit in McKichans Gunst vorn. Auch Bill Mitchell, GM's Design-Chef seit Ende der

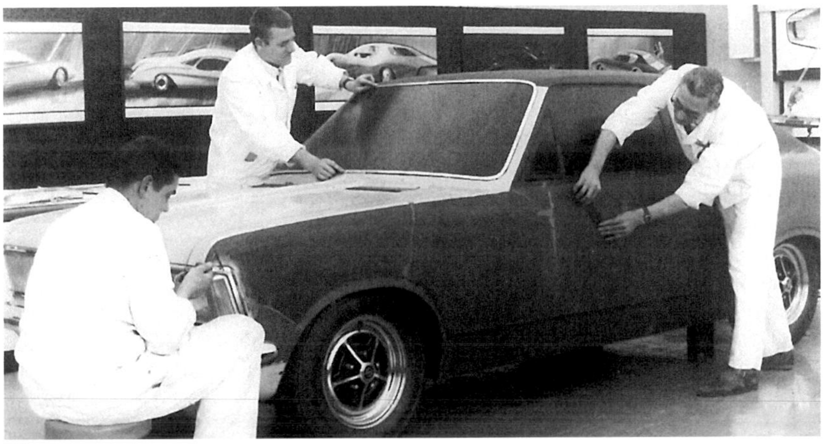

Neue Linie: Auf dieser Zeichnung ist erstmals deutlich die neue, deutlich europäisierte Linie des Rekord II, hier noch als Rekord '72 gekennzeichnet, zu erkennen. Die Änderungen beim Produktionsmodell betreffen in erster Linie die Gestaltung der C-Säule.

Glatter und straffer: Hier nochmals der ursprüngliche Vorschlag für ein Facelift des Rekord C. Trotz aller Straffungsversuche wurde auch bei diesem Vorschlag der Hüftschwung beibehalten. Glücklicherweise wurde dieser Vorschlag nicht umgesetzt, sondern Chuck Jordans Konzept realisiert. Unten im Bild die vorgeschlagene Commodore-Variante.

1950er Jahre, würdigte bei einem seiner regelmäßigen Routine-Besuche in Rüsselsheim – er kam etwa zwei bis drei Mal pro Jahr – dieses neue Modell, gab allerdings noch vereinzelte Tipps zur Verfeinerung der Linie. Die Entscheidung stand damit fest. Herbert Killmer und sein Team bekamen jedoch den Auftrag, dieses Konzept nun zur Produktionsreife zu entwickeln, was seit jeher auch eine der Aufgaben der Carline-Studios war.

Besuche des großen Design-Chefs aus den USA waren übrigens immer etwas Besonderes. Schnell: „Mitchell war so etwas wie ein Design-Vater für uns. Er war wie ein Freund und konnte auch die europäische Formensprache gut verstehen." Das hinderte ihn freilich nicht daran, in seinem Heimatmarkt USA sehr „amerikanisches Styling" durchzusetzen – allerdings mit sehr großem Erfolg. Zu den herausragenden Design-Projekten zählen dabei der Buick Riviera von 1963 sowie die Chevrolet Corvette desselben Jahres, deren Coupé-Modell durch das so genannte „Split Window" für Furore sorgte.

„Mitchell war ein phantastischer Zeichner", erinnerten sich Schnell und Killmer später. So entwarf er bei einem Restaurant-Besuch im Jahre 1965 einmal spontan einen Roadster und zeichnete das Modell – in Ermangelung von Papier – auf die weiße Damast-Tischdecke. Bevor jedoch der begeisterte Restaurant-Besitzer die Tischdecke in seinen Privat-Schatzfundus aufnehmen konnte, kaufte ihm Mitchell schnell die Tischdecke ab und nahm sie mit.

Schnell und unspektakulär gingen in Rüsselsheim die Arbeiten am ersten Commodore

Fachgespräch: Regelmäßige Meetings gehören noch heute zum Führungsstil im Rüsselsheimer Design-Center. Das wird sich wohl auch künftig unter der Führung von PSA nicht ändern. Hier hat Chuck Jordan (vierter von links) alle Studioleiter zu einem Gespräch am Tisch versammelt. Vorn rechts im Bild der spätere Design-Chef Hans Seer.

Coupé-Vorschlag: Auch für das Fastback-Modell gab es ein Konzept, das das Limousinen-Thema wieder aufgriff. Hier im Bild wird deutlich, dass es sich beim Original (rechts) um das gelungenere Modell handelte, wenngleich auch beim neuen Konzeptvorschlag die versenkbaren hinteren Seitenfenster vorgesehen waren.

ab Herbst 1965 voran. Die geringfügigen Änderungen – geänderter Chrom, neue Embleme, geänderte Radkappen und Holz-Applikationen im Innenraum – wurden schnell und routiniert von Herbert Killmer vorangetrieben, der auch bereits kurz nach dem Anlauf des Rekord C mit der Arbeit am Nachfolger, dem späteren Rekord D oder auch Rekord II, wie er bei Verkaufsstart genannt wurde, begann. In der Zwischenzeit hatte sich an der Spitze des Rüsselsheimer Design-Centers ein Wechsel vollzogen: „Chuck" Jordan war 1967 Claire McKichan als Opel-Designchef gefolgt und trieb nun die Arbeit am 1972er Rekord II vehement voran. Seine Vorliebe für italienischen Lebensstil und italienische Formen beeinflusste die Gestaltung des neuen Rekord unmittelbar. Große Fensterflächen, schmale Dachpfosten und eine niedrige Gürtellinie waren untrügliche Kennzeichen dieses neuen Stils und sollten das Erfolgsgeheimnis des neuen Modells sein.

Speziell im Vergleich zu seinem damaligen Haupt-Widersacher Ford Consul/Granada bestach die neue Opel-Linie durch ihre schlichte Eleganz und wurde entsprechend bewundert. Erneut war es das Coupé, das besondere Beachtung fand. Zwar hatte man auf ein so genanntes Fastback und versenkbare hintere Seitenscheiben verzichtet, doch begeisterte nun das Tubulus-Design das Publikum. Dieser Ausdruck charakterisiert die stark gebogenen Seitenscheiben des Rekord Coupé, das im Querschnitt wie eine Röhre mit abgekappten Spitzen und flachem Boden wirkte. Die interne Begeisterung für dieses Auto war so groß, dass es im Januar 1969 noch als Plastilin-Modell die Reise nach

Nur in Details unterschied sich dieses 1967er Konzeptmodell vom Original. Elemente wie der Kühlergrill fanden allerdings Verwendung für den Ranger, eine spezielle Marke, die für den südafrikanischen Markt, die Schweiz und Benelux-Länder eingesetzt wurde.

Schlichte Funktionalität kennzeichnete diesen Cockpit-Vorschlag aus dem Jahr 1967. Gegenüber dem Serienmodell wurden hier Hauptinstrumente und die wesentlichen Schaltergruppen noch stärker umeinander gruppiert, um die Bedienung durch den Fahrer zu optimieren.

Sprint
REKORD
Sprint

Sportschau: Parallel zum Commodore GS markierte der Rekord Sprint Ende der 1960er Jahre die sportliche Spitze in der Rekord-Palette. Besonderheit war der 106 PS starke 1,9-Liter-Vierzylinder mit zwei Weber-Vergasern. Schriftzüge mit roten Elementen wiesen auf die Sonderstellung hin. Der Preis lag auf dem Niveau des Basis-Commodore mit 115-PS-Sechszylinder, weshalb die Verkaufszahlen „überschaubar" blieben.

Fortschritt: Für Rekord D bzw. II und Commodore B wurden verschiedene Kühlergrill-Alternativen entwickelt. Erst im letzten Moment wurde eine getrennte Kühlluftöffnung über dem Stoßfänger (links unten) der vollen Öffnung (links oben) vorgezogen. Die Basisform für die neuen Modelle stand jedoch bereits ab Ende 1968 grob fest (rechts). Der neue Designchef Dave Holls (unten) ließ sich ein spezielles Commodore Coupé als Dienstwagen aufbauen, das gerne zur Schau gestellt wurde. Auch innen bot es Besonderheiten, wie z. B. spezielle Holzleisten.

Alternative: Diese Scheinwerfer- und Front-Variante wurde für die Ranger-Modellreihe ausgewählt – fast baugleiche Fahrzeuge, die für verschiedene Exportmärkte vorgesehen waren, darunter beispielsweise die Schweiz, wo General Motors in Biehl sogar eine eigene Fertigung betrieb.

Fast fertig: Die beiden Bilder, oben bzw. unten, zeigen die fast endgültige Variante des Commodore B. Felgen, Zier-Lufteinlässe an den Flanken sowie die Rückleuchten sollten vor dem Start der Serienproduktion noch optimiert werden.

Ohne versenkbare hintere Seitenfenster musste das Rekord II Coupé bzw. das Commodore Coupé ab 1972 auskommen. Stattdessen boten diese Modelle die charakteristische Tubulus-Form mit stark gewölbten Türen und Fenstern.

Neuer Stil: Rekord, Commodore und Senator sowie Monza folgten einem komplett neuen Stil und wirkten Ende der 1970er Jahre (Vorstellung Rekord September 1977, Senator/Monza Mai 1978, Commodore September 1978) deutlich moderner. Hier verschiedene Phasen der Entwicklung aus den Jahren '75 und '76.

Detroit zum Board of Directors Meeting antrat. Erhard Schnell: „Das war das erste und einzige Mal, dass wir in einer solch frühen Phase ein Plastilin-Modell in die USA schickten. Das Produkt wurde mit großer Begeisterung aufgenommen." Erhard Schnell hatte bei diesem Projekt (Code 1720) übrigens die Verantwortung für die Entwicklung des Coupés, während Killmer sich um alle übrigen Varianten kümmerte. Kontroverse Diskussionen löste bei diesem Modell übrigens die Frontpartie aus. Denn der ursprüngliche Konzeptvorschlag sah eine komplette, große Grillöffnung vor, über die der Stoßfänger gezogen sein sollte, ähnlich dem 1970 vorgestellten Chevrolet Camaro. Während Chuck Jordan diese Lösung favorisierte, entwickelte Killmer eine zweite Alternative mit kleinerer, leicht nach vorn gezogener Öffnung, die oberhalb des Stoßfängers saß. Es schlossen sich lange interne Abstimmungs-Prozesse und Argumentationsmeetings nur zu diesem Thema an. „Jordan war wie eine Primadonna", erinnerten sich Schnell und der inzwischen verstorbene Killmer später. Stundenlang wurden die Vorschläge immer wieder begutachtet, die Fahrzeuge in den Design-Innenhof gefahren und anschließend wieder im Studio geprüft, bis Jordan sich zur endgültigen Lösung – dem Vorschlag seines Teams entsprechend – durchgerungen hatte. Allerdings wurden noch Konzept- und Show-Fahrzeuge mit offener Grillgestaltung aufgebaut, nachdem Jordan bereits in die USA zurückgekehrt war und David R. Holls seine Nachfolge in Rüsselsheim übernommen hatte.

Als weniger kompliziert erwies sich hingegen die Grillgestaltung für den Commodore. Hier griff man – auf Basis des verabschiedeten kleinen Grill-Konzepts – auf eine Lösung zurück, die speziell für den belgischen Markt (als spezifisches Modell Ranger) entwickelt worden war: einen breiten Chromrahmen, der um das waffelförmige Grillgeflecht des Commodore angeordnet wurde. Jordan übrigens erlebte die Vorstellung dieses von ihm maßgeblich beeinflussten Modells in Rüsselsheim nicht mehr mit.

Dynamisch: Das neue Coupé kombinierte Stilelemente des Manta B (breite B-Säule mit integrierter Zwangsentlüftung) mit komplett neuen Konzepten, etwa die Heckklappe mit großem Fenster und variablem Gepäckraum.

Nachfolger David R. Holls – 1970 bis 1974 im Amt – konnte sich in erster Linie auf die Entwicklung des neuen Kadett C sowie von Ascona und Manta B konzentrieren. 1974 folgte Hank Haga als neuer Design-Chef und setzte sogleich seine Kraft vorrangig für die Entwicklung des neuen Rekord E ein, der wiederum in Herbert Killmers Studio entstand. Auf Basis des Briefings, dass der neue Rekord aerodynamisch deutlich besser als sein Vorgänger sein sollte und die Form kraftvolle Solidität ausdrücken sollte, entstanden mehrere Vorschläge, alle mit charakteristischer „Schnüffelschnauze". Herbert Killmer kommentierte später: „Nach dem Manta B war das Opels erstes Modell mit nach hinten geneigter Front, was diese Modelle auch deutlich vom Wettbewerb unterschied."

Im Gegensatz zu den bisherigen Produkt-Programmen war ein Rekord Coupé zwar nicht mehr vorgesehen. Trotzdem sollte es wieder ein Coupé geben, das allerdings in einer anderen Klasse angesiedelt war und mit seiner großen verglasten Heckklappe einen gänzlich neuen Kundenkreis ansprach. Die Rede ist vom Monza, der im Mai 1978 als anspruchsvolles Sechszylinder-Coupé in die Ausstellungsräume der Händler rollte. Ebenso wie der Senator wurde dieses spezielle Modell von Fritz Wacker in Kooperation mit George Gallion, dem stellvertretenden Design-Direktor, entwickelt. Doch dies ist eine andere Story.

Commodore und Commodore Voyage, also das Kombi-Modell, wurden hingegen im Studio Killmer entworfen und vorangetrieben. Nach Vorstellung des Rekords im August 1977 lief dieses Modell – abgesehen von marginalen Änderungen im Herbst 1981 – bis Sommer 1982. Das Nachfolgemodell – intern Rekord E2 genannt – war zwar prinzipiell das alte Fahrzeug, unterschied sich aber durch äußerst geschickte optische Retuschen stark vom Rekord E1. Dieses Facelift, so erinnerte sich Killmer im Rückblick, entstand 1980 zusammen mit dem neuen Design-Direktor Gordon Brown in der Rekordzeit von nur drei Monaten. Es verhalf dem inzwischen fünf Jahre alten Modell zu einem attraktiven und frischen Erscheinungsbild und sollte den Abschluss der Rekord-Ära bilden. Denn schon längst war intern die Entscheidung getroffen worden, den Nachfolger mit einem anderen Namen und anspruchsvollerer Technik auszustatten – auf dem Weg in eine neue, höhere Wagenklasse und zu einem höheren Anspruch.

Kritische Blicke: Die Leitung des Opel-Design-Centers mit Hank Haga an der Spitze (zweiter von links) prüft kritisch die Form des neuen Modells. Hier ist bereits die weitgehend serienreife Version zu sehen, nur die Stahl-Sportfelgen stammten noch vom Vorgänger.

Das neue Coupé Monza (links) wirkte gegenüber seinem Vorgänger ungleich moderner und dynamischer.

Volle Mannschaft: Rechts im Bild das komplette Opel-Design-Team, wie es sich im Spätsommer 1977 zusammensetzte. Mit Rekord E, Senator und Monza prägte man bei Opel einen gänzlich neuen Stil und erhielt für Formgestaltung, aber auch Technik höchstes Lob der Fachzeitschriften. Ganz vorn im Bild George Gallion (stellvertretender Design-Chef, links) und Studioleiter Herbert Killmer (rechts).

Marketing, Werbung, Verkauf

Die große Fahrfreude – Rekorde von 1963 bis 1986

Das Ziel war klar: Der neue Rekord sollte nicht nur höhere Verkaufszahlen als sein Vorgänger erzielen (der P2 hatte es auf 754.385 Einheiten inklusive 33.800 Coupé gebracht – und damit das Ergebnis seines besonders beliebten Vorgängers P1 um immerhin 8,5 Prozent verfehlt. Das war vor allem deshalb bitter, da es vom P1 kein Coupé gegeben hatte) – Opel wollte, so die Entscheidung des Vorstands aus dem Jahr 1962, den Wagen auch eine halbe Nummer höher positionieren. Zentrales Element, um dieses Ziel zu erreichen, war in erster Linie das neue Design des Wagens. Denn außer einer neuen Bodengruppe nebst Vorderachse und nur milde überarbeiteten Motoren (deren Grundkonstruktion bekanntermaßen bis ins Jahr 1937 zurückreichte), hatte der neue Rekord auf der technischen Seite nur wenige Innovationen zu bieten. So war beispielsweise trotz der größeren Breite des neuen Wagens – sie wuchs um 64 Millimeter – die Hinterachse des P2 mit ihrer relativ geringen Spurweite übernommen worden. Dieses Manko sollte erst 1965 mit dem Rekord B aus der Welt geräumt werden. Trotz der nur relativ geringen technischen Änderungen erlaubte sich Opel einen – für die damalige Zeit deutlichen – Preisaufschlag von 6640 auf 6830 Mark für das Basis-Modell mit 1,5 Litern Hubraum und 55 PS – immerhin 5 Pferdestärken mehr als beim Vorgänger-Typ mit demselben Hubraum. Eine besonders scharf kalkulierte Einstiegsversion – zwischen 1953 und 1959 als „Olympia“ ohne den Zusatz Rekord im Programm bzw. von 1959 bis 1962 als Opel 1200 – suchte man übrigens ab 1962 vergeblich. Aus gutem Grund: Für diese Kunden hatte man ja den brandneuen Kadett, der vor allem dem schon damals technisch nicht mehr taufrischen Volkswagen Käfer heftig Paroli bot.

Noch ein generelles Wort zu den Preisentwicklungen: War es in den 1950er Jahren noch üblich gewesen, die Preise regelmäßig aufgrund von Produktivitäts-Fortschritten zu senken, schienen diese Zeiten nun aufgrund der schneller steigenden allgemeinen Preisentwicklung vorbei. Hier einige Beispiele: Der Nachkriegs-Olympia, der im Wesentlichen mit seinem Vorkriegs-Pendant identisch war, kam 1947 für 6785 Mark auf den Markt. Der neue Olympia mit dem ersten wesentlichen „Facelift“ – erkennbar an mehr Chrom im US-Stil – kostete ab 1951 zwischen 6150 und 6350 Mark. Der Ponton-Rekord war 1953 mit einem Verkaufspreis von 6410 Mark gestartet. Ab 1956 kostete er nur noch 6150 Mark.

Doch zurück zum Rekord A: Marktforschungen hatten im Vorfeld der Präsentation das hohe Potenzial dieses Modells belegt. Opel war sich sicher, das angestrebte Ziel der Höherpositionierung im Markt mit diesem gelungenen Modell durchsetzen zu können. Entsprechend nutzte Verkaufsdirektor Dr. Hans Schnabel die Händlervorstellung des neuen Rekord in Wiesbaden im März 1963 für motivierende Worte: „Das Bessere ist des Guten Feind. Der neue

Meilensteine: Nur rund 16 Jahre liegen zwischen diesen beiden Modellen, dem 1947er Olympia und dem 1963er Rekord. Beide besitzen bereits eine selbsttragende Ganzstahlkarosserie, und auch die Grundkonzeption der in beiden Modellen eingebauten 1500er Motoren stimmt überein.

Olympia-verdächtig: Aus Anlass der Olympiade 1936 in Berlin benannte Opel sein neues Modell „Olympia". Freiluftfreunde konnten dieses Modell auch als Cabrio ordern. Damit handelte es sich um eines der ersten Cabrios auf Basis einer rahmenlosen selbsttragenden Karosserie.

Rekord hat das Zeug, dank Aussehen, Innenraum-Komfort und Fahrwerten alle dagewesenen Verkaufsrekorde weit zu überbieten. Er ist ein Wagen, dessen Anziehungskraft neue Käuferschichten für Sie erschließen wird. Chancen für den Rekord-Verkauf heißt Chancen für die Opel-Verkäufer. Machen Sie sich den Wunsch des Kunden nach größeren, schnelleren und komfortableren Wagen zunutze, denn Sie bieten den Wagen an, den der Kunde wünscht."

Zusätzlich erhielten die Verkäufer ein Dossier, das die Details des neuen Rekord in „konzentrierter Form" den Verkaufsberatern näherbringen sollte. Darin hieß es unterstützend: „Der neu herausgekommene Kadett, der mit seinen Innenabmessungen dem Olympia vergangener Jahre nicht viel nachgibt, mit seinen Fahrwerten, wie Spitzengeschwindigkeit, Bergsteigfähigkeit und Beschleunigung, dem alten Olympia überlegen ist und nahezu die Fahrwerte des 1962er Rekord-Modells erreicht, nimmt also quasi die Stellung des bisherigen Rekords ein. Der Rekord wurde weiterentwickelt. Mit seinem Innenraumkomfort und seinen Fahrwerten tritt das neue Rekord-Modell nun in einen Bereich ein, der vor wenigen Jahren noch dem Kapitän und vor dem Kriege sogar dem Admiral vorbehalten war." Gerade der letzte Satz ist interessant, weist er doch verdeckt schon auf die Neuauflage des alten großen Namens Admiral für ein Fahrzeug der Opel-Spitzenklasse hin, das jedoch erst genau ein Jahr später debütierte.

Schon wenige Tage nach dem großen Händlertreffen rollte die Verkaufsmaschinerie an. Erstmals setzte Opel bei seinem neuen Rekord-Modell nicht nur auf klassische Print-Werbung, sondern stellte ein gigantisches Budget für neue Film-Werbung bereit, die nicht nur – wie bereits üblich – in „Lichtspielhäusern", sondern erstmals im großen Stil auch im Fernsehen geschaltet wurde. Entsprechend des Briefings der Opel-Werbeabteilung, entwickelte die damalige Opel-Werbeagentur McCann in Frankfurt einen 45-Sekunden-Einführungsspot, in dem das Thema „Die große Fahrfreunde" dem Zuschauer punktgenau vermittelt wurde. Der Aufbau des Spots erinnert aus heutiger Sicht an eine Fahrt durch eine virtuelle Welt: Ein elegant gekleidetes Ehe-

Delegation: Prominente Politiker, wie z. B. der spätere SPD-Ministerpräsident Oswald (links), kamen bei der IAA gerne zum Opel-Stand. Hier erläutern Verkaufschef Dr. Hans Schnabel (zweiter von links) und Vorstandschef Nelson Stork (rechts) die Neuigkeiten im Opel-Modellprogramm des Jahres 1965. Das Motiv unten zeigt die Vorstellung des Rekord A im Februar 1963.

Bereit zur großen Vorstellung: Die Wiesbadener Rhein-Main-Halle war bevorzugter Präsentationsort für neue Modelle gegenüber den Händlern. Auch hier – Ende Februar 1963 – stehen die neuen Limousinen-Modelle bereits in Reih und Glied und warten auf die Gäste. Das neue Coupé folgte im September desselben Jahres.

Neuer Schwung: Auch in der Werbung trat Opel ab sofort noch selbstbewusster auf. Opel sprach erstmals von der „Gehobenen Mittelklasse“ und legte in der Werbung Wert auf den Repräsentationscharakter des neuen Modells. Allerdings kamen auch die Familienväter als Zielgruppe nicht zu kurz.

paar „im besten Alter“ chauffiert eine zweitürige Limousine mit hoher Geschwindigkeit durch eine Großstadt, anschließend über eine Landstraße an einer Küste entlang. Dabei zeigt das „Leitfarben-Bandtachometer“ Geschwindigkeiten bis zu 160 km/h an.

Nach dieser Einführungswerbung entwickelte McCann weitere 30-Sekunden-Spots, in denen zum Beispiel eine Reisegesellschaft zum Segeln fährt oder vor einem Gutshof vorfährt. Immer verfolgte man das Ziel, den Rekord als repräsentative Reise-Limousine zu positionieren. Diese Konzeption setzte sich im Print-Bereich fort. Da hieß es „Opel Rekord – die gehobene Mittelklasse“ oder auch „Willkommen stattlicher Rekord“. Der Einführungsprospekt aus dem Frühjahr 1963 brachte es auf den Punkt: „Wir haben ... am Rekord nicht nur da etwas verbessert und dort etwas erneuert, sondern ein ganz neues Automobil gebaut: noch größer, noch geräumiger, noch stärker, sehr leise – mit einer reichhaltigen, erlesenen Ausstattung und einer geradezu idealen Straßenlage. Und einem Antlitz, das Kenner schon jetzt als das Gesicht der neuen europäischen Mittelklasse bezeichnen. Einfach bildschön, sympathisch – elegant, nobel-schlank und gewichtig zugleich, wohltuend anders. Eben ganz und gar neu, 1963 geboren und für viele Jahre gültig. Ein Wagen des kompromisslosen Fortschritts, der gibt, was so erstrebenswert ist: die große Fahrfreude.“

Natürlich kommt in dieser Broschüre auch das Kapitel Qualität nicht zu kurz: „Sein Gewicht von 965 Kilogramm (!) ergibt bei 55 bzw. 60 PS ein fahrgünstiges Leistungsgewicht, ergibt Temperament und Rasse. Opel hätte ihn noch leichter bauen sollen? Gewiss – leicht hätte man den Rekord viel leichter bauen können – doch Qualität verlangt ihr Gewicht. Der neue Rekord ist ein ausgesprochen materialstarker Wagen – gediegen, solide, präzise

Herbst 1963: Zum noch neuen Kadett Coupé gesellte sich nun auch das Rekord Coupé und sprach eine deutlich ältere, aber dennoch sportlich orientierte Zielgruppe an, die jedoch gleichzeitig Wert auf Komfort und Raumangebot legte. Der CarAVan spielte hingegen nur eine Nebenrolle.

Kraft satt: Mit dem 2,6-Liter-Kapitän-Motor und 100 PS Leistung entwickelte sich der Rekord 6 ab 1964 zu einem wahren Geschoss, das ohne weiteres BMW- und Mercedes-Modellen das Fürchten lehren konnte. Eine Spitze von 170 km/h stellte ein ganz neues Leistungsniveau dar. Allerdings mussten Anpassungsarbeiten vorgenommen werden, um den Triebsatz im Rekord unterzubringen, z. B. die seitliche Versetzung des Kühlers gehört dazu. Dagegen wirkte der Rekord 1,7S mit 67 PS recht schwachbrüstig.

verarbeitet. Hier zeigt sich ganz deutlich eine 65-jährige Erfahrung und die Erprobung von Millionen Rekord-Wagen."

Aber auch zum wichtigen Thema Sozialprestige gab Opel im Prospekt einige Hinweise: „Vernünftig ist ... der Wunsch nach einem größeren Wagen, der nur wenig mehr an Unterhalt und Pflege kostet. Es gibt Leute, die ihr ganzes Leben nach einem einmal angeschafften Wagentyp ausrichten. Ist es nicht vernünftiger, gerade umgekehrt, das Auto dem Leben anzupassen? An einem bestimmten Punkt im Berufsleben angelangt, hat man den großen, gesellschaftsfähigen Wagen wohl verdient ... Begnügen Sie sich nicht mit Angaben der Ihnen bekannten Autohändler oder mit Hinweisen aus Freundeskreisen. Schauen Sie selber nach, prüfen Sie nach Ihren eigenen Testmethoden, vergleichen Sie. Wir meinen, die richtige Lösung zum Aufstieg heißt: Opel Rekord."

Die vierfarbige Print-Werbung, die Ende 1963 in den Illustrierten *„Bunte", „Stern", „Neue Illustrierte"* und *„Quick"* einsetzte, schloss nahtlos an diesen Stil an: „Stolz auf den stattlichen Wagen", hieß es dabei in der Headline. Eine zeitgleich geschaltete Kampagne für den Rekord 1700 L ging – entsprechend der angesteuerten Zielgruppe – noch einen Schritt weiter. Darin konnte der interessierte Leser unter der Überschrift „Der Rekord kleidet Sie gut" folgenden Text lesen: „Ein eleganter Wagen. Das sieht man auf den ersten Blick. Er kleidet Sie ‚chic' und zeitgemäß . . . Schließlich gehört der eigene Wagen ja sozusagen zur Garderobe." Man sieht hier deutlich den Stellenwert, den das Karosserie-Design nicht nur für den Rekord, sondern auch generell für die Käufer einnahm. Fortschrittliche Technik spielte eine nur untergeordnete Rolle. Im Gegenteil: Sie trug eher zur Verunsicherung der Kunden bei. Opel beruhigte nachdenkliche Gemüter mit folgenden Informationen: „Ihr Rekord sieht so gut aus, als sei er eben erst auf dem Reißbrett entstanden. Dabei ist er eine in vielen Jahren gereifte, zuverlässige Konstruktion."

Sehr exklusiv muteten wiederum die Werbetexte für das im September 1963 anlässlich der IAA präsentierte Rekord Coupé an, das es zunächst zum Basispreis von 8015 Mark nur mit dem neuen 1,7-Liter-Spezialmotor (67 PS) gab: „Schönheit ohne überflüssiges Make-up, vornehme Eleganz, die auf den ersten Blick sympathisch wirkt – allein das Anschauen macht schon Freude beim neuen Rekord Coupé." Einen Schritt weiter gingen die Texter bei den neuen Sechszylinder-Modellen, wie sie ab Herbst 1964 angeboten wurden. Sie unterstützten wirkungsvoll das Ziel der Rüsselsheimer, den Rekord in eine neue, höhere Klasse zu führen. Er spielte jedoch nicht nur eine marketingstrategische Rolle im Rekord-Programm, sondern entwickelte sich auch im Verkauf auf Anhieb prächtig. Obwohl er nur ein Jahr lieferbar war – 1964 und 1965 bis zur Ablösung durch den Rekord B – fand der Rekord 6 als Limousine und Coupé 12.500 Käufer. Die Preise von 9370 Mark für die L-6-Limousine und 9310 Mark für das Coupé wirkten zwar im Vergleich zum Basis-Kurs von 6830 Mark relativ happig, beinhalteten jedoch auch eine Vielzahl von Ausstattungsdetails bis hin zu den serienmäßigen 14-Zoll-Gürtelreifen.

Ein besserer Vergleich ergibt sich mit den Preisen für die 1700-L-limousine bzw. das Coupé 1700. Diese Modelle kosteten 8075 bzw. 8015 Mark. Die Tatsache übrigens, dass es sich bei dem so vollmundig angepriesenen Treibsatz um einen kreuzbraven Sechszylinder handelte, der dieselben technischen Merkmale wie der betagte Vierzylinder aufzuweisen hatte (untenliegende, stirnradgesteuerte Nockenwelle, Grauguss-Kopf und -Block etc.), störte dabei scheinbar nur wenige, denn auch im ab März 1964 lieferbaren Oberklasse-Modell Admiral tat dieser Motor seinen Dienst – zumindest bis Herbst 1965, als die neue Vier-und Sechszylinder-Generation das Licht der Welt erblickte. Im Rekord übrigens wurde dieser betagte Kapitän-Motor noch ein Jahr länger – also auch noch im Rekord B – angeboten.

Doch wie griff Opel das neue Sechszylinder-Angebot in der Rekord-Klasse nun 1964 in der Werbung auf? Da hieß es zum Beispiel:

Fachgespräch: Die Motorentechnik war erstmals auch in der Rekordwerbung kein Tabu mehr. Ebenso wie flotte Fahrten durch unwegsames Gelände oder schnelle Autobahnfahrten – Opel-Fahrer waren jetzt endlich auf der Überholspur, ob mit 100, 67, 60 oder 55 PS.

„Sie träumen von einem rassigen Sportwagen. Ihre Familie wünscht sich ein bequemes und elegantes Auto. Was tun? Auch dafür gibt es ein Opel-Rezept – den Luxus-Rekord für Ihre Familie. Einen 100-PS-Motor und ein sportliches Fahrwerk für Sie." Und weiter: Jedermann an der Ampel weiß, wie schnell ein Rekord bei Grün davonzieht. Trotzdem wird es verdutzte Gesichter geben, wenn Sie mit diesem Rekord starten: Pfeilschnell weg ... und schon nach neun Sekunden zeigt der Leitfarbentacho auf freier Strecke 80 Kilometer an! Ein Rekord mit Rennmotor? Unmöglich – dafür ist er viel zu leise."

Im Oktober 1964 erschien eine Anzeige mit dem Titel „Donnerwetter – schon sind Sie weg", die sich ebenfalls mit den „Sportlichen aus Rüsselsheim" beschäftigten. Dieses Sujet wurde im Nachrichten-Magazin *„Der Spiegel"* sowie in zehn Zeitschriften der Industriegruppe, acht Architekten- und Baumeister-Zeitschriften, zehn Sportblättern, acht Automobil-Fachtiteln sowie zehn Medizin-Zeitschriften veröffentlicht. Dies deutet klar auf die angestrebte Zielgruppe hin: mittelalte, gutsituierte Männer mit überdurchschnittlichem Einkommen und Interesse für Technik und leistungsstarke Automobile. Medizin- und Architekten-Titel zeigen

Aufschnitt: „Oben ohne" gab es bei Opel nicht erst mit dem Rekord A, den Deutsch in Köln zu einem hübschen Cabrio umbaute. Bereits in den 1950er Jahren hatte Opel Cabrio-Limousinen selbst gefertigt.

deutlich, in welchem Umfeld man diese interessante Zielgruppe in erster Linie vermutete. Diese Texte zeigen, dass man in Rüsselsheim die Zeichen der Zeit erkannt hatte. Denn selbst der 1,7-Liter-Spezialmotor mit seinen 67 PS reichte kaum noch aus, verwöhnten Käufern einen Rekord schmackhaft zu machen. Der Rekord musste also sportlicher werden. Da aber nur der große 2,6-Liter-Reihensechszylinder als leistungsstärkere Motorversion noch zur Verfügung stand, scheute man sich in Rüsselsheim nicht, sogar einige konstruktive Änderungen am Vorderwagen vorzunehmen, um den langbauenden Motor mit seinen 100 PS unter der Rekord-Haube unterbringen zu können.

Obwohl die Werbung Sportlichkeit suggerierte, handelte es sich hier natürlich um den braven alten Opel-Sechszylinder, welcher bei der Mittelklasse-Modellreihe jedoch durch das relativ geringe Karosserie-Gewicht, mehr noch aber durch den großen Hubraum und das daraus resultierende hohe Drehmoment von 185 Nm bei 2400 Umdrehungen für imposante Fahrleistungen sorgte (Spitze 165 km/h bei der Limousine, 170 km/h beim Coupé, Beschleunigung bis 100 km/h 14 Sekunden bzw. 13 Sekunden beim Coupé). Zur Erinnerung: Das waren Fahrleistungen, die jene eines Mercedes 220 in den Schatten stellten, und das bei einem um rund 50 Prozent niedrigeren Grundpreis. Dabei gehörten 14-Zoll-Gürtelreifen, Zweikreis-Bremsanlage mit Scheibenbremsen vorn und Bremskraft-Verstärker, Viergang-Getriebe mit Sportschaltung auf der Mittelkonsole sowie eine verstärkte Hinterachse und angepasste Federung zum Serienumfang der Rekord-Sechszylinder-Modelle.

Ziehvater und Triebfeder der Entwicklung leistungsstarker Opel-Modelle war in jenen

Ebenfalls noch brandneu war der Kadett B, der im Frühsommer 1965 der Öffentlichkeit vorgestellt worden war. Für dieses Modell erhielten Hans Mersheimer (unten links), Claire McKichan (unten zweiter von links) sowie Dr. Hans Schnabel (dritter von links) eine Urkunde der Zeitschrift „hobby".

Farbenfroh gab sich das Lackangebot für die Rekord-Modelle Mitte der 1960er. Erstmals gab es eine erweiterte Metallic-Palette.

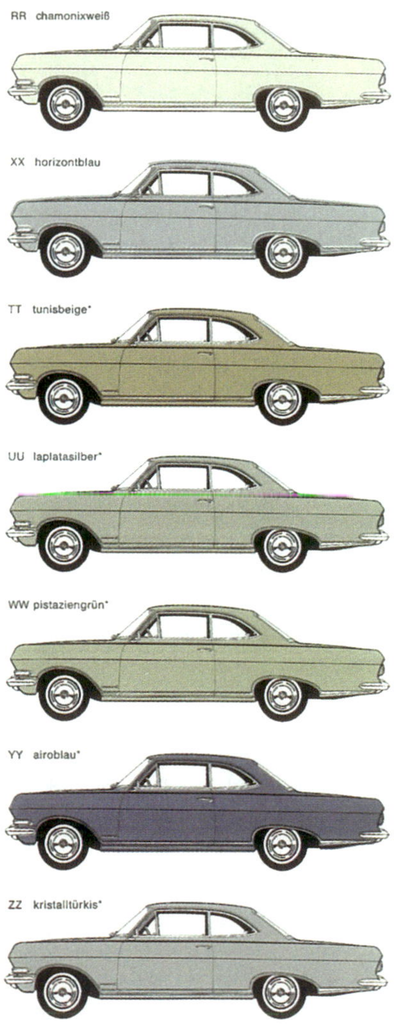

Jahren übrigens – wie bereits erwähnt – Chefkonstrukteur Hans Mersheimer, der seinen beliebten Ausspruch „Opel-Fahrer sollen auf der Autobahn auch mal links fahren können" gerne durch eine Probefahrt in seinem Dienstwagen – einem umgebauten Rekord A Coupé mit implantiertem V8-Small-Block-Motor von GM – untermauerte. Aber auch dem Kombi gönnte Opel seinen eigenen Auftritt. So zum Beispiel im April 1965, als es in der Headline hieß: „Ein Geschäftswagen – eine Limousine ... innen und außen sehr elegant – der Opel CarAVan." Obwohl sich diese Anzeige auch an den Privatnutzer wandte, hatte man zu jener Zeit als primäre CarAVan-Zielgruppe (man nannte den Wagen übrigens immer noch Opel CarAVan und nicht Rekord CarAVan) den Nutzer, der beide Funktionen benötigte, im Blick, also beispielsweise Handwerksbetriebe, in denen der Wagen zu beruflichen, aber auch privaten Zwecken eingesetzt werden sollte. Als im Spätsommer 1965 abgerechnet wurde, konnten sich die Verkaufsergebnisse sehen lassen. Das Total-Ergebnis von 861.722 Einheiten entsprach den hochgesetzten Erwartungen der Opel-Verkaufsleitung.

Leistung und glänzender Lack: Nach der Vorstellung des Rekord B mit der Bekanntmachung der neuen Vierzylinder- und Sechszylinder-Triebwerke (links und rechts oben) stand für den im August 1966 präsentierten Rekord C die gelungene Form und das neue Fahrwerk mit Fünflenker-Hinterachse im Mittelpunkt. Erneut lud die Opel-Verkaufsleitung ihre Händler zur Präsentation des neuen Modells nach Wiesbaden ein, um das neue Modell zu feiern. Wie in der Werbung stand hier auch das besonders gelungene Fastback-Coupé im Mittelpunkt des Interesses. Aber auch alle anderen Modelle (Limousinen, Caravan) wurden gezeigt.

Das neue Testgelände in Dudenhofen bot den Opel-Ingenieuren neue Möglichkeiten in der Entwicklung. Die Hochgeschwindigkeitsbahn, auf der hier ein Rekord C seine Runden zieht (oben), erlaubte Geschwindigkeiten bis 220 km/h ohne Gegenlenken. Dafür war die überhöht gebaute Bahn speziell konzipiert und 1966 eröffnet worden. In der Werbung (links und unten) wurde die repräsentative Form des Rekord C in den Vordergrund gestellt.

Der Rekord B – von vornherein nur als Zwischenmodell konzipiert, um die neuen technischen „Delikatessen", wie Motor mit obenliegender Nockenwelle sowie das überarbeitete Fahrwerk, besser kommunizieren und auch verkaufen zu können – spielte seine Rolle perfekt. Der Preisanstieg von 6830 auf 6940 Mark für die 1,5-Liter-Variante bereitete jedenfalls den Kunden keine großen Probleme. Er wurde vor dem Hintergrund des deutlich gestiegenen Gegenwerts am Markt problemlos akzeptiert. War es also beim Rekord A in erster Linie die Karosserie, die in der Kommunikation besonders erwähnt wurde, sollte sich das beim Nachfolgemodell Rekord B ändern. Obwohl dessen nach wie vor auf dem Rekord A basierende Karosserie einige Änderungen an Front (rechteckige statt runde Scheinwerfer) sowie Heck (runde statt rechteckige Rückleuchten) und auch eine überarbeitete Hinterachse aufwies, konzentrierte sich die Werbung bei diesem Modell auf das „Projekt 1010", so jedenfalls der interne Entwicklungs-Code für das neue Triebwerk („Ein Anlass, um anzulassen" – Überschrift aus einer Anzeige vom 9. Oktober 1965).

Da hieß es in der Copy einer ganzseitigen vierfarbigen Anzeige, die zwischen 7. und 21. November 1965 in *„Stern", „Quick", „Bunte", „Neue Illustrierte"* sowie *„Neue Revue"* geschaltet wurde: „PS-geladen: Warum haben die neuen Rekord-Wagen jetzt so viel Motor unter der Haube? Um vorneweg zu sein, selbstverständlich. Mit 60 PS sind Sie im ... Rekord in 22 Sekunden auf 100 Kilometer. Sind Ihnen 19,5 Sekunden etwas wert, nehmen Sie 75 PS. Der Mehrpreis ist gering. Oder Sie kaufen gleich die Luxus-Limousine oder das Coupé. Dann haben Sie 75 PS schon serienmäßig. Das Coupé erreicht 100 Kilometer schon in 16,5 Sekunden. Fasziniert Sie aber erst ein Auto, das sportliche 14,5 Sekunden bzw. 13 Sekunden (Coupé) vorlegt, dann ist der 90-PS-Rekord goldrichtig ... Liebhaber von 6-Zylinder-Motoren können auch noch den L-6 oder das Coupé-6 mit 100 PS-2,6 Liter-Sechszylinder-Motor wählen. Diesmal findet jeder die passenden PS. Er braucht nur den richtigen Rekord zu ‚adoptieren'".

Dass es sich gerade beim stärksten Aggregat nach wie vor um den alten Kapitän-Motor handelte, wurde natürlich nicht erwähnt. Tatsache ist, dass die neuen Vierzylinder-CIH-Motoren (CIH steht übrigens für „camshaft in head", also im Kopf liegende Nockenwelle) für den Rekord tatsächlich einen großen Schritt nach vorn darstellten. Erstmals nämlich gab es nicht nur moderne, leistungsfähige Motoren, sondern auch eine zeitgerechte Leistungsabstufung. Doch auch Rand-Themen wurden angesprochen. Denn obwohl der Rekord B klar und deutlich auf der Karosserie des A-Modells basierte, die lediglich an Front und Heck durch geringe Retuschen verändert worden war, sprach man immer vom neuen Rekord. Vor dem Hintergrund der neuen Motoren sicher keine allzu große Übertreibung. Dennoch suchte man auch nach Möglichkeiten, die geänderte Form in der Werbung gebührend zu Wort kommen zu lassen.

Damit beschäftigte sich Ende Januar 1966 dann ein weiteres Print-Sujet unter der Überschrift „Besseres Licht“. Darin ging es um die Geschichte des Breitband-Scheinwerfers. Tatsächlich war der Rekord B nach den im Jahre 1964 präsentierten Kapitän/Admiral/Diplomat A die zweite Modellreihe überhaupt, die statt der üblichen Rund- nun Rechteck-Scheinwerfer aufzuweisen hatte. Dazu hieß es in der Werbung: „Die Rekord-Scheinwerfer waren gut. Aber die Opel-Ingenieure sind nie zufrieden. Zwar ist die Lichtquelle gesetzlich begrenzt. Aber darf man nicht trotzdem mehr daraus machen? Zunächst weg mit den überflüssigen Strahlen. Weshalb oben die Bäume und unten im blinden Winkel vor dem Wagen den Boden ausleuchten? Also die Scheinwerfer oben und unten abschneiden und das Licht durch breites Glas streuen? Das bringt wenig. Also den Scheinwerfer groß machen und oben und unten abschneiden. Dann entsteht der Breitband-Scheinwerfer. Er bündelt das Licht dahin, wo Sie es brauchen: gerichtetes, breitflächiges Licht von geringer Blendwirkung. Dieser Breitband-Scheinwerfer schafft bessere Sicht und damit Sicherheit für Sie ...“

Nicht erwähnt wurde hier die Tatsache, dass neben der Form der Scheinwerfer, aber auch der Heckleuchten, die gesamte Bord-Elektrik von ehedem 6 auf nunmehr 12 Volt umgestellt worden war. Eine Tatsache, die sich nicht nur positiv aufs Licht, sondern auch auf die Startfähigkeit des Wagens nach strammen Winternächten oder längeren Ruhephasen auswirken sollte. Eine TV-Kampagne wurde übrigens für den Rekord B nicht entwickelt. Er tauchte aber in einem TV-Spot für das neue Esso-Superbenzin im Jahre 1965 als Gaststar auf. Sie erinnern sich sicher an den damals kreierten Esso-Slogan: „Pack den Tiger in den Tank“.

Obwohl der Rekord B nur ein Jahr gebaut wurde, konnten sich die Verkaufsergebnisse durchaus sehen lassen: Genau 294.184 Wagen dieses Typs, darunter immerhin auch 3703 Rekord mit Sechszylinder, wurden innerhalb nur eines Jahres ausgeliefert. Nochmals zur Erinnerung: Obwohl die Vierzylinder komplett neu entwickelt ab August 1965 lieferbar waren und eine neue Sechszylinder-Generation mit 2,8 Litern Hubraum ab demselben Zeitpunkt in den Modellen Kapitän und Admiral debütierte, musste der Rekord 6 noch ein volles Jahr mit dem alten 2,6-Liter-Motor mit untenliegender Nockenwelle ausharren, da die kleineren 2,2- und 2,5-Liter noch nicht fertig entwickelt waren. Erst der besonders attraktive Rekord C – ab August 1966 auf dem Markt – erhielt neben den neuen Vierzylindern auch einen neuen „Sechser“ mit 2,2 Litern Hubraum und 95 PS.

International: Mit dem Rekord C ab Herbst 1966 verstärkte Opel auch die Export-Aktivitäten. Außerdem betonte das Unternehmen in der Werbung den neuen internationalen Stil. Der Rekord C war das erste Modell, das auch als Chevrolet Opala in Brasilien angeboten wurde.

Auf einen Blick: Rekord C als Sprint Coupé (rechts), Commodore A GS/E Coupé (oben), Rekord C als Sprint Coupé (rechts), Rekord C Coupé (links) und als viertürige L-Limousine (unten). Hinzu kamen noch Caravan sowie Commodore 2,5 Liter mit 115 PS und als GS – das breiteste Opel-Programm seit Ende des Zweiten Weltkriegs!

Und auf dieses neue Modell war man in Rüsselsheim am 23. August 1966 bei der Präsentation der neuen Rekord-Familie vor internationalen Motor-Journalisten besonders stolz. Als Veranstaltungsort hatte die Rüsselsheimer Öffentlichkeitsarbeit das neue Testgelände in Dudenhofen nahe Hanau gewählt. So passte das brandneue und äußerst modern gestylte Auto perfekt in dieses High-Tech-Ambiente, wo heute noch täglich – auch am Wochenende und nachts – hunderte und tausende von Versuchskilometern von so genannten Erlkönigen zurückgelegt werden.

Technik-Chef Hans Mersheimer schwärmte in seiner Rede von der „kraftvoll-kompakten Form mit prägnanter glatter Kontur und schräggestellter Windschutzscheibe". Auffällig war übrigens auch die Gestaltung des Dachpavillons im Bereich der Heckscheibe. Wie auch verschiedene Modelle von Buick (Skylark und Special 1965) sowie Oldsmobile (Delta 88, Dynamic 88) schwang sich die Heckscheibe mit leicht konkaver Neigung gen Kofferraumhaube. Ein Gestaltungselement, das bei Opel erstmals mit den K-A-D-Modellen („Die großen Drei – Kapitän, Admiral und Diplomat") im Februar 1964 eingeführt worden war. Charakteristisch auch die verchromten, seitlich nach oben gezogenen Front-und Heck-Stoßfänger.

Im technischen Bereich überzeugte der neue Rekord bei seiner Vorstellung als einziger Wagen seiner Klasse mit einer serienmäßigen Zweikreis-Bremsanlage, die nicht nur vordere Scheibenbremsen, sondern auch einen Bremskraftverstärker umfasste. Während übrigens die Produktion der Limousinen bereits im August 1966 aufgenommen wurde, sollte der Start des Caravan erst im Oktober desselben Jahres erfolgen, um den gigantischen Anlauf dieser großen Modellfamilie zu „entzerren" und ein hohes Qualitätsniveau zu sichern. Das Coupé hingegen ließ noch bis Januar 1967 auf sich warten, obwohl es in der Werbung von Anfang an eine dominante Stellung einnehmen sollte.

Diesen neuen Rekord mit der internen Bezeichnung „C" führte Opel mit entsprechend großem Werbe-Aufwand im August 1966 ein. Wie bereits beim Rekord A, spielte die komplett neugestaltete Form wieder ein zentrales Thema in der Kommunikation, obwohl dieses Modell gegenüber seinem Vorgänger eine ganze Reihe weiterer Vorteile zu bieten hatte. Dazu gehörten neben der neuen schraubengefederten Hinterachse das neue innovative Heizungs- und Lüftungssystem mit Zwangsentlüftung und die – bereits erwähnte – Zweikreis-Bremsanlage mit serienmäßigen vorderen Scheibenbremsen sowie Bremskraftverstärker.

Für den Launch dieses wichtigen neuen

Selbst das Thema Lieferfristen war im Spätsommer 1966 kein Tabu für die Werbung mehr. Die Kombination aus Fastback-Form und Hardtop-Konzept mit versenkbaren hinteren Seitenscheiben sorgte für Begeisterung.

Sportliche Akzente setzte das Cockpit des Rekord-Sprint mit kleinem Drehzahlmesser und Zusatzarmaturen.

Gute Ausstattung: Bei den 1970er Commodore-Modellen wurde zur Erhöhung der Sicherheit der Handbremshebel zwischen die Vordersitze gelegt. Alle Modelle erhielten eine Warnblinkanlage mit Druckschalter in der Instrumententafel, Tageskilometerzähler und einen Kunstlederüberzug für das Lenkrad.

Verkaufsaktion: Die Rezession der Jahre 1967/68 bekam auch Opel beim Rekord zu spüren und „konterte" mit der „Aktion 5000", bei der vergünstigte Export-Modelle angeboten wurden. Optisch attraktiver waren jedoch die regulären Limousinen (Mitte) sowie der besonders gelungene Rekord Caravan, den es nun auch erstmals in Luxusausstattung gab.

Modells, dessen Form mit modischem Hüftschwung sofort bei dessen Präsentation mit Begeisterung aufgenommen worden war, hatte Opels Werbeagentur sich einen Farb-Spot fürs Fernsehen einfallen lassen. Interessanterweise konzentrierte sich Opel zwischen 1966 und 1968 auf das Coupé, das jeweils die Hauptrolle spielte: Im ersten Spot, der mit knapp zwei Minuten besonders lang geriet (Werbezeiten waren im Fernsehen offensichtlich noch nicht so teuer!), unternimmt ein junges Ehepaar – die Mitfahrerin erinnert auf den ersten Blick an die damals gerade startende junge Schauspielerin Uschi Glas – eine rasante Wochenendfahrt durch teilweise unwegsames Gelände und genießt schließlich am Ende ein schmackhaftes Dinner im Schein eines traumhaften Sonnenuntergangs. Danach folgte eine Reihe von kürzeren Spots. Hier eine kleine Auswahl:

Eine Fahrschülerin unternimmt in einem Rekord Coupé ihre rasante erste Fahrstunde, dabei fährt sie „versehentlich" Treppen hinab, fährt in die falsche Einfahrt eines Tunnels entgegen der Fahrtrichtung und landet zum Schluss in einem Springbrunnen – samt Wagen und selbstverständlich ohne Verletzungen. Sehr amüsant ist auch ein Spot, bei dem ein weißes Rekord-Coupé (oder aber ein weißer Rekord Coupé) die Ski-Piste von Garmisch-Partenkirchen hinauffährt – pilotiert von einer jungen Frau. Schön auch die Fahrt eines Scheichs in typischer Bekleidung durch die Wüste, der – zeitweilig gehetzt von einer Bande – abends wohlbehalten mit seinem Rekord Coupé zu Hause eintrifft.

Nicht weniger auffällig: die Print-Werbung. Opel beschränkte sich nunmehr nicht mehr ausschließlich darauf, den Rekord in einer gehobenen Klasse zu positionieren, der Rekord sollte der erschwinglich-anspruchsvolle Wagen der gehobenen Mittelklasse in Europa sein. Entsprechend hieß es zur Einführung am 10. September 1966 in einer Anzeige, die in Tageszeitungen, Wirtschafts-Magazinen sowie Boulevard-Zeitschriften geschaltet wurde: „In Stil und Leistung ein Europa-Rekord. Jetzt ist er da: der lang erwartete neue Rekord. Mit modernen, dynamischen Modellen, denen man das Besondere schon von Weitem ansieht. Und mit dem reichhaltigsten Motoren- und Modell-Programm, das es jemals in der langen Rekord-Geschichte gab. Mit wirtschaftlichen und starken Motoren für elegante Limousinen und Luxus-Limousinen, für drei- und fünftürige Kombiwagen und für ein Coupé im Fastback-Stil." Dazu gab's Infos zur neuen starren Hinterachse, die erstmals Schraubenfedern besaß. Opel nannte sie übrigens in der Werbung „Sportwagen-Hinterachse".

Eine Sonderstellung nahm – wie auch in der TV-Kampagne – das besonders gelungene Coupé ein. Erstmals hatte Opel nämlich nicht einfach das Dach einer zweitürigen Limousine abgeschnitten und einen verkürzten Dach-Pavillon daraufgesetzt („Schuhkarton mit Baskenmütze", wie die Fachpresse gelegentlich seit P2-Zeiten spottete), sondern ein harmonisches, eigenständiges Modell entwickelt, das nicht nur über ein so genanntes Fastback, also eine fließheckähnliche Gestaltung, sondern gleichzeitig auch über ein so genanntes Hardtop-Design verfügte. Dabei wurde auf eine feststehende B-Säule verzichtet. Dies ermöglichte das „stegfreie" Herunterkurbeln aller Seitenfenster (außer den beiden vorderen Dreiecks-Fenstern selbstverständlich). Eine Konstruktion, die Konkurrent Ford allerdings bereits zwei Jahre zuvor beim neuen Taunus eingeführt hatte. In der Werbung hieß es: „Ein Traum mit Lieferfristen. Das bildschöne, sportliche Coupé: Ein Rekord, der besonderes Aufsehen erregt. Obwohl erst in einigen Wochen lieferbar, gehen schon seit Wochen bei den Opel-Händlern die Bestellungen ein. So viel Chic, so viel Sportlichkeit und Luxus – da beginnt eben das große Träumen. Aber da Opel

den Wagen baut, kann man sich diesen Traum auch leisten. Deshalb nicht lange träumen: Ein schneller Entschluss sorgt für schnellere Lieferung."

Im Prospekt lasen sich die Vorzüge der Rekord-Coupé-Form wie folgt: „Rasse beim Auto – was ist das? Manche sagen: Geschwindigkeit. Und meinen einen ‚heißen Ofen'. Andere wiederum behaupten Karosserie. Und meinen etwas supermodern Windschnittiges. Richtig! Oft aber sehen heiße Öfen auch so aus, wie sie heißen. Und unter einem rassigen Kleid verbirgt sich oft ein schwaches Herz. Und doch gibt es Wagen, bei denen man sofort fühlt: Er hat's. Nämlich Kraft und Schönheit: Rasse. Wagen wir den Vergleich: Es ist wie Sex-Appeal. Es ‚kommt an'. Verstehen Sie jetzt, warum dieses Coupé Ihnen so oft im Straßenverkehr begegnet? Es ist angekommen." Aber auch immer wieder wird deutlich gemacht, dass die Entscheidung für einen Rekord auch vernünftig ist: „Sie wollen einen guten Freund haben: Ein schnelles, sicheres, komfortables und zuverlässiges Auto. Und nicht einfach ein Fortbewegungsmittel. Und diesen guten Freund können Sie sich aussuchen. Unter sechs. Damit es egal ist, wie sportlich, familiär oder geschäftlich Sie es haben wollen."

Interessant auch die lange Modellkonstanz beim Rekord. Erinnern wir uns: In den 1950er Jahren änderte Opel zumindest die Optik im Jahres-Rhythmus, seit dem Rekord P1 war man bei drei Jahren angelangt – mit Ausnahme des Rekord B, der ohnehin nur eine Zwischenrolle spielen sollte. 1968 jedoch keimten erneut Gerüchte, Opel würde den Rekord kurzfristig ablösen, was jedoch deutlich dementiert wurde. Entsprechend schrieb Opel in der Broschüre „Was wir für Wagen bauen" über den Rekord: „Der Rekord gehört zu den Mittelklasse-Wagen. Er ist der meistgefragte. Mit Abstand. Seit über drei Jahren. Obwohl er in diesen drei Jahren praktisch nicht geändert wurde. Obwohl andere Mittelklasse-Modelle in diesen drei Jahren geändert wurden. Einige einmal, andere zweimal. Die Tatsache, dass man einen Wagen nicht fortwährend ändern muss, um damit Erfolg zu haben, beweist am besten, wie überlegen er ist. Der Rekord wird weitergebaut."

Der Rekord entwickelte sich zum größten Erfolgsmodell, das Opel in diesem Segment jemals angeboten hatte. Die neue Linie mit dem modischen Hüftschwung – Kenner sprachen

Einzelstück: Leider fand der Commodore Voyage – 1968 auf dem Genfer Salon gezeigt – nicht den Weg in die Serie. Die Holzfolie fand man jedoch ab Herbst 1970 beim Ascona Voyage als besonderen Gag (ganz oben). Die regulären Commodore-Modelle wurden entsprechend elitär beworben. Dabei durfte auch die Herausstellung des Sechszylinders nicht fehlen (oben).

Fließende Linien: Mit dem Rekord C / Commodore A Coupé gelang dem Opel-Design unter den Studioleitern Erhard Schnell (Advanced Design) und Herbert Killmer (V-Car-Studio = Rekord, Commodore) ein großer Wurf. Eine Besonderheit war das Hardtop-Konzept mit voll versenkbaren hinteren Seitenscheiben. Im Innenraum bot der Commodore gegenüber dem Rekord Holzfurnier an Armaturentafel und Türverkleidungen. Als Basis-Triebwerk diente ein 115 PS (später 120 PS) starker 2,5-Liter-Reihensechszylinder.

Schnelligkeit, Rasse und hohe Tempi waren Themen, die in Verbindung mit den neuen „heißen" Opel-Modellen immer stärker herausgestellt wurden, ob in Verbindung mit dem Commodore GS oder dem Rekord Sprint (oben).

auch vom „Coke-Bottle-Design" – verkaufte sich zwischen August 1966 und Ende 1971 immerhin 1,253 Millionen Mal – ein Ergebnis, das tatsächlich alles bisher Erreichte deutlich in den Schatten stellte, und das, obwohl Opel sich bei den Preisen gegenüber dem Vorgänger einen ordentlichen Aufschlag gegönnt hatte. So lag der Basispreis im August 1966 mit 7630 Mark immerhin auf einen Schlag um satte 420 Mark über dem Preis des Vorgängers, was einem Anstieg um 5,8 Prozent entspricht – mehr als Opel jemals zuvor bei einem Modellwechsel aufgeschlagen hatte. Dabei waren die Zeiten jedoch nicht immer rosig während der langen Produktionszeit des Rekord C.

Aufgrund der langen Bauzeit und der speziell 1967/68 sich abzeichnenden Rezession hatte Opel sich wiederholt etwas einfallen lassen müssen, um den Verkauf dieses relativ großen Modells zu stabilisieren. So brachten die Rüsselsheimer 1967 eine „abgemagerte" Version des Rekord auf den Markt, die es nur in einer Lackierung (cremefarben) und ausschließlich mit dem 1500er Motor gab. Außerdem war diese Variante nur zweitürig lieferbar. Von den regulären Modellen unterschied sich diese Version außerdem durch Details, wie lackierte (statt mit Edelstahl verkleidete) Scheibenrahmen, einfache Radkappen, sowie fehlende Ausstattungsdetails, wie Teppichboden, Zeituhr oder Beifahrer-Sonnenblende.

Ein ähnliches Modell bot Opel auch im Herbst 1968 für knapp über 7200 Mark an. Ein ebensolches Konzept folgte im Januar 1970. Um den Verkauf von Kadett und Rekord erneut zu stimulieren, präsentierte Opel Modelle mit „zweckbetonter" Ausstattung, wie sie auch in einigen europäischen Export-Märkten angeboten wurden. Diesen „Export-Rekord" gab es zum Basis-Preis von 7470,30 Mark ausschließlich mit 1,7-Liter-66-PS-Motor. Er war nur in den Farbtönen Creme, Brillantweiß und Lagoblau lieferbar. In der entsprechenden Pressemitteilung vom 30. Dezember 1969 las der geneigte Redakteur: „Die Adam Opel AG eröffnet damit vor allem Lohn- und Gehaltsempfängern die Möglichkeit, die ihnen zuteil gewordenen finanziellen Aufbesserungen der letzten Monate nunmehr als effektive Kaufkraftsteigerung zu nutzen und sich einen für Alltag und Urlaub gleicherweise verwendbaren Wagen zu kaufen." Ein Preis von unter 7500 Mark bedeutete immerhin einen um rund 500 Mark güns-

Exot: War schon die Commodore Voyage-Studie aus dem Jahr 1968 eine Besonderheit, so handelte es sich bei diesem Einzelstück, einem Commodore Voyage mit GS/E-Motor und 150 PS, um einen besonderen Exoten, der von einer Gruppe begeisterter Ingenieure ohne Genehmigung der Geschäftsleitung als Einzelstück gebaut wurde.

tigeren Einstieg in dieses beliebte Modell. Auf der anderen Seite konnte man den Rekord als Caravan mit 1900er Triebwerk und L-Ausstattung auf einen Grundpreis von 9560 Mark treiben, der sich bis August 1971 auch noch auf 10.385 Mark steigerte.

Eine Besonderheit im Rekord-Programm bildete ab September 1967 der Rekord Sprint, der ursprünglich als zwei- und viertürige Limousine sowie als Coupé geplant war, schließlich aber fast ausschließlich als Coupé verkauft wurde. Auch dieses Modell besaß den inzwischen bewährten 1,9-Liter-Vierzylinder. Gegenüber der zivileren Variante war dieser Motor jedoch durch zwei Weber-Fallstromvergaser statt eines Solex-Register-Fallstromvergasers „scharf“ gemacht worden und entwickelte in dieser „gedopten“ Version immerhin 106 statt der herkömmlichen 90 PS. Opel reagierte mit diesem Modell auf einen generellen Trend in Richtung Sportlichkeit, der auch in der Kadett-Klasse zu beobachten war. Dort hatte man bereits den Rallye-Kadett mit 1100er Motor und 60 PS eingeführt und ab 1967 sogar den 90-PS-1,9-Liter nachgeschoben. Darüber hinaus bot Opel luxuriöse Kadett-Derivate namens Olympia an, die ebenfalls mit maximal 90 PS für ordentliche Fahrleistungen sorgten.

Dem Trend zu luxuriösen und besonders leistungsstarken Wagen folgte auch ein weiteres Modell, das den Rekord 6 ablöste: der bereits erwähnte Commodore. Schon seit 1964 hatte der sechszylindrige Rekord im Revier der kleinen Mercedes-Modelle und der „Neuen Klasse“ von BMW gewildert. Nun sollte – durch neuen Namen und standesgemäßes Äußeres – auch optisch schon auf den ersten Blick der Anspruch auf eine Sonderstellung in der Gehobenen Mittelklasse deutlich gemacht werden.

Der 2,5-Liter-Einspritzmotor in all seiner Herrlichkeit. Er beflügelte den Commodore A GS/E zu wahrhaft sportwagenmäßigen Fahrleistungen.

Am 27. Februar 1967 lud die Adam Opel AG zur Vorstellung dieses neuen Sechszylinders erneut in das Dudenhofener Testzentrum ein, wo Technik-Direktor und Vorstandsmitglied Hans Mersheimer die Gäste begrüßte. „Unser Commodore ist ein neuentwickeltes Auto. Mit wenigen Worten ist er zu charakterisieren: kompakt, hoher Aufwand für Komfort und technische Ausstattung, sehr beachtliche Fahreigenschaften ... Die Commodore-Modelle schließen unsere bisherige Lücke zwischen unserer Rekord-Baureihe und den Modellen Kapitän und Admiral. Sie runden also unser Produktionsprogramm ab. Ein Programm, das mehr denn je darauf ausgerichtet ist, in weitem Ausmaß Automobile für jeden Zweck, jeden Geldbeutel und für jeden Kunden anzubieten und zu liefern.“

Breitensport: Der in limitierter Auflage produzierte Commodore GS 2800 – hier in der speziellen Wettbewerbsvariante – sollte Opel im Breitensport und auf der Rennpiste nach vorn bringen. Das Wettbewerbsmodell hatte eine abgemagerte Ausstattung, um Gewicht zu sparen.

Obwohl ähnlich stark, konkurrierten GS 2800 und Commodore GS/E im Markt nicht direkt miteinander. Besonders attraktiv war die Wettbewerbsversion mit den schwarz lackierten Stahlfelgen aber nicht. Nur 8 PS trennten den 150 PS starken GS/E vom drehmomentstarken GS 2800 mit 142 PS. Entsprechend schaltfaul ließ sich der GS 2800 pilotieren, während der GS/E für einen starken Antritt Drehzahlen benötigte.

In der Händler-Verkaufsbroschüre vom 15. Januar 1967 beschrieb die Abteilung Verkaufsförderung den Commodore als den „sportlich-exklusiven Sechszylinder mit hoher Leistung", einen Wagen für Erfolgreiche und Junggebliebene. Weiter verwies die Broschüre auf eine interessante Marktumfrage, die im Sommer 1966 stattgefunden hatte. Hauptergebnis dieser Studie war die Bestätigung der hohen Marken-Loyalität unter Opel-Fahrern: 65 Prozent der befragten Opel-Besitzer hatten dabei angegeben, dass sie auf jeden Fall einen Opel-Neukauf planten. 82 Prozent der befragten Rekord-Besitzer mit Sechszylinder-Motor waren dabei bereit, zwischen 10.000 und 11.000 Mark auszugeben, eine für die damalige Zeit vergleichsweise hohe Summe, wenn man den Basispreis eines Rekord von unter 8000 Mark berücksichtigt.

Neben den Aufsteigern im eigenen Lager, waren es die Fahrer eines Ford Taunus 20m (TS), eines Peugeot 404, aber auch eines BMW 1800 bzw. 1800 TI, die man in Rüsselsheim als potenzielle Interessenten ausmachte.

Stolzer Pressemann: Bodo Fischer, viele Jahre Mitarbeiter der Opel-Presseabteilung, war vom GS/E begeistert. Hier sieht man ihn bei der Pressevorstellung des Modells im Jahre 1970 an einer viertürigen Limousine.

Verdienstmäßig schätzte man diese Kunden auf ein Monatseinkommen von 2000 Mark, deutlich mehr als der durchschnittliche Rekord-Käufer monatlich verdiente. Als wichtigste Kaufwünsche hatte die Untersuchung die Bereiche „Sportwagen-Fahrgefühl", individuelles Flair sowie luxuriöse Ausstattung ergeben – alles Voraussetzungen, die der Commodore spielend erfüllen konnte.

Basierend auf der L-Ausstattung bot der Commodore einen speziellen Kühlergrill, mehr Chrom, Zierstreifen und -blenden an Heck und Wagenflanken sowie Holzfurnier im Innenraum und weitere attraktive Details. Unter der Haube werkelte ein neuentwickelter Sechszylinder, der allerdings konstruktiv mit den neuen Vierzylindern und dem 2,2-Liter-Sechszylinder verwandt war: ein 2,5-Liter-Motor mit 115 Pferdestärken. Alternativ konnten Commodore-Käufer allerdings noch eine Weile den 2200er mit 95 PS bestellen. Diese Alternative wurde jedoch von den weitaus meisten Kunden nicht gewählt, so dass dieses Angebot ab 1968 entfiel. Ebenso war ab 1967 selbstverständlich auch der Rekord 6 entfallen, denn seine Rolle sollte von nun an von der neuen Commodore-Reihe komplett übernommen werden.

Mit einem Preis von 9775 Mark für die zweitürige Limousine, 10.200 Mark für den Viertürer und 10.350 Mark für das schicke Fastback-Coupé im Hardtop-Stil mit versenkbaren hinteren Seitenscheiben konnte auch der Commodore als Geheimtipp gelten. Zum Vergleich: Die entsprechenden Rekord-Modelle mit L-Ausstattung kosteten Mitte 1967 9145 Mark (Viertürer) bzw. 9015 Mark. Ein Rekord Sprint Coupé gar mit 106 PS stand im September 1967 mit 9775 Mark in der Preisliste, nur rund 500 Mark weniger als das 2,5-Liter-Commodore-Coupé und genauso teuer wie die zweitürige Commodore-Limousine. Allerdings hatte man in Rüsselsheim für dieses Modell auch eine komplett neue Zielgruppe mit sportlicherem Anspruch angesteuert, ganz anders als der seriöse Commodore, von dem man übrigens bis zu seiner Einstellung im Jahre 1971 eine Caravan-Version vermisste. Zwar stellte Opel im März 1968 anlässlich des Genfer Salons die Studie „Voyage" vor, doch wurde dieses Projekt niemals zur Serienreife entwickelt, wenngleich in Genf einige Besucher höchst interessiert das Fahrzeug musterten. Die Spezialisten der Rüsselsheimer Marketing-Abteilung konnten jedoch keine nennenswerte zu erwartende Nachfrage nachweisen und stoppten so weitere Pläne für eine Realisierung dieses Projektes – wenn auch zum Leidwesen einiger Interessenten. Denn schon die Beschreibung des Fahrzeugs in der mit Sperrfrist 12. März 1968 versehenen Pressemitteilung hatte den „Appetit" auf ein solches Modell angeregt. Von einem „Kombinationswagen der Luxusklasse" war da die Rede, der durch „sein Aussehen, die reichhaltige Ausstattung und die großzügige technische Ausrüstung für europäische Verhältnisse eine neuartige Entwicklung darstellt."

Die in Genf ausgestellte Modellstudie besaß den seit einem knappen Jahr bekannten 2,5-Liter-Sechszylinder-Motor mit 115 PS und wies als weitere Besonderheit neben einer speziellen Lackierung im Perlen-Goldton eine Holzdekor-Verkleidung mit Kunststoff-Stoßkanten auf den Wagenflanken auf. Im Innenraum dominierten ebenfalls Beige- und Goldtöne bei Sitzbezügen, Türverkleidungen und Teppichböden. Viele dieser Elemente stammten übrigens von Buick-Modellen, wie beispielsweise die genannte Holzfolie, die in den USA bei teuren Kombi-Modellen ab Mitte der 1960er Jahre zum guten Ton gehörte.

Obwohl der Commodore Voyage nie in Serie ging, fanden Stilelemente sowie der Name „Voyage" in einem anderen Modell zwei Jahre später, also 1970, wieder Verwendung: im Ascona Voyage, einem Kombi-Modell, das im Gegensatz zu Kadett und Rekord Caravan eine besonders exklusive Klientel ansprechen sollte, die weniger Wert auf maximalen Laderaum legte. Auf ein entsprechend edles Commodore-Modell sollte man jedoch noch über viele Jahre hin (bis 1980) verzichten müssen. Stattdessen erblickten andere – sehr interessante – Commodore-Varianten das Licht der Welt:

Der Rekord war das Modell für sportliche Familienväter. Auf der Piste sollte man allerdings den Wagen stehen lassen und sich auf seine Skier verlassen ...

Der Commodore GS, das sportliche Pendant zum Rekord Sprint, kam bereits im September 1967 (Preis des GS Coupé bei seiner Einführung 11.340 Mark) auf den Markt und sorgte mit seinem 2,5-Liter-Sechszylinder, dessen Leistung durch die Verwendung zweier Register-Fallstromvergaser (statt eines Vergasers in der 115-PS-Version) auf satte 130 PS anstieg, bei sportlichen Fahrern für Begeisterung. Obwohl mit einer Spitze von 180 km/h angegeben, erreichte ein Commodore GS Coupé in einem Test der Zeitschrift *„auto motor und sport"* im Jahre 1968 sehr zur Überraschung der Tester einen Spitzenwert von 196 km/h.

Vorstellung: Fachgespräch unter Spezialisten anlässlich der Journalistenvorstellung des Rekord II Anfang 1972. Im Bild der ehemalige Auto-Chefredakteur der Bild-Zeitung, Peter J. Glodschey, mit Eckehard Rohde, Opel-Vorstand für Öffentlichkeitsarbeit.

In Reih und Glied: Fast alle Versionen des neuen Rekord II standen für Journalisten zu Testfahrten bereit. Hier hatten die Gäste auch Gelegenheit, die beispielhafte Fahrsicherheit dieses neuen Modells zu testen. Die Bezeichnung „Rekord II" spielte auf die Tatsache an, dass es sich um den zweiten Rekord handelte, der völlig auf die Zusatzbezeichnung „Olympia" verzichtete – aus Rechtsgründen war dies noch bis zum Rekord B notwendig, da Hanomag bis Mitte der 1960er Jahre die Rechte an der alleinigen Nutzung der Bezeichnung „Rekord" hielt. Später kam dann die Verkaufsbezeichnung „Opel Rekord D".

Noch mehr „Dampf" bot ab Frühjahr 1970 das neue „High-Tech-Top-Modell" Commodore GS/E mit elektronischer Bosch-Benzineinspritzung, wie sie seit Frühjahr 1969 bereits in Verbindung mit dem 2,8-Liter in Admiral und Diplomat E angeboten wurde. Erneut war es der Automobilsalon in Genf, der den Rahmen für die Präsentation des neuen Commodore GS/E bot. Mit Sperrfrist 26. Februar 1970 verschickte Opel eine entsprechende Pressemitteilung, in der auch auf die Präsentation weiterer sportlicher Opel-Modelle seit 1967 eingegangen wurde. Tatsächlich befanden sich die Rüsselsheimer seit 1966 in der Offensive.

Nach dem neuen Rekord – auch als Sechszylinder oder sportlicher Vierzylinder-Sprint, Rallye-Kadett, Olympia, den neuen High-Tech-Repräsentationslimousinen K-A-D und dem Commodore bzw. Commodore GS steuerte Opel mit dem GS/E eine weitere Spitzenstellung an: Es war der preisgünstigste deutsche Sechszylinder dieser Leistungsklasse und der einzige, der zu diesem Preis auch mit einer elektronischen Benzineinspritzung brillieren konnte: 13.565 Mark kostete das GS/E Coupé bei seinem Debüt, fast schon ein Dumping-Angebot, das nur knapp über dem Basis-Preis eines Mercedes Benz 220 (/8-Serie) mit vergleichsweise „frugalen" 95 PS lag. Ein weiteres Novum für die damalige Zeit war der serienmäßige Spoiler, den man Anfang der 1970er Jahre bei Massenautomobilen noch vergeblich suchte. In der Pressemeldung hieß es da: „Der Commodore GS/E ist das erste Modell europäischer Produktion, das serienmäßig einen Spoiler aufweist, ein Luftleitblech, montiert an der Unterseite des Wagenbugs, das den auftreffenden Luftstrom zur Seite ablenkt. Dadurch entsteht an der Wagenunterseite ein Unterdruck, der allen Auftriebskräften, die an der Karosserie auftreten können, entgegenwirkt. Durch die unverminderte Bodenhaftung der Vorderräder bleibt die Geradeausfahr-Stabilität erhalten." Im Kundenprospekt wur-

Munter: Der neue Diesel sorgte für lebhafte Fahrleistungen, jedenfalls im Vergleich zu seinen Selbstzünder-Konkurrenten von Mercedes und Peugeot.

den die Vorzüge des neuen Commodore GS/E mit deutlichen Worten geschildert, die keinen Zweifel am Charakter dieses Modells aufkommen ließen: „Die reine Kraft“, hieß es da, und weiter: „Im Gaspedal einhundertfünfzig PS. Kraft, die auf breite Reifen geht. Kraft, die nach vorn schießt. Beschleunigung, die in die Sitze presst. Aus 2,5 Litern. Sechs Zylinder, denen der Treibstoff elektronisch serviert wird. Ein Motor, der kein Oktan ungenutzt nach hinten jagt. GS/E: ein lauerndes Grollen in den Zwillings-Auspuffrohren.“

Nur kurze Zeit später – im April 1970 – schob Opel ein auf 2000 Einheiten limitiertes Sondermodell nach, das speziell Interessenten ansprechen sollte, die ihren Wagen auch im Sporteinsatz bewegen wollten. Den Commodore GS 2800 bot Opel als „regulären“ GS 2800 sowie in Wettbewerbs-Version als zweitürige Limousine mit dem vom Admiral bekannten 2,8-Liter-Vergaser-Motor mit 145 PS Leistung an. „Der Commodore GS“, so die Pressemitteilung, „bisher schon ein ernstzunehmender Gegner im Tourenwagen-Rennsport, dürfte mit dem 2,8-Liter-Motor, der laut Sportgesetz bis auf drei Liter aufgebohrt werden darf, in der Gruppe 2 (Spezial-Tourenwagen) ein gewichtiges Wort mitzureden haben.“ Während

Besondere Kombination: Nur Peugeot konnte auch einen Kombi mit Dieselmotor bieten, bei Mercedes war ein solches Modell damals offiziell nicht im Angebot.

Letzter Check: Egal ob Coupé, Limousine oder Caravan – alle Rekord-Modelle durchliefen vor ihrer Auslieferung eine detaillierte technische Prüfung.

Schicke Dame, schickes Auto: Selbstverständlich wirkte der neue Rekord II noch repräsentativer, wenn er besonders gepflegt wurde. Das scheint auch die stolze Rekord-Besitzerin zu wissen, die ihr Auto mit akribischer Hingabe zur Ausfahrt herausputzt.

der Commodore GS/E mit 2,5-Liter-Einspritzmotor ab Juli 1970 in der Gruppe 1 homologiert wurde, wandte sich Opel mit dem 2800 an Fahrer, die sich in der „heißeren" Gruppe 2 der Spezial-Tourenwagen mit einem Commodore „motorsportlich" betätigen wollten, aber einen hubraumstärkeren Vergasermotor bevorzugten, dessen Leistung sich mühelos auf 200 bis 250 PS steigern ließ.

Im Prospekt hieß es da: „Kraft aus großem Hubraum, Leistung aus dem Vollen ...", da lässt sich nichts mehr hinzufügen. Der Commodore GS 2800 wies in der Wettbewerbs-Ausstattung serienmäßig Verbundglas-Windschutzscheibe, Recaro-Sportsitze vorn, 80-Liter-Tank, ein enger gestuftes Getriebe, Differenzial mit begrenztem Schlupf sowie eine geänderte Lenkübersetzung im Verhältnis 16:1 auf. Bei diesem Wettbewerbsmodell musste der Pilot allerdings aus Gewichtsgründen auf Heizung, Stoßfänger sowie Zierleisten verzichten. Die Seitenscheiben bei diesem Modell bestanden aus Plexiglas. Da sich Sportfahrer in der Regel ihre Bereifung selbst aussuchten und dazukauften, lieferte Opel dieses Wettbewerbsfahrzeug konsequenterweise nur mit schwarzlackierten Stahlrädern ohne Zierkappen; ein Spoiler – wie beim GS/E – gehörte beim ausschließlich in den Farbtönen „Kardinalrot" und „Citrusgelb" lieferbaren Commodore 2800 zur Serienausstattung.

Mit diesem umfangreichen Modellangebot stellte die Commodore-Reihe – vor allem, wenn man die Preise berücksichtigt – eine Besonderheit in der Oberen Mittelklasse dar. Nie zuvor hatte es so viel Leistung mit Sechszylinder-Komfort und gekoppelt mit Einspritz-High-Tech (zumindest im Falle des GS/E) gegeben. Zwischen Frühjahr 1967 und Ende 1971 lieferte Opel insgesamt 156.330 Commodore aus, davon 152.630 mit 2,5-Liter-, 2574 mit 2,8-Liter- und nur 1326 Wagen mit 2,2-Liter-Motoren. Dabei muss man jedoch berücksichtigen, dass es den 2200er sowie den 2800er jeweils nur ein Jahr gab. Ein imposantes Gesamt-Verkaufsergebnis, das auch die Basis für den Commodore B bilden sollte, der im Frühjahr 1972 sein Debüt gab.

„Ein solcher Wagen kommt nicht jedes Jahr", hieß es zur Einführung des neuen Commodore, der erneut auf dem kurz zuvor präsentierten neuen Rekord-Modell, auch Rekord D oder offiziell – Rekord II genannt, basierte. Hatten für den Vorgänger noch unverkennbar amerikanische GM-Schwestermodelle Pate gestanden (wie zum Beispiel auch der Chevrolet

Chevelle Malibu), demonstrierten die neuen Rekord- und Commodore-Modelle einen ausgeprägt europäischen Stil (s. auch das Kapitel Design), für den der neue Chef-Designer Charles („Chuck") Jordan, bis 1991 noch Boss des General-Motors-Design-Centers in Detroit, verantwortlich zeichnete. Während die Kölner Konkurrenz auf ausladende Formen setzte, die eher an den US-Auto-Barock der 1960er Jahre erinnerten und auch von Kunden wie der Versuch einer modernisierten Rekord-C-Kopie aufgefasst wurde, hatte man bei Opel die Zeichen der Zeit richtig erkannt und war auf eine sehr klare, sportliche Linie umgeschwenkt. Dies betraf übrigens alle Karosserie-Versionen gleichermaßen, insbesondere jedoch die Limousine und das Coupé mit seinen ausgeprägt gerundeten Wagenflanken. Die Designer sprachen dabei übrigens vom Tubulus-Design, da der Wagen im Querschnitt mit seinen stark gebogenen Türen wie eine Röhre wirkte, deren obere und untere Spitzen abgeschnitten waren.

Es war jedoch nicht nur der legendäre Chuck Jordan, dem die neue Produktorientierung zu verdanken war. Auch der US-Schweizer Robert A. Lutz, kurz „Bob“ genannt und seit Anfang 1970 im Vorstand für den Vertrieb verantwortlich, stellte noch während der Entwicklungsphase für die neuen Rekord- und Commodore-Modelle klare Anforderungen in Richtung Konstruktion. Die Neuorientierung wurde dabei nicht nur im Produkt-Design deutlich, sondern auch in der Fahrwerksabstimmung. „Weg von der betont komfortablen hin zur sportlich-straffen Note“, hieß das Motto. Unterstützt wurde dieser Charakter noch durch Lutz‘ Entscheidung, kürzere Federn einzusetzen, um den Wagen tiefer erscheinen zu lassen. Dieser Entschluss war von Lutz persönlich nach ausgedehnten Testfahrten auf dem Dudenhofener Prüffeld gefällt worden.

Interessanterweise setzte Opel auch bei seinen neuen Rekord- und Commodore-Modellen auf das bewährte Fahrwerkslayout mit Doppel-Querlenkern und Schraubenfedern vorn sowie der bewährten Starrachse mit Doppel-Längslenkern, Panhardstab, Schraubenfedern, Drehstab-Stabilisator und Teleskop-Stoßdämpfern hinten. Trotz dieser Auslegung erzielten der Rekord wie auch der Commodore bei den meisten Tests bessere Noten als die Konkurrenzmodelle Consul/Granada von Ford, obwohl man sich in Köln zu einer aufwändigen Einzelrad-Aufhängung hinten durchgerungen hatte. Erneut hatte das Opel-Fahrwerks-Entwicklungsteam unter Herbert Oberhaus ganze Arbeit geleistet und deutlich gemacht, dass auch mit einer starren Hinterachse überzeugende Ergebnisse realisiert werden konnten.

Auch für die Einführung des Rekord hatte Opel wieder ein volles Programm vorbereitet. Während der Startphase – unmittelbar nach dem Händler-Vorstellungstermin

1972 kamen drei neue Commodore-Modelle (Basis, GS und GS/E) auf den Markt, darunter der besonders starke GS/E, der im September jenes Jahres debütierte. In der Werbung verband man den neuen GS/E mit leistungsstarken Formel-1-Rennwagen (Mitte). Schwarze Zierstreifen konnten auf Wunsch abbestellt werden, eine mattschwarze Motorhaube gab es auf Wunsch gegen Mehrpreis.

am 19. Januar 1972 – erschien ein 120-Sekunden-Launch-Spot, in dem der hohe Aufwand in der Produktkonstruktion in den Vordergrund gestellt wurde. Mit lautem Getöse donnerte dabei auf der Leinwand unter anderem ein Rekord gegen eine Betonwand: Crash-Test. Im Bild tauchten immer wieder geschäftige Ingenieure des Technischen Entwicklungszentrums auf, die mit ernster Miene ihrer Arbeit nachgingen. Auch wandschrankgroße Computer, die der Berechnung von verschiedensten Fahrzeugteilen dienten, wurden immer wieder gezeigt, um auf die hohe Kompetenz und die Modernität hinzuweisen.

Für das Fahrwerk hatte man eigens den neuen Marketing-Ausdruck „Tri-Stabil-Fahrwerk" gefunden, um jeglichen Hinweis auf die profane starre Hinterachse zu vermeiden. Es wäre wahrscheinlich nicht nötig gewesen, denn die Qualität des Chassis war – wie schon erwähnt – auch nach Kunden- und Journalistenmeinung über jeden Zweifel erhaben. Vor allem, nachdem man Ende 1972 das anfänglich extrem straffe Fahrwerk wieder etwas komfortabler abgestimmt und damit vor allem einen Wunsch der älteren Klientel erfüllt hatte. Auch preislich fiel der Anstieg diesmal höher aus: Der Rekord kostete nun als zweitürige Limousine in Grundausstattung mit 1,7-Liter-Motor (den 1500er bot man nicht mehr an) 9285 Mark, nachdem das vergleichbare Vorgängermodell ab August 1971 mit 8825 Mark in der Preisliste gestanden hatte.

Top-Modell: Im Laufe seiner Produktionszeit erhielt der Commodore breitere Seitenschutzleisten mit Commodore-Schriftzug sowie Leichtmetallräder von Ronal, welche die Optik wirkungsvoll unterstützten.

Motormäßig hingegen hatte sich nur wenig geändert: Durch Anhebung der Verdichtung von 8,8 auf 9,8:1 leistete der 1,7-Liter-S-Motor jetzt 83 statt zuvor 75 PS, der 1900-S stieg von 90 auf 97 PS (jetzt „SH" genannt) durch die Erhöhung der Verdichtung von 9,0 auf 9,8:1. Beide Motoren neigten jedoch zum „Klingeln" und wurden Ende 1974/Anfang 1975 durch neue Varianten abgelöst. So ersetzte der 1,9-Liter-N-Motor mit einer Verdichtung von 7,6 bzw. 7,9:1 den 1700-S. Der Rekord 1900 war dabei für Normalbenzin ausgelegt. Gleichzeitig wurde auch die Verdichtung des 1700ers gesenkt, wodurch dieser betont brave Treibsatz noch 60 PS leistete – ein Motor, der allenfalls noch von Behörden und der Polizei geordert wurde. Der 1900er leistete ab Anfang 1975 noch 90 PS – ebenfalls durch die Reduzierung der Verdichtung von 9,8 auf 8,8:1. Gegenüber dem 75-PS-Motor musste dieses Triebwerk jedoch mit Superbenzin befeuert werden. Ab Juli jenes Jahres bot Opel zusätzlich den neuen 2,0-Liter-S-Motor mit 100 PS und Zenith-Fallstrom-Registervergaser an, der ebenfalls aus der CIH-Motorenfamilie entwickelt worden war. Mit 9,0:1 war er für Superkraftstoff ausgelegt und relativ hoch verdichtet. Eine Variante mit Doppelvergaser und 106 PS – wie bei den Sprint-Modellen des Vorgängers lieferbar – suchte man beim Rekord II vergebens. Zwar gab es auch (bis 1975) wieder eine Sprint-Ausstattung, doch handelte es sich hierbei nur um ein Ausstattungspaket, das Zusatzinstrumente, ein Zweispeichen-Sportlenkrad, Zierstreifen, Schriftzüge, einen mattschwarzen Kühlergrill, sportliche Lochfelgen mit verchromten Radkappen sowie eine sportlichere Fahrwerks-Abstimmung beinhaltete. Die Sprint-Ausstattung war nur für die Limousine und das Coupé lieferbar, erfreute sich aber keiner besonders hohen Nachfrage. Sie wurde in der Regel mit der Luxus-Ausstattung kombiniert.

An weniger sportlich orientierte, dafür jedoch sehr nüchtern kalkulierende Zeitgenossen wandte sich Opel mit einem weiteren, komplett neu entwickelten Motor, dem 2,1-Liter-Diesel, der ebenfalls in Grundzügen auf dem CIH-Konzept basierte. Mit 60 PS war der Rekord 2,1 D zwar eher ein Angebot für ruhige Zeitgenossen, dennoch erzielte Opel mit diesem Motor im Juni 1972 eine Reihe inter-

Ganz in weiß ... war das Commodore GS/E Coupé lackiert, das Rosi Mittermaier 1976 übernahm. Die bekannte Sportlerin wurde Mitte der 1970er Jahre von Opel unterstützt und trat auch öfter bei Veranstaltungen des Automobilherstellers auf. Das unten gezeigte Modell kam leider nicht über den Status einer Studie für den Genfer Salon 1973 hinaus, obwohl viele Elemente durchaus hätten in die Serie einfließen können.

nationaler Weltrekorde. Vor der Präsentation des neuen Triebwerks hatte sich Opel nämlich eine interessante Kommunikationsstrategie einfallen lassen: Mit einer Serie von insgesamt zwei Weltrekorden und 18 internationalen Rekorden, aufgestellt von einer Gruppe internationaler Journalisten und Rennfahrer, dabei waren Paul Frère aus Belgien, Marie Claude Beaumont und Henri Greder aus Frankreich, Sylvia Österberg aus Schweden, Giorgio Pianta aus Italien und Jochen Springer aus Deutschland, sollten Dauerhaltbarkeit und Leistungsfähigkeit des Selbstzünders unter Beweis gestellt werden. So wurde beispielsweise beim exakt 52 Stunden anhaltenden 10.000-Kilometer-Dauer-Hochgeschwindigkeitstest eine Durchschnittsgeschwindigkeit von 190,88 Kilometer gemessen. Alle Ergebnisse waren übrigens unter der Kontrolle von ONS-Kommissaren festgestellt und von der internationalen Motorsport-Organisation F.I.A. anerkannt worden. Die Organisationsleitung für diese Veranstaltung hatte übrigens der Chef der Opel-Sportbetreuung, Treufried Peter Preikschat übernommen, der noch bis zu seiner Pensionierung in Diensten der Adam Opel AG stand und im Jahr 2017 verstarb.

Interessanterweise bot Marie Claude Beaumont nach Abschluss der programmgemäßen Fahrten den Zuschauern eine weitere Bestleistung, mit der sie einen zu Beginn dieser Veranstaltung aufgestellten Rekord über den fliegenden Kilometer von 18,411 Sekunden bzw. 195,535 km/h auf 18,228 Sekunden gleich 197,498 km/h verbesserte. Um dies zu erreichen, hatte man – unter Kontrolle des bekannten Leiters des schwedischen Opel-Händler-Motorsport-Teams, Ragnar Eklund, den 2,1-Liter-Diesel mit einem Turbolader versehen und in einen umgebauten Opel GT (der damals ja noch regulär gebaut wurde) verpflanzt. Um den Luftwiderstand weiter zu optimieren, wurde bei diesem Fahrzeug das komplette Dach abgenommen. Stattdessen saß der Fahrer in einer Nische, die oben von einer Plexiglashaube umschlossen war. Alle drei Stunden wurde das Fahrzeug dabei zum Check übrigens an die Boxen geholt. Minutiös hatte man diese Prozedur im Vorfeld geprobt, damit bei den Rekord-Fahrten alles „wie am Schnürchen“ klappt, denn es ging um Sekunden und Millisekunden. Der 85 Liter fassende Tank wurde dabei gefüllt, fehlendes Öl ersetzt und weitere kleine Kontrollen vorgenommen.

95 PS leistete dieses Spezialgefährt, über 50 Prozent mehr als das Serienaggregat, und bildete mit seinem geringen Gewicht die ideale

Showcar: Dieses Modell präsentierte Opel auf dem Genfer Salon 1973 als eine Konzeptstudie auf Commodore-Basis. Auffällig sind die betont breiten Kotflügel sowie der vergrößerte Kühlergrill und die hinter Glas liegenden Doppelscheinwerfer.

Wohnlichkeit zeichnete die Innenräume von Rekord II und Commodore B aus. Links oben der Rekord L-Innenraum, daneben ein Commodore Coupé der frühen Serie, erkennbar am Zweispeichen-Lenkrad. Der passende Limousinen-Innenraum ist direkt darunter zu sehen und links das Cockpit des Commodore Berlina ab 1975.

Holzblenden und die Mittelausströmer in der Instrumententafel waren untrügliche Details des Commodore, Sportinstrumente mit Drehzahlmesser, Öldruckmesser und Voltmeter gab es hingegen auch im Rekord Sprint.

Nüchterner und sachlicher wirkten die Interieurs des Rekord E ab 1977. Kritisiert wurden dabei häufig die Chromränder um die Instrumente, während das Vierspeichen-Lenkrad zur Berlina-Ausstattung zählte. Die übrigen Modelle besaßen ein Zweispeichen-Volant.

Nicht nur für Millionäre: Aus Anlass des einmillionsten Rekord II legte Opel diese hochwertige Sonderserie mit besonders umfangreicher Ausstattung auf. Wer sich für dieses Modell entschied, konnte mehrere hundert Mark sparen gegenüber einem entsprechend ausgerüsteten Serienmodell.

Ausgangsbasis für hervorragende Ergebnisse. Die Kraftübertragung wiederum erfolgte über ein Commodore-Viergang-Getriebe, während die Kupplung unverändert vom GT stammte. Auch die Bremsen stammten vom Serien-GT, besaßen allerdings keinen Bremskraftverstärker. Bei den Reifen handelte es sich ebenfalls um reguläre Radialpneus, wie sie auch im GT eingesetzt wurden. Es sollte übrigens bis weit in die 1980er Jahre dauern, bis der erste reguläre (2,3-Liter-)Turbodiesel von Opel auf den Markt kommen sollte.

An eine betont komfortorientierte Klientel wandte sich Opel hingegen mit dem Rekord Berlina, einer Ausstattungsvariante, die bis zum Produktionsende dieses Modells im Juli 1977 für Limousine und Coupé (und anschließend auch für das neue Modell Rekord E) lieferbar war. Charakteristisch für die Berlina-Ausstattung waren in erster Linie die neuen Velours-Polster, die dem Interieur ein besonderes Flair verliehen. Interessanterweise

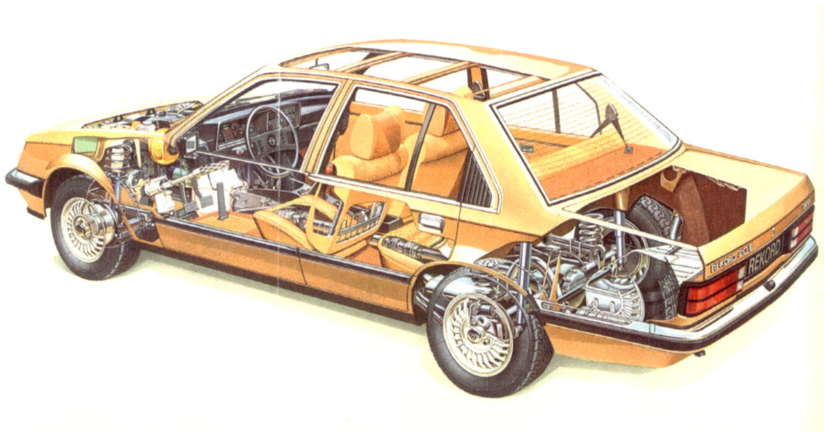

Attraktives Design und großzügiges Raumangebot kennzeichneten den neuen Rekord E ab Spätsommer 1977.

räumten die Opel-Marketing-Strategen dieser Variante beim Kombi Caravan wohl weniger gute Verkaufschancen ein, obwohl man – wie zum Beispiel anlässlich des Genfer Salons 1968 mit dem Show-Modell Commodore Voyage – immer wieder Anläufe unternahm, einen exklusiven Kombi auf die Räder zu stellen. In der Serie hingegen mussten die Kunden bis zur Omega-Ära auf eine solche Version verzichten.

Auf dem Berlina-Modell bauten in der Folge dann zwei spezielle Sondermodelle auf, mit der Opel auf die wirtschaftlich angespannte Situation in Deutschland und den fortgeschrittenen Produkt-Lebenszyklus reagierte. Unter der Bezeichnung „Maharadscha" lancierte Opel zunächst 1975/76 eine komplett ausgestattete Luxus-Version ausschließlich als viertürige Limousine, die neben der bereits erwähnten Berlina-Ausstattung Annehmlichkeiten wie Radio, Breitreifen (185/14) sowie Verbundglas-Frontscheibe zu bieten hatte. Bei einem Grundpreis von 13.990 Mark mit serienmäßigem 100-PS-Motor (14.990 Mark mit Dreigang-Vollautomatik) lag der Kundenvorteil dieses Spezialangebots zwischen rund 800 und 900 Mark. Eine Coupé- oder Caravan-Variante dieses Modells bot Opel nicht an.

Im Herbst 1976 griff Opel dieses Konzept aus Anlass des einmillionsten Rekord II wieder auf. Folgerichtig nannte sich dieses Modell Rekord „Millionär". In der an den Handel verschickten Verkaufsförderungs-Info hieß es zu dieser Variante: „Eine Aktion der jüngsten Vergangenheit hat in ihrem Erfolg eine überragende Spitzenstellung eingenommen: Rekord Maharadscha. Ihr Erfolgsrezept: Man nehme ein Spitzenautomobil, statte es erstklassig aus und würze es mit einem günstigen Preis. An dieses Rezept knüpft der Millionär an. Aber er ist mehr als eine Neuauflage des indischen Fürsten, denn er hat ihm eins voraus: Ein in dieser Klasse seltenes Jubiläum. Der Rekord in der jetzigen Serie hat die Millionen-Grenze überschritten. Dieses Ereignis wird dem Millionär zu einem noch größeren Erfolg verhelfen ... Klar, welches Konkurrenzmodell das besonders spüren wird: der Ford Granada." Zu einem Preis ab 14.750 Mark für die zweitürige und 15.450 Mark für die viertürige Limousine bot der ausschließlich mit 2,0-Liter-100-PS-Motor lieferbare Rekord Millionär als Limousine Halogen-Scheinwerfer, -Nebelleuchten sowie Zusatzinstrumente (Drehzahlmesser, Voltmeter, Öldruckmesser), Scheinwerfer-Wischwasch-Anlage sowie eine elektromagnetische Entriegelung für die Kofferraumhaube. Der Caravan Millionär – er basierte auf der Luxus-Ausstattung, da eine Berlina-Version auf Basis des Kombis nicht angeboten wurde – war hingegen serienmäßig mit einer manuellen Niveauregulierung ausgestattet.

Maharadscha und Millionär waren allerdings nicht die einzigen Sondermodelle, die sich Opel auf Basis des Rekord D hatte einfallen lassen: Schon 1974/75 hatte es den Rekord „Gipfelstürmer“ gegeben, der auch in den damals besonders beliebten Signaltönen (Signalgrün, Signalblau, Signalocker, Signalrot, Signalgelb) lieferbar war. Der Rekord „Gipfelstürmer“ basierte wahlweise auf der Normal- oder der Luxus-Ausstattung und war als zwei- oder viertürige Limousine lieferbar.

Der Erfolg des Rekord II war Leitmotiv für die Werbekampagne dieses Sondermodells. Die Tatsache, dass inzwischen über sechs Millionen Rekord verkauft worden waren, bildete das Hintergrundthema für dieses Modell. Die Anzeigenwerbung setzte im September 1977 ein und wurde in den Titeln *„Stern“, „Bild und Funk“, „Bunte Illustrierte“, „Hör Zu“, „Gong“, „rtv“, „IWZ“, „Spiegel“, „ADAC Motorwelt“* und *„Wirtschaftswoche“* geschaltet. Mit diesem Schaltplan – er erstreckte sich bis Ende Dezember 1977 – erreichte Opel eine Auflage von insgesamt 17,25 Millionen Zeitschriften und Zeitungen und damit 77 Prozent aller Männer im Alter zwischen 30 und 59 Jahren mit einem Haushalts-Nettoeinkommen von mindestens 2000 Mark. Gleichzeitig erhielten die Händler Vorlagen zur lokalen Anzeigen-Schaltung, die direkt auf der überregionalen Kampagne aufbaute. Dazu kamen Großplakate, Deka-Folien und Dekosysteme. Als Werbegeschenke standen Geldschein-Clipse, aber auch Schokoladentaler in Goldfolie zur Verfügung. Um auf das neue Modell im Ausstellungsraum hinzuweisen, ließen einige Händler sogar die Portraits berühmter Millionäre vergrößern und hingen diese gut sichtbar auf. Nach dem Motto: Wie wird man Millionär?

Parallel zum Rekord II entwickelte sich der Commodore B prächtig. Im Frühjahr 1972 als viertürige Limousine und Coupé in Grund- und GS-Ausstattung, mit 115-PS-oder 130-PS-2,5-Liter-Motoren lieferbar (der stärkere Motor war zunächst dem GS vorbehalten), kam der Wagen unter dem Slogan „Ein solcher Wagen kommt nicht jedes Jahr“ auf den Markt und entwickelte sich auf Anhieb sehr vielversprechend. „Der Commodore“, so die Verkaufsbroschüre für den Handel vom Februar 1972, ist das Musterbeispiel des kompakten Sechszylinder-Wagens. Er hat 1967 eine Automobil-Epoche eingeleitet. Wo gibt es sonst den Personenwagen, der bei gleicher Leistung eine ähnliche Automobilkultur oder bei vergleichbarer Automobilkultur eine entsprechende Leistung aufweist? Der gesellschaftlich anerkannt, sportlich respektiert, stilistisch bejaht und wirtschaftlich gewürdigt wird? Die neue Commodore-Generation mit dem Tri-Stabil-Fahrwerk und dem überzeugenden Styling wird noch mehr als bisher diesen Ansprüchen gerecht.“ Wenn auch die Fahrleistungen in der Praxis sowie in Tests der Motor-Fachpresse leicht hinter denen der etwas leichteren Vorgänger-Modelle zurückblieben (die Leistung der Motoren hatte sich nicht erhöht), konnte dies der positiven Stimmung im Markt keinen Abbruch tun.

Opel präsentierte den neuen Commodore in vierfarbigen Anzeigen und Großflächen-Plakaten in gezeichneter Form (wie in den 1950er und 60er Jahren!) und stellte im Einführungs-Sujet ein rotes Commodore GS Coupé

Leichte Änderungen kennzeichneten den Commodore ab Mitte der 1970er Jahre. Dazu gehörte auch eine spezielle, verbreiterte Seitenschutzleiste mit Commodore-Schriftzug. Auch die Ronal-Leichtmetallräder – jetzt serienmäßig beim GS/E – waren neu. Zuvor waren Stahl-Sportfelgen montiert worden, wie beim GS (unten).

mit schwarzem Vinyl-Dach vor der arrivierten Gesellschaft edler Oldtimer-Besitzer, darunter ein Bugatti, dar. Ein weiteres Sujet zeigte eine – ebenfalls gezeichnete – goldfarbene Limousine vor der Europa-Brücke. Im Innenraum unterschieden ein besonderes Lenkrad, Holzblenden und spezielle Frischluft-Ausströmer in der Mitte der Instrumententafel die Commodore- von den Rekord-Modellen.

Das entsprechende GS/E-Modell ließ bis Spätsommer 1972 auf sich warten. Gegenüber dem Vorgänger-GS/E hatte sich Opel bei diesem Modell dazu entschlossen, einen 2,8-Liter-Einspritzer mit 160 PS anstelle des bisher eingesetzten 2500er mit 150 PS einzubauen. Damit bot der neue GS/E deutlich mehr Dampf auch in den unteren Drehzahlbereichen und konnte dem Vorwurf des Leistungsmangels bei den neuen 2,5-Liter-Modellen – insbesondere beim GS – entgehen. So brachte es das Coupé mit Viergang-Schaltung bei einem Leergewicht von 1240 Kilogramm auf eine Spitze von 200 km/h und erreichte bereits nach 9,3 Sekunden Tempo 100. Die Preise der neuen Modelle beim Start im Jahre 1972 waren nach wie vor vergleichsweise günstig, wenngleich der GS/E schon deutlich in höhere Gefilde aufrückte:

Commodore Limousine (115 PS)	12.890 Mark
Commodore Coupé (115 PS)	13.225 Mark
Commodore GS Limousine (130 PS)	14.185 Mark
Commodore GS/E Coupé (160 PS)	16.800 Mark

Innerhalb nur eines Jahres stiegen die Preise jeweils um rund 1000 Mark. Außerdem kamen ab Januar 1973 neue Motoren hinzu. So gab es wahlweise zum 130-PS-2500er ab diesem Zeitpunkt auch den 2,8-Liter-Zweivergaser-Motor mit zunächst 142, später 140 PS, der im Herbst 1973 das kleinere Triebwerk komplett ablöste. Damit war Opel das lästige Thema der „laschen Leistung" los. Mit einem Drehmoment von 215 Nm (später 214 Nm) bei 3600 Umdrehungen übertrumpfte dieser Motor den 2,5-Liter (186 Nm bei 4250 Umdrehungen) deutlich. Zu diesem Angebot gesellte sich ab 1973 auch noch der 2,8-Liter-Einvergaser-Motor mit 130 (später 129 PS), der parallel zur Verfügung stand, einer guten alten Opel-Sitte folgend. Das Motto hieß: Lass keinen potenziellen Kunden entkommen, und sei das Segment noch so klein. Ein Prinzip, das sich heute nicht mehr realisieren ließe.

Stilvolles Ambiente: Gerne nahmen Opels Werbe-Fotografen den Commodore vor repräsentativen Gebäuden auf. Hier eine Limousine und ein GS Coupé, wie sie im Frühjahr 1972 vorgestellt wurden.

Abgesehen vom GS/E, den es während der gesamten Bauzeit ausschließlich mit dem 2,8-Liter-Einspritzer und 160 (später 155 PS) gab, konnte man zeitweilig sogar den 2,5-Liter-115-PS-Motor mit der sportlichen GS-Ausstattung kombinieren. Apropos Ausstattung: Wie bereits erwähnt, boten alle Commodore ein aufgewertetes Interieur mit speziellen Cord-Sitzbezügen. Der GS war darüber hinaus mit Zusatz-Halogen-Weistrahlern, Stahl-Sportfelgen, Zusatzinstrumenten (Drehzahlmesser, Voltmeter, Öldruckmesser), elektrischem Scheibenwischer, Gasdruck-Stoßdämpfern, belüfteten Scheibenbremsen vorn und Gürtelreifen des Formats 175-HR-14-XAS ausgerüstet. Halogen-Hauptscheinwerfer gehörten bei allen Commodore-Modellen zur Serienausstattung, während sie beim Rekord aufpreispflichtig waren. Der GS/E wartete zusätzlich mit einem ausladenden Bugspoiler, Servolenkung und Zwillingsauspuff-System sowie Doppeltonhorn auf.

Während seiner Bauzeit zwischen 1972 und 1977 unterliefen der Commodore wie auch der Rekord diverse Aufwert-Aktionen, mit denen die zeitweilig schwierigen wirtschaftlichen Rahmenbedingungen abgefedert und potenzielle Kunden zum Kauf animiert werden sollten. Dabei wurde die Serienausstattung – wie zum Beispiel 1975 – erheblich erweitert. So erhielten die GS- und GS/E-Modelle Velours- statt der bisherigen Cord-Polsterstoffe, das Blaupunkt-Radio „Münster" mit Frontscheiben-Antenne sowie zusätzliche Geräuschdämpfung. Den GS/E statteten die Rüsselsheimer ab diesem Zeitpunkt zusätzlich serienmäßig mit Ronal-Leichtmetallrädern aus.

Klassiker: Die zweitürige Rekord-Limousine bildete auch beim Rekord II (bzw. Rekord „D") die Spitze der Nachfrage. Das betont sachliche Front-Design, dem einige leichte Ähnlichkeit mit der Front des 1971 präsentierten Mercedes 350 SL nachsagen, kam im Markt sehr gut an.

Äußerlich waren die aufgewerteten Modelle an breiten Seitenzierleisten mit dem Commodore-Schriftzug zu erkennen, die den Sechszylinder deutlich von den Rekord-Modellen unterschieden. Genau jene breiten Zierleisten fehlten jedoch einem Commodore-Sondermodell, das im Frühsommer 1976 auf den Markt kam: der Commodore Spezial. Zeitgleich mit dem Rekord Millionär gestartet, sollte er preisbewusste Kunden ansprechen, die auf Sechszylinder-Komfort nicht verzichten wollten.

Beim Commodore Spezial, den es zu einem sensationell günstigen Preis von 14.990 Mark gab, handelte es sich im Wesentlichen um einen viertürigen Rekord L mit 2,5-Liter-Motor. Um ihn von seinen Vierzylinder-Brüdern

Freizeit-Laster: Obwohl schon mit dem Rekord C CarAVan der Siegeszug des Kombi auch für die private Nutzung begann, überzeugte besonders der Rekord „D" mit seiner gefälligen Karosserie bei maximalem Nutzraum.

Gelegenheit: Mehrere tausend Mark sparte der Käufer eines Commodore E ab 1976 gegenüber einem Commodore GS/E, der denselben 2,8-E-Motor mit 155 PS besaß. Allerdings mussten die Käufer des Sondermodells auf serienmäßiges Radio, Veloursbezüge und Zusatz-Fernscheinwerfer verzichten.

unterscheiden und deutlich als Commodore erkennen zu können, wartete der Commodore Spezial mit den bekannten Sport-Stahlfelgen auf, die bisher nur beim GS, ab 1975 aber auch bei den übrigen Commodore-Modellen serienmäßig montiert wurden. Gegenüber den regulären Commodore-Modellen fehlten hier jedoch die verchromten Radzierringe. Für die Werbung entwickelte Opel ein spezielles Print-Sujet, das „schon auf den ersten Blick signalisiert, dass es sich um ein neues Modell mit Sonderangebots-Charakter handelt" (Verkaufsförderungsbroschüre). Die Argumentation dabei: 6-Zylinder-Fahrkultur eines Wagens der gehobenen Klasse zu einem einmaligen Preis: „Damit wird Ihren Kunden der Aufstieg in die Sechszylinder-Klasse wesentlich erleichtert." Die Anzeige wende sich, so die Händler-Broschüre, in erster Linie an die Zielgruppe „Männer mit einem Haushalts-Netto-Einkommen von mehr als 2500 Mark". Dabei durfte natürlich der Tipp nicht fehlen, diese Aktion durch entsprechende Maßnahmen im Händlerbetrieb zu unterstützen.

Doch warum legte Opel dieses Sondermodell am Ende des Produkt-Lebenszyklus' auf? Die Antwort aus der Händler-Broschüre ist unmissverständlich: „Es gibt ein großes Verbraucher-Segment, das nach einem Sechszylinder verlangt, ohne dabei das Geld für ein Auto der Spitzenklasse ausgeben zu wollen. Dies hat uns in letzter Zeit der Ford Granada deutlich gezeigt. Dass wir uns von diesem Markt einen größeren Anteil sichern, dafür sorgt der Commodore Spezial. Mit seiner unverbindlichen Preisempfehlung von 14.990 Mark braucht er keine Konkurrenz zu fürchten, egal ob sie Ford Granada oder Audi 100 heißt. Mit diesem Angebot und dem Rekord Millionär werden Sie sich in diesem Herbst ein noch größeres Stück von diesem Kuchen abschneiden können als bisher."

Die entsprechenden Anzeigen setzten Anfang September 1976 in den Titeln *„Stern"*, *„Spiegel"*, *„Capital"*, *„Wirtschaftswoche"*, *„Playboy"*, *„Zeit-Magazin"*, *„Architektur und Wohnen"*, *„Merian"* und *„Westermanns Monatshefte"* ein. Hinzu kamen Tageszeitungen wie *„FAZ"*, *„Die Welt"*, *„Welt am Sonntag"*, *„Handelsblatt"* und *„Süddeutsche Zeitung"*.

Als im Juli 1977 die Produktion des Commodore B auslief, hatten insgesamt 140.827 Fahrzeuge die Fertigung in Rüsselsheim verlassen, darunter 98.548 Limousinen und 42.279 Coupés. Dabei kostete das teuerste Modell, das GS/E Coupé, bei seiner Einstellung mit 22.950 Mark exakt 6150 Mark mehr als bei seiner Vorstellung fünf Jahre zuvor – die Preissteigerung hatte sich gegenüber vorangegangenen Jahren deutlich beschleunigt. Um dieser Situation zu begegnen, hatte Opel sich – speziell für Interessenten des flotten GS/E-Coupés – einen anderen Schachzug ausgedacht, der ebenfalls noch Anfang 1977 umgesetzt wurde: das Commodore E Coupé. Gegenüber dem GS/E Coupé bot dieses Modell zu einem sensationellen Preis von 18.888 Mark zwar nicht ein serienmäßiges Radio und ein Vinyldach, wohl aber den starken 2,8-Liter-Einspritzmotor mit 155 PS Leistung. Vom teureren Schwestermodell unterschied es sich weiter durch die schmalen Seitenschutzleisten ohne Commodore-Schriftzug, fehlenden Chromzierrat, Sport-(Talbot)-Außenspiegel ohne Einstellmöglichkeiten von innen, einfache Türverkleidungen, Teppichböden und Sitzbezugsstoffe. Auf Servolenkung, Leichtmetallräder und Breitreifen (195/14) mussten hingegen auch die Käufer eines Commodore E Coupé nicht verzichten. Von diesem Modell gab es außerdem eine begrenzte Sonderserie für den Sporteinsatz in der Gruppe 1.

Bis zu seiner Einstellung im Sommer 1977 sollten die abschließenden Worte der Verkaufsbroschüre vom Frühjahr 1972 Bestand haben: „Der neue Commodore hat Profil. Er wird gefahren von Menschen, die mit Leib und Seele Auto fahren, die etwas von Autos verstehen, Sicherheit fordern und Eleganz und Sportlichkeit nicht missen mögen. Der neue Commodore genießt eine Sonderstellung im Umfeld des Anspruchs und der Perfektion. Er ist Meisterwerk in Form und Technik. Heute gebaut für morgen. Der neue Commodore ist die kultivierte Eleganz in einer Form, die die Gegenwart sucht und in ihm findet. Der Commodore verdient ihr Vertrauen." Und er bekam es! Und das, obwohl es interessanterweise während der gesamten Bauzeit des Commodore B keine TV-Werbung für dieses Sechszylinder-Modell gegeben hatte. Denn für diese Zielgruppe – gutverdienende Angestellte und Selbstständige – hatte sich Opel auf Print-Kampagnen in Nachrichten- und Wirtschaftsmagazinen sowie überregionalen Tageszeitungen entschieden – und damit die potentiellen Käufer nach internen Untersuchungen auch perfekt erreicht.

Obwohl das Design von Rekord und Commodore nach fünf Jahren im Sommer 1977 immer noch frisch wirkte, kam der Wechsel – wie schon bei der vorigen Wachablösung – nach einem halben Jahrzehnt. Wie sein Vorgänger hatte der Rekord II über eine Million Einheiten erreicht, wenngleich er mit einer Stückzahl von 1.129.000 Fahrzeugen hinter dem Ergebnis des Rekord C mit 1.276.000 Autos zurücklag. Hier zeigt sich deutlich die Verschiebung in der gehobenen Mittelklasse von den angestammten Vertretern, wie dem Opel Rekord, hin zu den sich dem Volumenmarkt öffnenden bisherigen Nabel-Anbietern Mercedes und BMW.

Der Rekord E, der im Herbst 1977 das Licht der automobilen Welt erblickte, wies – schon aus Design-Sicht – in eine neue Richtung: weg von den filigran-italienisch, luftig-leichten Linien des Rekord II bzw. Commodore B hin zu einem betont keilförmigen, deutlich massiveren Styling. Diese Formgestaltung ließ die Modellreihe deutlich erwachsener und noch repräsentativer erscheinen. Speziell von hinten betrachtet, erinnerte der Rekord mit seinen breiten Mehrkammer-Rückleuchten und der hoch angesetzten Kofferraum-Haube an einen Mercedes der ein Jahr zuvor debütierten W 123-Reihe. Ein sicher nicht unwillkommener, wenngleich auch nicht beabsichtigter Effekt. Auch die Preise stiegen kräftig an: Hatte die zweitürige Rekord-Limousine im März 1976 noch 12.690 Mark gekostet, verlangte Opel nun – eineinhalb Jahre später – 13.640 Mark, knapp tausend Mark mehr. Dies war der höchste Sprung zwischen zwei Modellen, den es bisher gegeben hatte.

Erzrivale Ford – der neue Granada feierte zeitgleich mit dem Rüsselsheimer Erfolgsmodell im September 1977 Premiere – war mit seinem Grundpreis sogar noch einen Schritt weiter gegangen und verlangte für die 1700-Version mit dem betagten V4-Triebwerk gar 13.875 Mark, allerdings mit serienmäßiger Einzelrad-(Schräglenker-)Aufhängung hinten, auf die Opel weiter verzichtete. Auch formal hatte der Konkurrent aus Köln aufgeholt und präsentierte sich erstmals seit 1960 wieder in einem Design, das dem des Rekord Paroli bieten konnte und deutlich europäischer wirkte als bei allen Vorgängern. Der bereits 1975 bei Ford vollzogene Schachzug, alle Modelle, also auch die bisher Consul getauften Vierzylinder-Varianten, Granada zu nennen, wurde beim neuen Modell weiter durchgezogen, hatte jedoch keinen wesentlichen Einfluss auf die Verkaufszahlen. Bei Opel war man aus strategischen Gründen bei der Trennung zwischen Rekord und Commodore geblieben und hatte damit sicherlich die richtige Entscheidung getroffen.

Dank modernem Fahrwerk und Sechszylinder-Triebwerk: Fahrkultur war das vorherrschende Thema in den Werbemotiven für den Commodore C.

Die Berlina-Ausstattung war ab Herbst 1977 wieder das Rekord-Top-Modell. Allerdings konnte man diese Ausstattung anfänglich nur für die Limousinen, nicht für den Caravan, bestellen. Die attraktiven Leichtmetallräder gab es nur als aufpreispflichtiges Extra. Das Motiv zeigt den Rekord Berlina nach dem leichten Facelift des Jahres 1981.

Ein Coupé – seit September 1961 fester Bestandteil der Rekord-Baureihe – suchte man beim neuen E-Modell (ebenso übrigens wie bei der soeben erwähnten Konkurrenz aus Köln) vergebens. Die nachlassende Nachfrage nach dieser Version beim Rekord D, aber auch das inzwischen verstärkte Angebot an kräftigen Manta-Modellen (zunächst bis 105, später bis 110 PS), machte die Entwicklung eines weiteren Coupés überflüssig. Die Rolle des großen Vierzylinder-Coupés sollte im Opel-Programm ab Sommer 1983 der Monza übernehmen, der bei seinem Start im Mai 1978 zunächst als Sechszylinder-Sportwagen mit Komfortausprägung positioniert war. Doch dies ist ein anderes Kapitel.

In der Rekord-E-Broschüre für den Handel, datiert auf August 1977, hieß es entsprechend der neuen Zielsetzung: „Der neue Rekord zielt auf ganz neue Kunden. Er zielt auf den Markt der 80er Jahre. Denn dafür ist er gebaut." Und in schonungsloser Offenheit hieß es weiter: „Sie haben es selbst gemerkt – der Rekord, von jeher der Renner in der Oberen Mittelklasse, lief nicht mehr so. Der Hauptgrund: In der ganzen Mittelklasse wurde es ruhiger." Dies habe, so der Text weiter, zunächst an der größeren Bescheidenheit aufgrund der negativen Ölpreis-Diskussion gelegen. Neue, kompaktere Modelle, darunter auch der Ascona – 1975 neu vorgestellt – kämen nun in Komfort und Raumangebot den Modellen der gehobenen Mittelklasse immer näher. Hingegen sei das Käufer-Segment der Großwagen- oder auch Sechszylinder-Klasse, nicht zuletzt durch Angebote wie den Commodore Spezial, relativ stabil geblieben, so dass die Verluste nach unten nicht durch Gewinne von oben ausgeglichen wurden. Neue Modelle in der gehobenen Mittelklasse hatten zusätzlich den Wettbewerbsdruck verstärkt, und die Kunden zeigten sich zunehmend besser informiert und kritischer. Dies führte, so die Opel-Verkaufsförderung, zu folgendem Ergebnis:

- schrumpfendes Marktsegment
- härterer Wettbewerb
- besser informierte Kunden
- höheres Anspruchsniveau

Die Zeit war also reif für einen neuen Opel Rekord, einen Rekord, der bisherige Dimensionen klar sprengen sollte. Vor allem bisherige Dimensionen in Bezug auf seine Aerodynamik. Denn im Vergleich zum Vorgänger hatte man in Rüsselsheim bei dieser Modellreihe extrem viel Wert auf eine optimierte aerodynamische Gestaltung gelegt. In den Windkanälen von Pininfarina in Turin sowie der Technischen Universität Stuttgart verbrachten deshalb ganze Heerscharen des Technischen Entwicklungszentrums Rüsselsheim viele Stunden mit akribischer Detailarbeit an der Karosserie der neuen Modellfamilie. Der Slogan „Dynamische Technik im Windprofil" hatte also seine Berechtigung.

Im Innenraum hingegen wartete das neue Modell nicht nur mit neuen Dimensionen, sondern auch grundsätzlich in allen Versionen mit serienmäßigen Kopfstützen vorn auf, die beim Vorgänger noch Aufpreis gekostet hatten. Ebenfalls neu: Vollschaum-Federkern- statt ausschließlicher Federkernsitze vorn und hinten und die grundsätzlich serienmäßigen Luftausströmer in der Mitte der Instrumententafel, die beim Vorgänger noch dem Commodore vorbehalten gewesen waren.

Der Kunde hatte zunächst die Wahl zwischen einer Grund-, Luxus- und bei den Limousinen einer Berlina-Ausstattung. Zusätzlich stand ab Ende 1977 das sportive S-Paket zur Verfügung, das wiederum mit den anderen Versionen kombinierbar war. Zu diesem Paket gehörten Zusatzinstrumente (Drehzahlmesser, Voltmeter, Öldruckmesser), ein sportlich abgestimmtes Fahrwerk (außer Caravan), schwarze Lackierung zwischen den Heckleuchten (außer Caravan) sowie „S-"-Zeichen auf den Vorder-Kotflügeln.

Im speziell zum Launch der neuen Modellreihe entwickelten TV-Spot präsentierte die damalige Opel-Klassik-Agentur McCann den Rekord bei einer stilvollen nächtlichen Fahrt durch eine Küsten-Region, die vor einem illuminierten Leuchtturm endete. Hiermit sollte erneut die Zugehörigkeit dieses Fahrzeugs zur gehobenen Mittelklasse deutlich untermauert werden. Aber auch eine ganze Reihe neuer

Frühlingserwachen: Der neue Rekord E als viertürige Limousine (rechts) und viertüriger Caravan (links).

Extras feierte Premiere und unterstützte den gestiegenen Anspruch des Rüsselsheimer Reise-Vierzylinders: Klimaanlage, Kopfstützen im Fond, elektrisches Schiebedach, Zentralverriegelung, elektrische Fensterheber vorn und hinten, Tempomat, höheneinstellbare Vordersitze sowie Leichtmetallräder – dies alles konnte nun auf Sonderwunsch direkt am Band eingebaut werden.

Neues auch unter dem Blech: Erstmals setzte Opel eine neu entwickelte Vorderachse mit McPherson-Federbeinen ein. Bei dieser Konstruktion ist das Federbein in die Radaufhängung integriert und mit einer Dämpferpatrone ausgerüstet, die sowohl die Raddämpfung als auch einen Teil der Radführung übernimmt. Die Verbindung des Federbeins zur Karosserie wird von einem großvolumigen Spezialstützlager übernommen. Das angestrebte Resultat dabei: Hoher Fahr-und Abrollkomfort, optimale Bodenhaftung und Federwirkung, wirksame Geräuschisolierung durch große Gummilager, aber auch eine Verbesserung des Kurvenverhaltens durch die Erhöhung des negativen Sturzes. Weitgehend unverändert blieb hingegen die bekannte hintere Starrachse, im Opel-Jargon auch spur-und sturzkonstante Fünf-Lenker-Hinterachse getauft.

Antriebsseitig gab es ebenfalls Neuigkeiten: Die herausragendste war die Einführung des neuen Zweiliter-Einspritz-Triebwerks mit 110 PS, das allerdings rund 1500 Mark mehr kostete als der weiterhin angebotene Zweiliter-S-Motor mit 100 PS. Von diesem Treibsatz gab es zusätzlich noch eine niedriger verdichtete Normalbenzin-Variante mit 90 PS, während als Basismotorisierung weiterhin der 1,7-Liter- sowie der 1,9-Liter-N-Motor zur Verfügung standen. Speziell der neue Zweiliter-Einspritzmotor stellte eine direkte Alternative zum inzwischen betagten 2,5-Liter-115-PS-Triebwerk dar, das ab Herbst 1978 im Commodore lieferbar und kaum teurer war als ein Rekord mit Einspritz-Triebwerk und Luxus- oder Berlina-Ausstattung. Ein Schattendasein führte der nach wie vor lieferbare 2,1-Liter-Dieselmotor mit 60 PS, der besonders für Taxi-Betriebe eine interessante Alternative darstellte. Ab August 1978 lieferte Opel den Selbstzünder in einer auf 2,3 Liter Hubraum aufgebohrten Version mit nunmehr 65 PS Leistung.

Im August 1979 kamen dann weitere kleinere Modellpflege-Maßnahmen hinzu, wie beispielsweise serienmäßige Halogen-Hauptscheinwerfer ab der Luxus-Ausstattung und eine Nebelschlussleuchte beim Berlina. Automatik-Sicherheitsgurte vorn und hinten (gesetzliche Vorschrift) sowie eine Verbundglas-Frontscheibe gehörten dann ab September 1979 zur Serienausstattung aller Rekord-Modelle. Ab August 1980 endlich war die Berlina-Version auch als Caravan lieferbar, die ab Januar 1981 grundsätzlich auch die Sportinstrumente der S-Ausstattung (Drehzahlmesser, Voltmeter, Öldruckmesser) und eine elektrische Zentralverriegelung umfasste.

Gehobene Klasse: Mit dem Commodore C erreichte Opel auch Dienstwagen-Fahrer im Range von Abteilungsleitern, obwohl bis Ende 1980 nur ein 115 PS starker Vergasermotor lieferbar war.

Der Rekord E durchlief mehrere Facelift-Phasen. Hier das ursprüngliche Modell des Modelljahrs 1978 mit sportlicher S-Ausstattung.

Um ein interessantes Zusatzangebot handelte es sich bei dem ab Mitte 1980 lieferbaren Overdrive-Zusatzgetriebe von Laycock. Dieser elektrisch zuschaltbare „Schnellgang" senkte die Motor-Drehzahl und damit den Verbrauch deutlich merkbar ab. Speziell nach dem Sprung der Benzinpreise auf über eine Mark pro Liter im Juni 1979 waren Maßnahmen zur Verbrauchsabsenkung eine immer stärkere Herausforderung geworden. Der Markt reagierte sofort, viele Kunden stiegen auf kleinere Modelle um. Der Overdrive bot Opel die Chance, schnell auf die sich ändernden Kunden-Bedürfnisse im Rekord-Segment zu reagieren, da ein eigenes Fünfgang-Getriebe für diese Modellreihe zu diesem Zeitpunkt nicht entwickelt war.

Ein mildes Facelift kennzeichnete den Rekord ab Juli 1981. So fielen äußerlich eine spezielle Spoilerlippe vorn, anthrazit lackierte Türrahmen (ab Berlina mit Chrom-Zierleisten), ein neues auf die jeweiligen Modelle abgestimmtes Rad-Design sowie neue Sitzbezugs-Stoffe auf. Zusätzlich zu den regelmäßigen Modelloptimierungen lancierte Opel attraktive Sonder-Versionen, denen eines gemein war – ein jeweils höchst interessanter Kundenvorteil. Den Sondermodell-Reigen eröffnete im Juni 1980 der Rekord Regent, der auf der L-Ausstattung basierte und als viertürige Limousine oder Caravan lieferbar war. Wahlweise mit Zweiliter-S- oder E-Motor (100 oder 110 PS) bestellbar, bot er serienmäßige Details, wie Drehzahlmesser, Zierstreifen, Zusatzscheinwerfer und Radzierringe. Kunden-Preisvorteil: rund 1000 Mark.

Der Rekord Royale – zwischen Januar und April 1981 im Angebot – bot Elemente der Berlina-Variante und darüber hinaus Details wie elektrische Fensterheber vorn, Schiebedach, Radio, Leichtmetallräder und elektrische Kofferraumhauben-Entriegelung. Anfang 1982 folgten drei weitere Sondermodelle mit den Bezeichnungen Touring (für preisbewusste Interessenten), Classic (mit luxuriöser Ausstattung) und SR/E (betont sportlich). Speziell der SR/E sprach eine neue Zielgruppe an, die Opel seit Einstellung des ersten Sprint-Modells im Herbst 1971 nicht mehr mit einem adäquaten Angebot ins Visier genommen hatte. Grundsätzlich serienmäßig mit dem Zweiliter-Einspritzer ausgerüstet, bot der SR/E nicht nur eine spezielle Lackierung mit anthrazit-

Nur geringe Änderungen erfuhr der Rekord im Spätsommer 1981. Dazu gehörten die vergrößerte Spoilerlippe vorn, neue aerodynamische Außenspiegel sowie neu gestaltete Felgen. Während die Limousinen ab diesem Zeitpunkt komplett herumgezogene hintere Stoßfänger aufwiesen, mussten die Kombis auf dieses Detail verzichten.

Familiäre Sportlichkeit: Der Rekord SR/E mit 2.0-E-Motor und 110 PS sollte sportlich orientierte Kunden ansprechen und bot neben der charakteristischen Zweifarben-Lackierung auch Recaro-Sportsitze sowie Leichtmetallräder.

metallicfarbenen Absetzungen, sondern auch Leichtmetallräder und Recaro-Sportsitze vorn. Erstmals bot Opel eine derart sportlich orientierte Version nicht nur als zwei- und viertürige Limousine, sondern auch als Caravan an.

Die Vielzahl der Änderungen innerhalb kurzer Zeiträume und die Auflage zahlreicher Sondermodelle machen klar, dass sich die Zeiten in der Gehobenen Mittelklasse deutlich geändert hatten. Konnte Opel bis Mitte der 1970er Jahre seine Rekord-Modelle über lange Zeiträume noch weitgehend unverändert erfolgreich im Markt anbieten, waren diese Zeiten nun vorbei. Da die hohen Entwicklungskosten die Vorstellung eines komplett neuen Modells nicht gerechtfertigt hätten, präsentierte Opel im November 1982 eine erneut geliftete Version des Rekord E, intern auch E2 genannt. Gegenüber der letzten „Frischzellenkur" im Juli 1981 änderten Opels Designer um Herbert Killmer diesmal das Styling signifikant: eine flachere Motorhaube, ein höheres Heck mit großen Mehrkammer-Rückleuchten und weitere Details, wie große, kunststoffummantelte Stoßfänger vorn und hinten ließen den Rekord wie ein komplett neues Modell erscheinen. Auch im Innenraum hatte Opel einiges geändert, ohne alles neu zu gestalten. Speziell mit den Änderungen der äußeren Form gelang Opel ein absoluter Kunstgriff: Mit einem Luftwiderstandsbeiwert von 0,36 fuhr der im Grunde fünf Jahre alte Rekord nun mit an der Spitze dieses Segments. Nur der soeben komplett neu präsentierte Audi 100 brillierte mit einem deutlich besseren Wert, der allerdings auch mit einem wesentlich höheren Kaufpreis einherging.

Neues auch unter der Haube: Zu den weiterhin angebotenen Zweiliter-Triebwerken der CIH-Baureihe gesellte sich nun ein neuer 1,8-Liter mit 75 bzw. 90 PS (Normalbenzin- bzw. Superbenzin-Version). Beide Treibsätze bot Opel ohne Preisunterschied ab 18.560 Mark für die Basis-Variante an. Alle Motoren ruhten von nun an auf hydraulischen Lagern, die die Geräusch- und Schwingungsübertragung weiter milderten. An die Stelle des seit rund zwei Jahren angebotenen Overdrive trat nun ein neuentwickeltes 5-Gang-Getriebe, das auf Wunsch für alle Triebwerke mit Ausnahme des 75-PS-Motors lieferbar war. Die bewährte Dreigang-Automatik erhielt von nun an zusätzlich eine Wandler-Überbrückungs-Kupplung.

Reise-Limousine: Der Commodore empfahl sich mit seinem laufruhigen 2,5-Liter-Sechszylinder vor allem für längere Touren und Urlaubsreisen.

Letzte Phase: Während Audi 1982 einen komplett neuen „100er" präsentiert hatte, setzte Opel 1982/83 auf eine tiefgreifende Überarbeitung mit neuer Front und modernisiertem Heck. Im Bild die 2,3-Liter-Dieselversion mit charakteristischer Motorhaube.

Auf eine Variante mussten Rekord-Interessenten von nun an allerdings verzichten: die zweitürige Limousine. Denn während es weiterhin eine dreitürige Caravan-Version gab, entfiel neuerdings dieses Angebot für die Limousine. Die Ausstattungen wurden hingegen aufgewertet. An den Vordersitzen befestigte Gurtpeitschen, Warnsummer für eingeschaltetes Außenlicht sowie eine Heckscheibenwisch-wasch-Anlage beim Caravan gehörten nun grundsätzlich zur Serienausstattung. Beleuchtete Make-up-Spiegel in den Sonnenblenden sowie elektrisch einstell- und heizbare Außenspiegel ergänzten von nun an die Berlina-Ausstattung. Eine CD-Ausstattung mit serienmäßigem Einspritzmotor und 5-Gang-Getriebe sowie Servolenkung ergänzte das Rekord-Modellangebot nach oben. Ebenfalls neu: Extras wie Bord-Computer (im CD Serie), Sportfahrwerk (statt eines „S"-Pakets) und ein Sicherheitsnetz für den Laderaum im Caravan. „Fortschritt mit Augenmaß", hieß es von nun an in der Rekord-Werbung, und die Kunden nahmen das Angebot an.

Eine Leistungsspritze für den phlegmatischen 2,3-Liter-Diesel im Sommer 1983 ließ die Leistung dieses Triebwerks auf 73 PS ansteigen. Sie sollte ein Jahr später durch eine Turboversion weiter auf 86 PS gesteigert werden und damit den Wünschen leistungsorientierter Diesel-Kunden besser als bisher entgegenkommen.

1984 dann war für alle Opel-Modelle das Jahr der neuen „Trim-Level-Strategie", was

Omega-Look: Das Rekord-Facelift vom Herbst 1982 nahm das Design des Nachfolgers Omega vorweg. Ab 1984 markierte das Top-Modell „CD" die Spitze des Programms.

nichts anderes bedeutete, als dass die gewohnten Bezeichnungen „Luxus" und „Berlina" aus dem Verkehr gezogen wurden. Das neue Programm sah wie folgt aus:

LS = bisher Basis
GL = bisher Luxus
GLS = bisher Berlina
CD blieb unverändert

Gleichzeitig ersetzte ein weiterentwickelter 2,2-Liter-Einspritzmotor mit 115 PS den bisherigen Zweiliter-Einspritzer und bot mit 178,5 Nm bei 2800 Umdrehungen statt 165 Nm bei 3000 Umdrehungen deutlich mehr „Dampf von unten". Ein Jahr später kam als weiteres neues Angebot der 1,8-Liter-Einspritzer mit 100 PS und geregeltem Dreiwege-Katalysator hinzu. Bei diesem Triebsatz handelte es sich um den als „Schnellschuss" entwickelten Katalysator-Motor, der ebenso in Kadett und Ascona zu finden war. Opel reagierte damit schnell auf die vom damaligen Bundes-Innenminister Friedrich Zimmermann seit 1983 vorangetriebene „Katalysator-Gesetzgebung". Ebenfalls neu war das nun lieferbare elektronisch gesteuerte Antiblockier-Bremssystem.

Bis zur Ablösung des Rekord durch den Omega im August 1986 versuchte Opel, die betagte Modellreihe durch weitere Sondermodelle (Rekord Touring, Rekord Sport, Rekord GLS) exklusiv noch auf Kurs zu halten. Trotz seiner Bauzeit von insgesamt neun Jahren gelang dies Opel nach wie vor recht gut, wenn auch neue Konkurrenz-Modelle, wie der bereits erwähnte neue Audi 100 ab Herbst 1982 bzw. der neue Mercedes W 124 sowie der 1985 vorgestellte Ford Scorpio, für Bewegung in diesem Segment sorgten. Insgesamt verkaufte Opel von beiden Versionen – E1 und E2 – immerhin rund 1,4 Millionen Einheiten – innerhalb von neun Jahren. Damit war man dennoch deutlich vom Ergebnis des Rekord C entfernt, der es zwischen August 1966 und Herbst 1971 auf 1,28 Millionen Einheiten gebracht hatte. Die Zeiten wurden also deutlich schwieriger.

Nicht anders erging es dem im September 1978 präsentierten neuen Commodore. Helmut Zincke, Direktor der Opel Produktentwicklung und Konstruktion sowie Vorstandsmitglied der Adam Opel AG, präsentierte den neuen Commodore Motorjournalisten mit folgenden Worten: „Mit dem neuen Commodore runden wir unser Angebot im Bereich der oberen Mittel- und der Spitzenklasse ab.

Charakteristisch für das letzte Rekord-Facelift waren die markanten Mehrkammer-Rückleuchten sowie die neugestalteten Rad-Zierblenden.

Ruhige Reise: Der Commodore Voyage bot Sechszylinder-Reisekomfort bei großzügigem Raumangebot. Opel benötigte fast 10 Jahre, um ein vergleichbares Angebot zum beliebten Ford Granada Turnier mit V6-Motor auf den Markt zu bringen.

GG OP 82
OPEL
Wir leben Autos.

Sachlich und elegant: Das 1977/78 gestartete neue Design für Rekord, Commodore, Senator und Monza kam bei der Kundschaft gut an und verlieh allen Modellen mit der nach vorn geneigten Front ein dynamisches Design. Der Commodore bildete das Bindeglied zwischen Rekord und Senator. Das leichte Facelift des Jahres 1981 beinhaltete feine neue Details wie die komplett herumgezogenen hinteren Stoßfänger, die Spoilerleiste vorn sowie neue Polster im Innenraum.

Klassischer Look: Das Rekord-Facelift überzeugte viele Käufer und kurbelte so die Nachfrage für die gesamte Baureihe nochmal an. Neu im Motorenprogramm war übrigens der 1,8-Liter-OHC-Familie-II-Vergasermotor mit 90 PS sowie ein 115-PS-Vierzylinder-Benziner mit 2,2 Litern Hubraum.

Er füllt die Lücke zwischen Rekord und Senator. In seiner Konzeption verbindet er Wirtschaftlichkeit, Komfort, Sicherheit und aerodynamische Formgebung, wobei er sich von den leistungsstärksten Rekord-Versionen deutlich durch den besonders drehmomentstarken 115-PS-Sechszylinder-Motor und dessen beispielhafte Laufkultur abhebt."

Im Verkäuferhandbuch, im August 1978 an den Handel verschickt, las sich die Begründung für die Entwicklung des neuen Commodore wie folgt: „... beispielsweise ist deutlich geworden, dass in letzter Zeit eine große und stetig ansteigende Zahl der Automobilkäufer aus der oberen Mittelklasse herauswächst. Der große Schritt in die Gruppe der typischen Repräsentanten der Großwagenklasse – also Senator und Monza – würde zwar direkt zur Erfüllung der Ansprüche an Wertvorstellung und Prestige führen, doch muss dieser Schritt auch mit einem erheblichen Mehraufwand bezahlt werden. Dem stehen aber bei vielen – speziell Gehaltsempfängern – Überlegungen entgegen, die sich an der Wirtschaftlichkeit eines Wagens orientieren, also auch am Kaufpreis. In jedem Fall zählt aber gerade diese Personengruppe zu den echten prospektiven Käufern der Großwagenklasse. Was sie suchen, ist – vereinfacht gesagt – vor allem ein Sechszylinder-Wagen, laufruhig und leistungsfähig, komfortabel, obendrein aber auch wirtschaftlich." Das Handbuch ging auch detailliert auf die Eigenständigkeit des Commodore ein und riet den Verkaufsberatern eindringlich, den Commodore nicht als Rekord mit sechs Zylindern, sondern als eigenständiges Angebot im Segment der Sechszylinder-Klasse zu sehen und anzubieten.

Tatsächlich handelte es sich beim neuen Commodore – technisch gesehen – um einen Zwitter aus Senator (Front bis zur A-Säule) und Rekord Luxus, einschließlich der Hinterradaufhängung. Opel hatte sich erst relativ spät zur Entwicklung dieses Modells entschieden – aus einem interessanten Grund: Ursprünglich waren nämlich Senator und Monza als Commodore und Commodore Coupé vorgesehen gewesen, nachdem man Ende 1975 die Entwicklung eines neuen Diplomat C endgültig verworfen hatte. Ausgedehnte Marktforschungsstudien mit den Plastillin-Modellen von Monza und Senator – damals noch als Commodore – hatten ein höheres Marktpotential im Segment der kompakten Spitzenklasse – also eine Stufe höher – ergeben und somit zur Entwicklung dieser eigenständigen Fahrzeugreihen geführt. Was umgekehrt die Frage aufwarf, ob ein kleiner Sechszylinder zur Abrundung des Programms erforderlich ist. Opel beantwortete diese Frage im September 1978 nun mit einem klaren „Ja".

Zunächst als zwei- und viertürige Limousine mit Basis- oder Berlina-Ausstattung und ausschließlich dem 2,5-Liter-115-PS-Sechs-

Nüchtern und sparsam: Selbst in der „Luxus-Ausstattung“ wirkte der Rekord recht nüchtern – da passt der hier vorhandene Dieselmotor perfekt ...

zylinder-Triebwerk lieferbar, gesellte sich ab Sommer 1981 noch eine Einspritz-Version mit 130 PS hinzu. Ebenso lieferbar war – analog zum Rekord – eine „S“-Ausstattung mit sportlicher abgestimmtem Fahrwerk, Zusatzinstrumenten sowie Breitreifen. Ab Frühjahr 1980 gab es auch für den Commodore das Overdrive-Zusatzgetriebe, das ab Anfang 1981 serienmäßig eingebaut wurde. Zeitgleich mit dem Rekord erhielt auch der Commodore im Januar 1981 neue Ausstattungsbezeichnungen: Luxus für die Grundausstattung und Berlina (nun serienmäßig mit Zentralverriegelung und Zusatzinstrumenten). Die Preise lagen auf dem Niveau des entsprechenden Rekord-Modells mit 2.0-E-Motor und 110 PS.

Die Revolution im Commodore-Programm sollte am Ende des Lebenszyklus‘ kommen: Nachdem im Juni 1981 die kaum mehr nachgefragte zweitürige Limousine aus dem Programm genommen worden war, stieß nun ein anderes neues Modell zum Commodore-Clan, der Commodore Voyage. Dreizehn Jahre hatte es gedauert, bis Opel das im März 1968 erstmals auf dem Genfer Salon präsentierte Commodore-Caravan-Konzept in diese Serie hat einfließen lassen, wahlweise als Luxus oder Berlina mit 115 oder 130 PS. Opel reagierte damit auf die bereits seit Jahren sehr erfolgreich angebotenen Sechszylinder-Kombi-Modelle von Ford.

Doch nur ein Jahr konnte man Opels ersten Sechszylinder-Kombi kaufen: Im August 1982 wurde die komplette Commodore-Reihe vom Markt genommen, Folge einer geänderten Modellpolitik, die ab 1983 auch eine Vierzylinder-Version des Senator umfasste. Damit war der Commodore überflüssig geworden. Nach genau 80.521 verkauften Fahrzeugen. Senator und Monza stellen übrigens ein eigenes Kapitel dar – sie markieren das Ende des Opel-Engagements in der klassischen Oberklasse und verkörpern in der Modell- und Markenhistorie des Konzerns eine besondere Phase, die eine eigene Abhandlung verdient.

Mit dem neuen Omega blieb man ab 1986 der Fokussierung auf Vierzylinder-Versionen zunächst treu. Ausnahmen sind der 1987 vorgestellte Omega 3000 mit Dreiliter-Sechszylinder-CIH-Motor sowie der 1988 vorgestellte Omega 2,6 i mit neu entwickeltem Dual-Ram-Ansaug-System und 150 PS auf Basis des bekannten CIH-Motoren-Designs.

Rekord

Pressespiegel

„Rekord: Guter Kumpel“

Klare Kante: Der neue Rekord A brach eindeutig mit der seit 1960 beim Rekord P2 verfolgten Trapezlinie. Der Rekord A wirkte wie eine Miniaturausgabe des im Jahr zuvor präsentierten Chevy II.

Jahrelang war der Opel Rekord nach dem Volkswagen Käfer das zweitmeistverkaufte Modell auf dem deutschen Markt. Anlass genug für Fachzeitschriften wie *„auto motor und sport“, „mot“* und *„Auto Zeitung“,* aber auch für die Motor-Redakteure der Tagespresse, sich intensiv den erfolgreichen Modellen aus Rüsselsheim zu widmen.

So erfreute sich beispielsweise der neue Rekord A bei seiner Vorstellung im Februar 1963 bei Motor-Journalisten besonderen Interesses und erntete viel Lob. „Der neue Opel Kapitän heißt – ‚Rekord‘! Zu dieser Meinung mussten wir gelangen, als wir Gelegenheit hatten, den vor wenigen Tagen vorgestellten 1963er Opel Rekord auf dem Prüffeld und im Straßennetz rund um Rüsselsheim einem ersten Examen zu unterziehen“, hieß es beispielsweise in der „Hannoverschen Presse“ vom 9. März 1963. Und weiter las man: „Damit kein Irrtum entsteht: Selbstverständlich baut Opel nach wie vor den Typ Kapitän. Wenn man jedoch den praktischen Nutzwert des neuen Rekord, vor allem also den verfügbaren Innenraum und die Spitzengeschwindigkeit, mit einem vor zehn Jahren gebauten Kapitän vergleicht, dann stehen beide auf gleicher Rangstufe. Der jetzt vorgestellte Rekord bietet eher mehr – erheblich mehr jedenfalls an Komfort. Dass er hingegen im Vergleich zum 1953er Kapitän weniger Kraftstoff verbraucht, weniger Steuern kostet, geringere Anforderungen an die Wartung stellt und schließlich im Preis dem älteren und größeren Bruder nicht den Rang ablaufen will, macht ihn besonders liebenswert. Unter diesem Blickwinkel ist der heutige Kapitän ein verkappter Admiral ...“ Wie recht der Autor dieser Zeilen doch haben sollte. Denn – obwohl zu dieser Zeit allenfalls einigen wenigen Rüsselsheimer Insidern bekannt – es sollte exakt

Neues Format: Kapitän, Admiral und Diplomat A griffen das mit dem Rekord A präsentierte Design auf. Mit knapp zwei Meter Breite und fünf Meter Länge überragen die Opel-Top-Modelle den „Bürgermeister“ Rekord beträchtlich.

Klassik und Moderne: Das neue sportliche Rekord Coupé gab in jedem Umfeld ein gutes Bild ab. Die Sportlichkeit sollte man übrigens nicht überbewerten, denn Fahrwerk und Unterbau stammten von der Limousine. Während man die Rücksitze nur als Notsitze bezeichnen kann, war das Kofferraum-Format riesig.

ein Jahr später mit den neuen Opel-Oberklasse-Limousinen „K-A-D" erstmals seit Beginn des Zweiten Weltkrieges wieder ein Admiral dabei sein. Hierbei handelte es sich jedoch um nichts anderes, als eine umbenannte Variante des Kapitän „L", der in der neuen Serie nicht mehr angeboten wurde.

Doch zurück zum Test des Rekord in der „Hannoverschen Presse" vom 9. März 1963: „Strahlende Sonne kämpfte erfolgreich mit den letzten Eis- und Schneeresten, als wir den Prüfling durch die Steilkurven des Prüffeldes in Rüsselsheim zogen und sich der Horizont um 90 Grad verdrehte. Auf den extremen Steigungen und Gefällstrecken bestätigte sich der erneute Gewinn an Elastizität des Motors. Der Rekord bleibt ein Wagen, dessen Schalthebel der Fahrer nicht in ständiger Bewegung hält. Das serienmäßige Dreigang-Getriebe reicht für den Normalfall vollauf. In der Ebene darf man im dritten Gang getrost bis auf 40 km/h abfallen, um ohne Mucken und mit merklichem Effekt beschleunigen zu können ..." Insgesamt also ein recht positives Urteil für das Rekord-Triebwerk, das – objektiv betrachtet – zu diesem Zeitpunkt sein hohes Alter – oder auch seinen hohen Reifegrad – nicht verleugnen konnte. Immerhin ging die Grundkonstruktion

Multifunktional: Der CarAVan wirkte – wie hier zu sehen – wie aus einem Guss. Ein beliebtes Extra war die Gepäckgalerie, Vorläufer der heutigen Dach-Reling. Weißwandreifen gaben dem CarAVan einen luxuriösen Touch. Allerdings war dieses Modell nur in der Normalausstattung (also nicht in der L-Version) lieferbar.

Coupé

OPEL
REKORD 6

Vorläufer: Der Rekord 6 von 1964 mit 2,6-Liter-Kapitän-Motor und 100 PS war der erste Schritt zu mehr Leistung im Rekord, die Basis für den Commodore ab 1967. Um den Sechszylinder einbauen zu können, musste der Kühler seitlich versetzt werden. Mit einer Spitze von 170 km/h konnte es der Rekord 6 problemlos mit einem Mercedes 220 oder dem BMW 1800 aufnehmen. Schriftzüge und 14-Zoll-Räder wiesen auf die Sonderstellung hin; ein Drehzahlmesser war auch gegen Aufpreis nicht lieferbar. Die Motordaten des Sechszylinders: Hubraum 2605 cm^3, 74 kW/100 PS bei 4600 min^{-1}, 185 Nm/2400 min^{-1}. Das Aggregat blieb bis zur Ablösung des Rekord B im Herbst 1965 im Programm.

Letzte Station: Das Vierzylinder-OHV-Triebwerk erreichte mit dem Rekord A die Endstufe seiner Entwicklungsfähigkeit. Lieferbar als 1,5- und 1,7-Liter lag die Maximalleistung bei 67 PS. Wie seine früheren Versionen brillierte der Vierzylinder mit Laufruhe, Durchzugskraft und Zuverlässigkeit.

dieses Motors auf das Jahr 1937 zurück. Letztlich sollte auch der im Rekord A 1700 L bzw. Rekord Coupé vorgestellte 1,7-Liter-Spezialmotor mit 67 PS die Spitze der Entwicklung dieses OHV-Triebwerks darstellen. Dabei hatte man sich zur Realisierung dieser Leistungsspitze schon einiger Kunstgriffe bedient. Dazu gehörte neben der Erhöhung der Verdichtung auch ein neues Zwillings-Auspuffsystem.

Auch in den Bewertungskriterien Ausstattung und Sitze sowie Fahrwerk und Fahrverhalten kam die „Hannoversche Presse" zu positiven Ergebnissen, die sich entsprechend im Test-Fazit niederschlugen: „... Seine Vorgänger wurden von Millionen begehrt, und der Neue mit seinen vielen Vorteilen wird bestimmt seinen Weg machen. Für seinen Preis von 6830 Mark bietet er einen echten Gegenwert!"

Diesen grundsätzlich positiven Tenor schlug übrigens auch der „Rheinische Merkur" in seiner Vorstellung des Rekord am 15. März 1963 an: „... Jedenfalls gehört die geradezu penible Sauberkeit der Verarbeitung zu den auffälligsten Eindrücken, die die erste Bekanntschaft mit dem neuen Opel vermittelt. Nicht minder attraktiv ist die äußere und innere Architektur dieses wahrhaft schönen Wagens. Großartig! Beim Fahren fällt es zunächst auf, dass man sich mit diesem handlichen Automobil auf Anhieb vertraut, ja verwachsen fühlt." Auch die angesehene *„ADAC Motorwelt"* kam in ihrer Ausgabe vom April 1963 zu einem überaus positiven, wenn auch kurzen Gesamtergebnis: „Wir ... können ... abschließend nochmals bestätigen, dass in Rüsselsheim mit diesem neuen Rekord wiederum ein großartiger Wagen geschaffen wurde."

Die gelungene Form und die ausgereifte Technik des Wagens sorgten für einen außerordentlichen Verkaufserfolg des neuen Rekord. Schon am 29. Juni 1963 konnte deshalb die „Mainzer Allgemeine Zeitung" folgende Meldung veröffentlichen: „Am 11. Juni lief der 100.000 neue Rekord nach einer Produktionszeit von nur dreieinhalb Monaten in Rüsselsheim vom Band. Die Opel-Rekord-Typen sind im In- und Ausland zu einem Verkaufsschlager geworden, so dass Lieferzeiten von mehreren Monaten bestehen. Derzeit laufen täglich 1400 Rekord-Modelle einschließlich der kürzlich erst vorgestellten neuen Caravan-Modelle von den Montagebändern. Die augenblickliche Export-Quote liegt bei 40 Prozent. Da eine weitere Steigerung der Fertigung durch den Arbeitskräftemangel (!) unmöglich gemacht wird, hat man sich in den Bochumer Opel-Werken entschlossen, zusätzliche Produktionsschichten an sonst arbeitsfreien Samstagen einzulegen, da

Alles im Blick: Wie in jedem Rekord-Modell seit 1957 fand man auch beim neuen Rekord A wieder das beliebte Leitfarbentachometer mit integrierten Anzeigeinstrumenten für Wassertemperatur und Benzinstand. Neu war das kombinierte Zünd-Anlass-Lenkschloss.

Alles im Griff: Das neue Rekord-Interieur machte die Bedienung leicht. Auch die gewohnte Lenkradschaltung – wahlweise mit drei oder vier Gängen – fand man im Rekord A wieder. Erstmals gab es auf Wunsch auch eine sportliche Knüppelschaltung in Verbindung mit dem Vierganggetriebe gegen Aufpreis.

auch die Nachfrage nach dem Kadett die augenblickliche Bochumer Kapazität übersteigt. Opel dürfte mit seinen neuen Modellen nach der umstellungsbedingten Stagnation des vergangenen Jahres eine erhebliche Stärkung seiner Position auf dem Automobilmarkt erreichen."

In die lange Reihe der positiven Stimmen reihte sich am 27. Juli 1963 auch die angesehene konservative Tageszeitung *„Die Welt"* ein. In ihrem Motor-Teil schrieb das Blatt: „Groß, bequem und Wunschgefühle weckend – so will man offenbar nicht nur in Amerika, sondern auch bei uns fahren ... Der beste Beweis dafür: der neue Opel Rekord, von dem ... in knapp fünf Monaten fast 150.000 Fahrzeuge gebaut und verkauft worden sind. Die anfängliche Begeisterung, als man den neuen Rekord zum ersten Mal in der Öffentlichkeit sah, hält weiter an. Der Rekord gefällt ... Der Rekord lässt sich angenehm fahren und das Modell mit der 1,7-Liter-Maschine (Anm. d. Autors: gemeint ist der 55-PS-Motor) und Vierganggetriebe (dritter Gang bis 120 km/h) sogar sportlich schnell. Die Kurvenlage ist gut. Für 100 Kilometer auf normalen Landstraßen im Wittgensteiner Land mit vielen Kurven und in hügeligem Gelände habe ich an einem Sonntagmorgen genau 60 Minuten benötigt. Das ist, vom Wagen her, eine erstklassige Leistung ... Innen macht der Rekord einen eleganten Eindruck. Dunkles Lenkrad, hübsche Armaturen, feine Polster- und Verkleidungsstoffe und viel Innenraum. Da fühlt man sich wohl und gemütlich. Vorne ist die Sitzbank stramm, hinten sitzt man eher weich ... Insgesamt gesehen ist der neue Rekord ein feines Auto, ein typischer Vertreter der Mittelklasse. Ich mag diesen Wagen gern. Übrigens wird der Rekord zum Autosalon in Frankfurt als Coupé gezeigt werden. Man geht wohl nicht fehl in der Annahme, dass das eine Art Traumauto für den deutschen Bürger werden kann."

Und auch die renommierte *„auto motor und sport"* stimmt im Heft 5/1963 mit ein: „Die völlig neue Karosserie, bei der jede Linie auf die andere abgestimmt ist, wird das eigentliche Erfolgsgeheimnis dieses Fahrzeugs sein", textet Autor Reinhard Seiffert. Und 1964 ergänzt derselbe Journalist in einem Fahrbericht über das neue Rekord Coupé mit dem um 7 PS verstärkten „1,7-Liter-Spezialmotor" in „Bams": „Für den Mehrpreis wird ein echter Gegenwert an Leistung und Ausstattung geboten."

Volles Programm: 1965 hatte Opel innerhalb von nur zwei Jahren alle drei Pkw-Baureihen erneuert. Alle Modelle – Rekord A, K-A-D und Kadett B – folgten derselben Design-Handschrift und wiesen klare Elemente amerikanischer GM-Modelle auf. Ab 1965 gab es auch ein neues Spitzenmodell, das neue Diplomat A Coupé mit 230 PS Leistung. Mehr bot damals kaum jemand auf dem deutschen Markt.

Zwitter: Bei diesem Rekord B handelte es sich noch um ein Vorserienmodell, erkennbar an den Radkappen des A-Modells. In der Serie erhielt der B neue Radabdeckungen, die denen des späteren Rekord C ähnlich waren.

Interessante Vergleiche nahmen verschiedene Fachzeitschriften vor. So ließ das „Magazin der Technik“ – die Zeitschrift „hobby“ – den Rekord L 6 mit 100 PS gegen den Peugeot 404 Grand Tourisme Injection“ antreten. Autor Heinz Kranz textete in Ausgabe 6/1965 unter dem Titel „Duell bei 170 km/h“: „Noch auf der leeren (Berg- und Tal-)Autobahn Heilbronn holten wir das Letzte aus den Motoren und fuhren streckenweise 170 km/h“, um zu folgendem Fazit zu kommen: „Zwar kam die Berg- und Talbahn dem drehkräftigen Opel-Sechszylinder entgegen, der zeitweilig aus dem Gesichtsfeld des Peugeot-Fahrers entschwand. Doch machte es der Peugeot dank seines besser ausgewogenen Fahrwerks möglich, das Gaspedal immer dann stehen zu lassen, wenn der Opel etwas kürzer treten musste – auf den vielen Pflasterunterbrechungen der Heilbronner Bahn zum Beispiel. Damit holte er per saldo den gleichen Schnitt heraus wie der Opel.“ Und die *„Motor-Reise-Revue“* stellte bereits im Herbst 1964 das Rekord Coupé mit Vierzylinder-Motor dem Rekord Coupé-6 mit 2,6-Liter-Kapitän-Triebwerk gegenüber. Dabei verwundert es sicher nicht, dass das Sechszylinder-Modell auch hier besonders mit seinen Fahrleistungen brillierte.

Gegenüber dem exakt 1.295 Mark preiswerteren Vierzylinder-Coupé bot der 2,6-Liter ein Leistungsplus von 33 Pferdestärken, ein erheblich besseres maximales Drehmoment von 181,5 Nm gegenüber 125,5 Nm und erreichte demzufolge eine Spitze von 170 km/h gegenüber 145 km/h beim 1700 S. Den Standard-Beschleunigungswert aus dem Stand auf 100 km/h absolvierte der Sechszylinder im Test in 13,5 Sekunden, der Vierzylinder benötigte 17,4 Sekunden. Es versteht sich von selbst, dass das Coupé-6 sein Vierzylinder-Pendant auch in der Zeit für einen Kilometer bei stehendem Start auf den zweiten Platz verwies. Das Ergebnis lautete 34 Sekunden für den 2,6-Liter und 37 für den 1700er.

Olaf von Fersen kommentierte diese Leistungsunterschiede mit folgenden Worten: „Für ein Reisetempo von 135 km/h muss der Vierzylinder-Rekord sich schon ordentlich strecken, und er tut auch unmissverständlich kund, dass er sich mühen muss. Beim Sechszylinder ist das eine andere Sache. Selbst 150 km/h erscheinen noch als Bummeltempo. Diese Leichtigkeit, mit der ein solches Tempo erreicht und gehalten werden kann – wenn nötig stundenlang – macht den Hauptcharme dieses Wagens aus. Nach der Bekanntschaft mit beiden Versionen bleibt deshalb schon eher der Eindruck haften, der Vierzylinder-Typ sei untermotorisiert und der Sechszylinder gerade richtig.“

Selbstverständlich wird auch in diesem Test der Verdienst von Hans Mersheimer, dem damaligen Technischen Direktor bei Opel, gewürdigt.

Tatsächlich spielte er damals eine wesentliche Rolle bei der Kombination von „harmlos“ wirkenden Serienmodellen – wie dem Rekord Coupé – mit kräftigen Motoren, die eigentlich für höhere Klassen vorgesehen waren. Dass Mersheimer selbst gerne noch einen Schritt weitergegangen wäre, zeigt die Ausstattung seines damaligen Dienstwagens – eines Rekord Coupé mit einem 4,3-Liter-“Small-Block“-V8-Motor von Oldsmobile, der es auf immerhin 160 PS brachte. Nach heutigen Informationen wurde dieses Auto fahrwerksseitig lediglich mit (noch) härteren Blattfedern an der Hinterachse, Stabilisatoren und größeren Bremsscheiben vorn aufgerüstet. Ein Bremskraftverstärker gehörte bereits bei den Sechszylinder-Modellen zum serienmäßigen Ausstattungsumfang.

Mersheimer war es übrigens auch, der versuchsweise 1700-S-Motoren mit 67 PS in den Kadett A einbauen ließ, wenngleich es bei diesem Modell in der Serie bei maximal 48 PS blieb. Der Technische Direktor der Adam Opel AG („Opel-Fahrer wollen auf der Autobahn öfter links fahren“) folgte damit einem bewährten Rezept aus den USA, wo bereits seit geraumer Zeit die so genannten Muscle Cars,

Transparente Technik: Unten die Stirnseite des neuen CIH-Motors mit dem Aggregateträger. Die hochliegende Nockenwelle wurde nicht mehr von Stirnrädern, sondern von einer Duplex-Rollenkette angetrieben. Darunter wird das großzügige Raumangebot des neuen Rekord A deutlich.

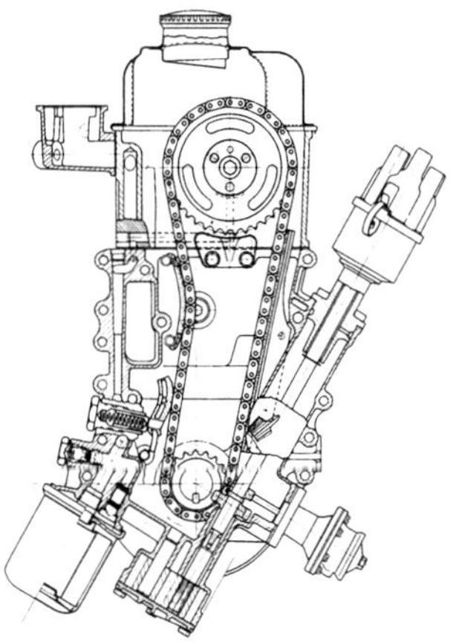

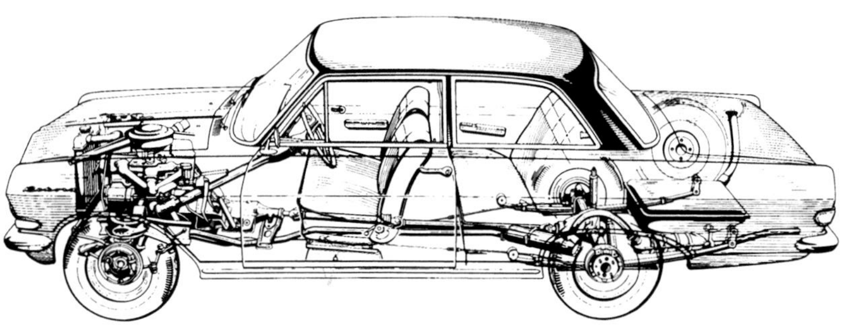

harmlose Limousinen und Coupés mit großen V8-Motoren, die sich dann Pontiac GTO (Ferrari lässt schön grüßen!) oder Oldsmobile 442 nannten, große Erfolge feierten.

Beim nur ein Jahr produzierten Rekord B stand naturgemäß der neue so genannte CIH-Motor im Mittelpunkt der Berichterstattung. CIH steht übrigens für „Camshaft in head“, zu Deutsch: Die Nockenwelle liegt im Zylinderkopf.

Tatsächlich handelte es sich bei diesem Triebwerk mit dem internen Entwicklungscode 1010 um eine interessante Konstruktion, deren Ursprung in den USA lag. Dort sollte dieses Triebwerk nämlich bereits um 1963 in kleine und mittelgroße Chevrolet-Modelle eingebaut werden, bevor man es sich anders überlegte und stattdessen wieder auf eine herkömmliche OHV-Konzeption umschwenkte. Bei dieser Entscheidung mögen Kostengründe ausschlaggebend gewesen sein, denn dieser Treibsatz sollte ein – für US-Verhältnisse – besonders kompaktes und entsprechend preiswertes Modell, den Chevy II, antreiben. Hierbei handelte es sich übrigens um jenes Modell, das der neue Opel-Design-Direktor vor seinem Wechsel nach Deutschland in den USA für die Chevrolet-Motor-Division entworfen hatte und der nun die stilistische Vorlage für den neuen Rekord A (und damit gleichzeitig für den fast baugleichen Rekord B) gebildet hatte.

Die *„Motor-Reise-Revue“*, Mitgliederzeitschrift des Automobilclubs von Deutschland (AvD) schrieb entsprechend in ihrer Oktober-Ausgabe des Jahres 1965 unter der Überschrift „Kurswechsel in Rüsselsheim“: „In Rüsselsheim hat man ganz bewusst den Kurs gewechselt. Die weich gefederten und sanft motorisierten Kleinamerikaner, als die man noch vor fünf Jahren die verschiedenen Opelmodelle nicht ohne Berechtigung ansprach, sollen jetzt vergessen werden. Nicht zuletzt deshalb präsentierte man auf der IAA einen Traum-Gran Tourismo, der durch seine schnelle Karosserie Aufsehen erregte. Man wollte damit zeigen: Wir können das auch!“

Natürlich nahm die Beschreibung des neuen Motors den wesentlichen Raum in diesem von Olaf von Fersen verfassten Testbericht ein: „Der neue Opel-Motor ist ein modernes Triebwerk, wie es heute in Europa bei den Neuentwicklungen typisch ist – ein wassergekühlter Reihen-Vierzylinder mit fünffachgelagerter Kurbelwelle und hängenden Ventilen, die über eine obenliegende Nockenwelle betätigt werden. Der Opel-Ventilantrieb hat aber noch einen besonderen Pfiff: hier ist die Nockenwelle nämlich nicht über, sondern neben den Ventilen angeordnet, und zwischen dem Nocken und dem jeweils zugehörigen Kipphebel ist noch ein kurzer Stößel eingefügt. Zwar werden die bewegten Massen um das Gewicht dieses Stößels vermehrt, aber der Motor bleibt mit seiner Bauhöhe innerhalb der Maße für ein Stoßstangen-Triebwerk. Das ist heute, im Zeitalter der flachen Motorhauben und niedrigen Gürtellinien, ein recht wesentlicher Vorteil.

Wortspiele und technische Fakten: Anzeigentext für den neuen Rekord B.

Luft-Fahrt: Der bekannte Karosseriebauer Deutsch in Köln baute den Rekord C – wie auch seine Vorgänger – zu einem formschönen Cabrio (siehe Bild) um, das mit allen lieferbaren Motoren kombinierbar war. Parallel fertigte Karmann in Osnabrück Einzelstücke einer nicht minder attraktiven Version eines offenen Commodore.

Das Fahrwerk des Rekord C – hier das Coupé (rechts) – wurde komplett neu entwickelt, wies allerdings an der Vorderachse Elemente des Vorgängers auf. Vor allem die Hinterachse mit insgesamt fünf Lenkern war eine Neukonstruktion, die mit der Hinterradaufhängung des Rekord B nichts mehr gemein hatte. Erstmals wurden Schraubenfedern hinten eingesetzt, außerdem war ein Zweikreis-Bremssystem mit Scheibenbremsen vorn und Bremskraftverstärker nun bei allen Modellen Serie.

Eine weitere Eigenart der Motorkonstruktion ist die Zusammenfassung aller Nebentriebe in einem Gehäuse am Motor-Vorderende. Hier liegt nicht nur das Antriebsritzel für die Doppel-Rollenkette, die zur Nockenwelle hinaufführt, sondern auch der Antrieb für die Öl-und Kraftstoffpumpen und den Zündverteiler. Das gleiche Gehäuse nimmt auch die Kühlwasserpumpe auf, die allerdings von außen von einem Keilriemen betrieben wird."

Erstmals setzte Opel bei seiner neuen Vier- und Sechszylinder-Motorengeneration allerdings auch neue Vergaser ein: Seit Kriegsende hatte man in Rüsselsheim die Motor-Gasfabriken selbst – als GM-Carter-Lizenzbau – gefertigt. Nun übernahmen neue Solex-Fallstrom- und Registervergaser diese Arbeit. Die *„Motor-Reise-Revue"* meinte hierzu: „Ein Novum

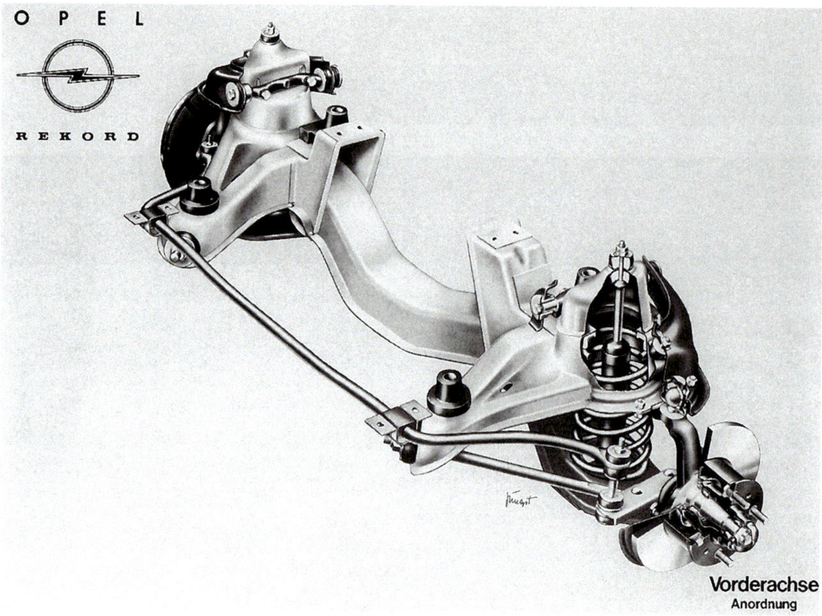

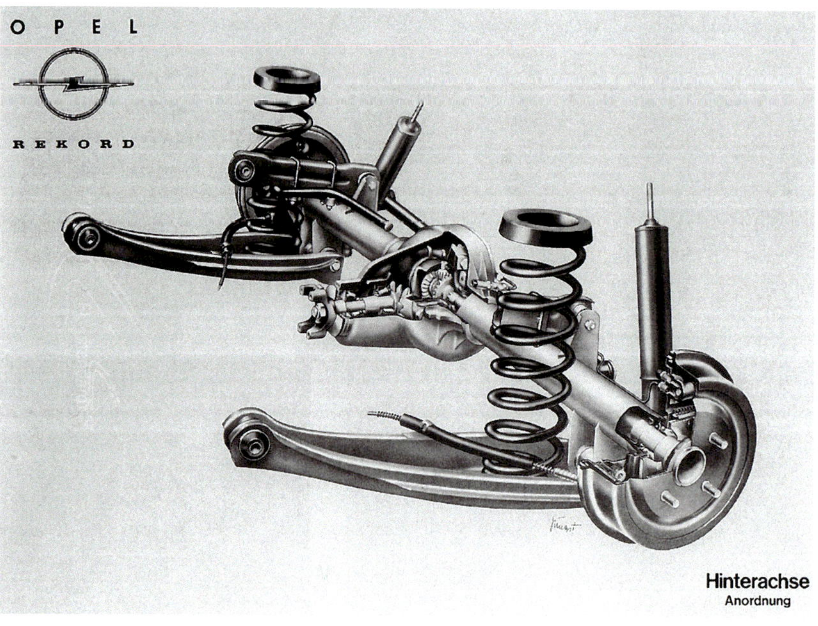

für Opel ist nach einer langen Zeit, während der man selbst Vergaser gebaut hatte, die Verwendung eines Solex-Fallstromvergasers mit kühlwasserbeheizter Startautomatik. Auch hier hat man also mit Ford gleichgezogen (dort hatte man bereits ein Jahr zuvor eine neue V-Motorengeneration vorgestellt und setzte auch schon seit längerer Zeit Fremd-Vergaser mit Startautomatik ein, d. Autor), wo diese Automatik als erste an den Wagen der 17-M-Serie eingeführt wurde.

Im Gegensatz zu der Automatik mit elektrischer Vorwärmung arbeitet jene mit Kühlwasser-Beheizung kraftstoffökonomischer, weil sie die Gemischanreicherung den tatsächlichen Temperaturverhältnissen im Motor besser anpasst." Aber wie fährt sich nun der überarbeitete Rekord mit dem neuen Motor? Selbstverständlich fehlten auch die ersten Fahreindrücke über den Rekord mit dem neuen 1,7-Liter-S-Motor nicht, der gegenüber dem früheren 1,7-Liter-Spezialmotor des Rekord A neben den angesprochenen konstruktiven Änderungen bei größerer Bohrung (88 statt 85 Millimeter) und geringerem Hub (69,8 statt 74 Millimeter) vor allem 8 PS mehr Leistung und geringfügig höheres Drehmoment (130 Nm bei 2500 – 2900/min statt 129 Nm bei 2200 – 2900/min) bot. Obwohl dieser Vergleich den Eindruck erweckt, als hätte die Neukonstruktion keinen großen Vorteil gegenüber dem Vorgänger zu bieten, wirkte der neue Rekord 1700 S auf der Straße deutlich lebendiger. Auch sonst mangelte es dem neuen Triebwerk offenbar nicht an guten Sitten: „Der Motor springt auch bei herbstlich kaltem Wetter in ausgekühltem Zustand stets sofort an und zieht ohne zu mucken schon von geringen Drehzahlen aus kräftig durch. Er ist leise – bis zu einer gewissen Grenze ... Über die ganze Drehzahlskala benimmt er sich gesittet, Vibrationen treten nicht auf, und welches Reisetempo man auch einhält, stets nimmt er willig Gas an, wenn das Pedal niedergetreten wird. Das ‚Neußer Loch', eine häufige Erscheinung bei Solex-Vergasern an neuentwickelten Motoren, fehlt hier ganz: Man hat es also gleich fein ausgebügelt."

Eine weitere Neuerung am „Rekord 1966" war die Hinterachse mit breiterer Spur – 1352 statt bisher 1276 Millimeter. Stets war beim – formal sehr gelungenen – Rekord A, auf dem natürlich der nun präsentierte Rekord B basierte, gespöttelt worden, man habe eine ansprechende Karosserie auf das alte Fahrwerk des Rekord P2 gestellt, um hier Kosten zu sparen. Tatsächlich war man sich auch in der Technischen Leitung der Adam Opel AG bei der Vorstellung des Rekord A im März 1963 darüber bewusst gewesen, dass neben dem Motor das Fahrwerk modernisiert werden müsste. Die Änderungen am Rekord B hielten sich dabei noch in Grenzen – die grundlegende Modernisierung des Chassis erfolgte erst im August 1966 beim Rekord C, der eine moderne Fünflenker-Hinterachse mit Schraubenfedern erhielt. Zur neuen Hinterachse im Rekord B hieß es im Bericht der *„Motor-Reise-Revue"*: „Dass eine solche verbreiterte Basis (gemeint ist die Hinterachse, d. Autor) zu einem Gewinn an Fahrstabilität führen muss, versteht sich von selbst. Bei der Konstruktion der starren Hinterachse ließ man es bei der Verbreiterung bewenden und ging nicht auch hier zu einem Schubrohr über, wie man es am Kadett findet und das ohne Zweifel zu einer noch besseren Führung der Achse beiträgt, als man sie von zwei Längsblattfedern allein erwarten könnte. Die Führung und Federung der Vorderachse durch je ein Querlenker-Paar, deren jeweils unterer nach vorn durch eine kräftige Strebe abgestützt ist, Schraubenfedern, Teleskop-Stoßdämpfer und einen Querstabilisator blieb unverändert. Das Fahrwerk ist ohne Zweifel veraltet und dürfte das nächste Objekt der logischen Fortentwicklung sein.

Um zu Fahreigenschaften zu kommen, die in ihrer Leistung erheblich gesteigerten Motoren gerecht werden, wurden zwei Dinge getan, die eigentlich den Charakter von Notlösungen haben: Man verbreiterte die Spur und griff zu härteren Federn." Entsprechend fällt die Kritik der *„Motor-Reise-Revue"* aus: „Das Ergebnis ist – wie eigentlich zu erwarten – nicht restlos befriedigend. Zwar sind die Fahreigenschaften auf guten Straßen recht erfreulich, besonders die Kurvenlage und Kurvensicherheit kann als ausgezeichnet gelten, sobald die Bahn aber nicht mehr bretteben ist, zeigen sich gewisse Schwächen: Das Auto ist ausgesprochen hart gefedert, und unter gewissen Umständen zeigt es die bekannten Starrachs-Unarten. Zwar wurde in den letzten Jahren viel Entwicklungsarbeit an der Stahlfeder geleistet – ob als Wickelfeder oder Blattfeder –, die Zukunft dürfte aber der Hydropneumatik gehören (eine interessante These, die sich nicht durchsetzen konnte, d. Autor), die bei kaum größerem baulichen Aufwand als Verbund-System eine Stabilisierung gestattet, die sich mit Stahlfedern ohne aufwändige Zusatzanlagen nicht verwirklichen lässt."

Alles in allem zieht Olaf von Fersen in seinem Testbericht ein versöhnliches Urteil: „Der Opel Rekord ist ein ausgefeiltes Auto einer überholten Grundkonzeption. Er ist deswegen nicht weniger gut – vielleicht sogar besser, als ein weniger durchgearbeitetes Auto fortschrittlicher Bauart. Hier liegt die Grenze und die Entscheidung über das Urteil. Er bietet eine Menge für das Geld, das er kostet, ob er das Richtige bietet, muss der Käufer selbst entscheiden, denn ein Urteil über ein Auto ist noch immer so subjektiv, wie das über einen Mitmenschen."

Angesichts dieses Fazits ist ein Vergleich mit dem Test über den neuen Rekord C in der *„Motor-Reise-Revue"* vom September 1966 – also ein Jahr später – interessant, geschrieben übrigens vom selben Autor, Olaf von Fersen. Und schon im zweiten Absatz kommt er zum Kern: „Der Rekord 1967 ist gegenüber seinem Vorgänger teurer geworden, doch die Preissteigerung wird durch die technischen Verbesserungen mehr als aufgewogen. Unser Testwagen war der Spitzentyp der Rekord-Baureihe: die

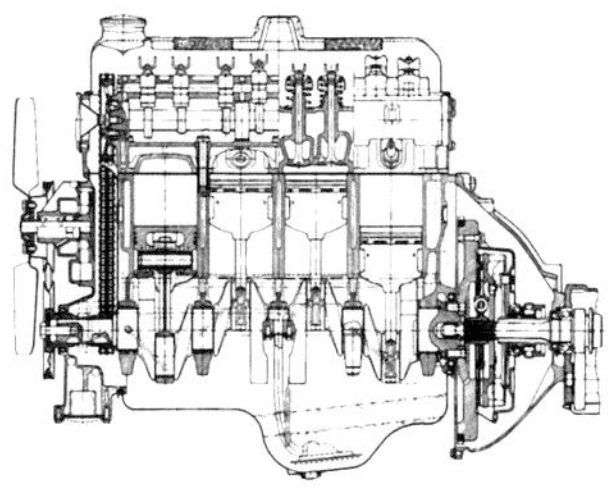

Für den Rekord C sowie den Commodore A wurden die erst kurze Zeit zuvor präsentierten Vier-und Sechszylinder-Motoren mit hochliegender Nockenwelle optimiert. Im Bild oben der Vierzylinder, den es mit Hubräumen zwischen 1,5 und 1,9 Liter gab (später für andere Modelle sogar bis 2,4 Liter).

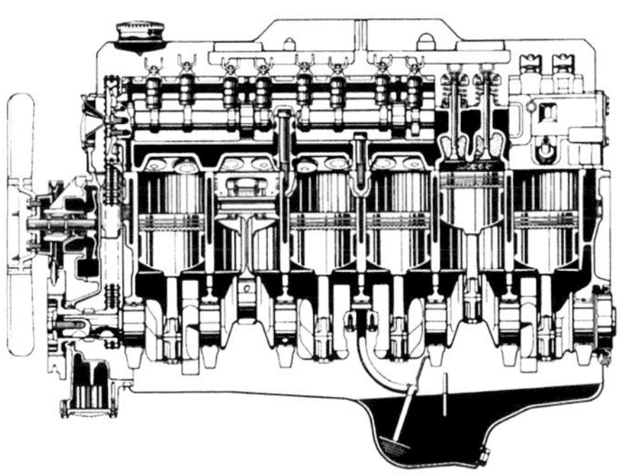

Der neue Reihen-Sechszylinder baute besonders schmal und war – im Rekord C und Commodore A – mit Hubräumen zwischen 2,2 Liter und 2,5 Liter (später in anderen Modellen bis 3,0 Liter mit 24-Ventil-Technologie) lieferbar. Im Commodore A leistete er maximal 150, im Commodore B maximal 160 PS.

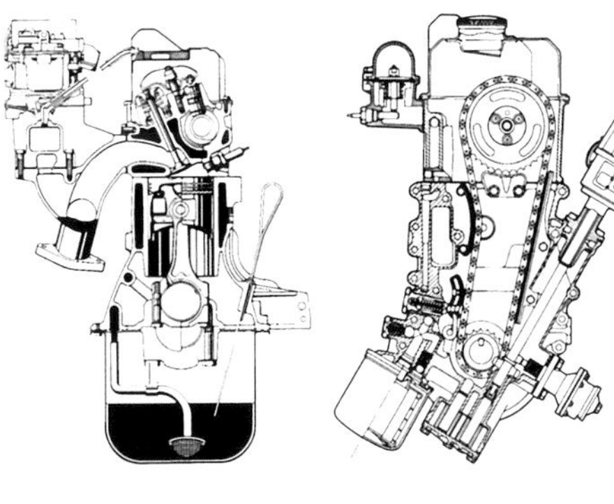

Stil und Kraft: Den Commodore GS/E stellte Opel im Frühjahr 1970 europäischen Fachjournalisten vor. Erstmals bot Opel in seinem kompakten Sechszylinder eine elektronische Benzineinspritzung und 150 PS Leistung.

L-Ausführung als zweitürige Limousine mit dem 1,9-Liter-90-PS-Motor und Viergang-Getriebe mit Mittelschaltung. Dieses Auto kostet ab Werk 8688 Mark." Und da vor allem das Fahrwerk in von Fersens Test des bisherigen Rekord-Modells im Vordergrund gestanden hatte, musste genau dieser Punkt in diesem Test besondere Aufmerksamkeit erfahren. So sollte es dann auch sein. In der *„Motor-Reise-Revue"* vom September 1966 ging von Fersen explizit auf diesen Punkt ein und erwähnte zunächst die deutlich verbreiterte Spur von 1400/1400 statt 1325/1352 Millimeter beim Rekord B. Besonders erwähnte der Autor aber die Führung der Hinterachse, ein Sektor, auf dem der neue Rekord gegenüber seinem Vorgänger tatsächlich den größten Fortschritt vorzuweisen hatte:

„ ... seine nach wie vor starre Hinterachse wird nicht mehr primitiv an Längsblattfedern, sondern an Schubstreben geführt und durch Schraubenfedern abgestützt."

In dieser Aufzählung durfte freilich die verbesserte Bremsanlage mit Scheiben vorn, Trommeln hinten, Zweikreis-System und serienmäßigem Bremskraftverstärker nicht fehlen. Doch wie fuhr sich nun das neue Modell mit seinen Fahrwerks-Modifikationen? Dazu der Test: „Dem Vorgängermodell wurde oft vorgeworfen, es sei zu hart gefedert: Nach der Ära der knieweichen Klein-Amerikaner sei man in Rüsselsheim ins andere Extrem verfallen, und auch das sei des Guten zu viel geworden. Dem neuen Rekord kann man hinsichtlich seiner Federung keinen Vorwurf machen. Sie wird von den meisten ehemaligen Kritikern als genau richtig empfunden. Interessant, dass mit der weicheren Federung der seitliche Rollwiderstand nicht nachgelassen hat. Im Gegenteil, gefühlsmäßig ist die Seitenneigung der Karosserie bei rascher Kurvenfahrt sogar geringer geworden. Bei normalen Fahrgeschwindigkeiten kann man das Fahrverhalten des neuen Opel Rekord nur loben." Nur die Richtungsstabilität, so der Tester, könnte bei hoher Geschwindigkeit besser sein. Als weiterer Kritikpunkt wird der mit rund 12 Meter recht große Wendekreis genannt, wobei die leichtgängige Kugelumlauflenkung wieder Pluspunkte für den Rekord errang.

Lob auch für das Design des neuen Rekord: „Dass er wirklich chic ist, wird niemand bestreiten, und die von uns gefahrene zweitürige Limousine wirkt mit ihren harmonischen Proportionen äußerlich wie ein Sport-Coupé. Dem neuen General-Motors-Stil entsprechend erhielt die Karosserie eine betonte Hüftlinie über den Hinterrädern." Ebenso positiv fiel das Urteil über die Innenraumgestaltung aus. Vor allem die neue Armaturentafel mit kreisrunden Instrumenten statt des bisher bekannten

Freude durch Kraft: Die invitierten Fachjournalisten zeigten sich begeistert vom neuen Commodore GS/E, bot dieses Modell doch eine Spitze von fast 200 km/h. Damit machte der GS/E sogar dem deutlich schwereren Diplomat V8 Konkurrenz.

Dampfhammer: Ein Commodore A GS/E in voller Fahrt (rechts unten). Trotz des relativ einfachen Fahrwerks brachte dieses Modell seine Leistung sicher auf die Straße. Deutlich gemütlicher ging es hingegen ab 1972 im neuen Commodore B mit dem 2,5-Liter-Basismotor und 115 PS zu (links).

so genannten „Leitfarben-Tachometers" fand Anerkennung. Ebenso übrigens die neue Heizungs-und Belüftungsanlage mit vielfach verstellbaren Frischluft-Ausströmern an beiden Seiten der Instrumententafel und die neue Zwangsentlüftung im Fond, die für stets frischen Luftaustausch sorgen sollte.

Nicht weniger positiv fiel auch die Bewertung des 1,9-Liter-S-Motors aus, mit dem der Testwagen ausgestattet war. Auch hier kam der Autor wieder auf den – schon im Rekord-B-Test erwähnten – Solex-Vergaser mit kühlwasserbeheizter Startautomatik zu sprechen, die er erneut ausführlich lobte. So heißt es im Test: „Der 1,9-Liter-Rekord ist ein temperamentvolles Auto. Von 0 auf 100 km/h braucht er nur 15,6 Sekunden, und als mittlere Geschwindigkeit maßen wir 156,5 km/h. Unser Testwagen hatte zu dieser Zeit erst eine Gesamtstrecke von knapp über 3600 Kilometer zurückgelegt, das Triebwerk war also noch nicht ganz eingelaufen. Nach weiteren 5000 Kilometern wird der Wagen ohne Zweifel die Katalogspitze von 160 km/h erreichen. Unser Durchschnittsverbrauch von 11,7 Liter/100 Kilometer erscheint für ein Auto dieser Leistungsklasse recht günstig."

Alles in allem also ein äußerst positives Urteil über den neuen Rekord, das vor allem im Fazit deutlich wird: „Wir gewannen vom neuen Opel Rekord einen sehr günstigen Gesamteindruck. Er ist ein repräsentatives und ausgesprochen hübsches Auto. Gegenüber den Vorgänger-Modellen schien uns die Qualität der Detailausführung wesentlich verbessert. Rein von der Technik her gesehen, kann der neue Rekord heute mit allen Konkurrenten mithalten, auch was Fahrleistungen und Fahreigenschaften betrifft. Er fährt sich leicht und präzise, seine Bremsen sind ausgezeichnet. Wer ihn kauft, erhält für sein Geld einen reellen Gegenwert."

Auch im Vergleich zur Konkurrenz machte Opels Rekord eine glänzende Figur. So zum Beispiel in einem Vergleichstest mit dem Ford 17 M, der im Frühjahr 1971 in der Kölner *„Auto Zeitung"* erschien: Mit 807 Gesamtpunkten lag der Rekord bei Testende mit 21 Punkten vor seinem Kölner Konkurrenten deutlich in Führung. Dabei hatte der Opel seine Trümpfe vor allem auf den Gebieten Handlichkeit, Fahrverhalten, Fahrsicherheit, Fahrkomfort und Preiswürdigkeit ausgespielt. Mit geringfügig besseren Fahrleistungen hatte der Ford mit seinem unkonventionellen 1,7-Liter-V4-Motor – getes-

Schnelle Optik, aber geringere Fahrleistungen kennzeichneten den neuen Commodore B. Gegenüber den gleichstarken Vorgängermodellen hatten die neuen Varianten etwas an Gewicht zugelegt und erreichten deshalb nur noch mit Mühe die bisherigen Werte. Erst der GS/E mit 160 PS sorgte ab September 1972 wieder für den gewohnten „Dampf".

Spezielle Zusatz-Weitstrahler kennzeichneten die neuen GS-Modelle. Zur GS-Ausstattung gehörten außerdem spezielle Stahl-Sportfelgen. Beim Start des Modells gab es nur zwei Varianten: Commodore mit 115 PS und Commodore GS mit 130 PS.

Sechszylinder - 2,5 Liter - 115 PS und ein auf Hochleistungen ausgelegtes Fahrwerk

Opel Commodore:
Der kompakte Kapitän!

Ist ein Commodore mehr als ein Kapitän oder gar ein Admiral? Angeregt vom neuen Typen-Programm der Rüsselsheimer Marine-Strategen wird sich mancher diese Frage stellen. Nun: Kapitän und Admiral sind Dienstgrade, während Commodore die Dienststellung eines Befehlshabers über einen Verband von Kriegsschiffen (oder Flugzeugen) ausdrückt, der im Kapitänsrang steht. Bei der Handelsmarine ist der Commodore der dienstälteste Kapitän einer Reederei.

In der 'Opel-Reederei' wäre der Commodore eigentlich der Chef des Rekord-Geschwaders, doch wir können uns des Eindrucks nicht erwehren, daß er über kurz oder lang den in Ehren ergrauten Kapitän ablösen soll. Nicht nur wegen des Symbolgehalts der Namen, sondern weil der Kapitän seit geraumer Zeit keine Fortune gegen die mächtige Konkurrenz aus Untertürkheim mehr hat und im Vergleich zu den sonstigen Opel-Stückzahlen fast als Einzelanfertigung produziert wird.

Selbstverständlich hatte man bei der Commodorekonzeption weit weniger den Kapitän im Auge als viel mehr den glückhaften Ford

20 M, dem nun bald noch ein 23 M folgen wird. In diesem Sinne haben die Rüsselsheimer einen Volltreffer gelandet, der die Ford-Leute zwingen wird, die großen Kölner Fordwagen technisch zu überarbeiten, in erster Linie die für europäische Begriffe schon recht antike Hinterachse. Das wäre ein gutes Werk! Doch wer hätte es vor Jahren schon gedacht, daß Opel Ford einmal Nachhilfeunterricht für Hinterachsen geben könnte?

Wir denken dabei an den ersten Versuch, in den Rekord einen Sechszylinder einzubauen. Hier machte das Fahrwerk nicht mehr mit und der mit dem Schuhlöffel in den Rekord-Motorraum hineingequetschte Sechszylinder brachte gewiß nicht das, was man gemeinhin als Fortschritt bezeichnet.

115 PS für den Alltagsgebrauch

Einen grundlegenden Wandel in die Rekord-Konstruktionen brachte die neue Hinterachse. Mit ihr hat Opel wieder den Anschluß an den augenblicklichen Stand des automobilen Fortschritts in Europa gefunden. Der Rekord ist nicht mehr das, was man in Österreich einmal einen 'Bauern-Buick' nannte, sondern ein Auto mit nachgerade sportlichen Qualitäten. Wir könnten uns vorstellen, wie schwer es sein mag, amerikanischen Vorgesetzten die 08/15-Starrachse mit Längsblattfedern auszureden.

Der einfachste und ... Motor herauszuholen ... stungen aus einem Motor herauszuholen, ohne die Lebensdauer zu beeinträchtigen, ist immer noch die Hubraumerweiterung. Ob der Commodore als arrivierter Rekord nun unbedingt 115 PS braucht, das ist eine andere Frage, doch warum sollten diese Vorzüge hoher Leistungen und imponierender Drehmomentswerte nur amerikanischen Autos vorbehalten bleiben? Nach der Modernisierung der Opel-Motoren ist auch hier beim 2,5-Liter-Sechszylinder nichts mehr von der einstmaligen Drossel-Konzeption zu spüren: die Drehzahlen liegen hoch, nämlich bei 5 200 U/min für die Nennleistung und 3 600 bis 4 000 U/min beim maximalen Drehmoment von 17,7 mkg. Der Motor läuft ruhig bei normalen Drehzahlen, erst bei Geschwindigkeiten über 130 km/h meldet er sich im kräftigen Brummton. Von einem Solex-Registervergaser gespeist, zieht der Sechszylinder kraftvoll und 'lochfrei' durch und beschleunigt in knapp 13 Sekunden von 0 bis 100 km/h. Die Verdichtung von 9,5:1 verlangt Superbenzin.

Zur Kraftübertragung ist das Vierganggetriebe des Rekord herangezogen mit unveränderten Untersetzungsverhältnissen. Die serienmäßige Achsuntersetzung heißt 3,56:1, wer um etwa 1 bis 2 Sekunden schneller beschleunigen möchte und dafür etwas höhere Drehzahlen bei gleichen Geschwindigkeiten in Kauf nimmt,

...schen Rekord ... und 90 kg. Im Gegen- ... Rekord mit Sechszylinder spürt ... eine Kopflastigkeit oder sonstige Nach-

Bequemlichkeit .. Komfort .. Luxus: das strahlt die viertürige Commodore-Limousine aus. Ein solides Auto auch für den, der nicht viel von Sport hält, für den der starke Motor eben vor allem Sicherheit bedeutet.

... Commodore

Daten

...ang 1,37:1, 4. Gang 1:1. ...untersetzung 3,56:1 (auf ...ch 3,89:1).
...erk: Einzelradaufhän...rn an Querlenkern. Hin...rrachse mit Doppel...kern und Querlenker. ...nfedern, Teleskop...fer und Drehstabili...rn und hinten. Ku...nkung. Scheiben...n, Trommelbrem... Reifen 1 ... 14.
...ewichte: Rad... Spur ... ge 457,4 cm, ...cm, Höhe 144 ...ht: 1130 kg

Pluspunkte
- \+ Gute Beschleunigung
- \+ Gute Fahreigenschaften
- \+ Gediegene Ausstattung
- \+ Wohlfeiler Preis

Minuspunkte
- — Höhere Steuer und Versicherung
- — Aufpreis für Alternator kleiner Benzintank

Beschleunigung

0- 80 km/h	7,5 sec	Achse
0-100 km/h	11,5 sec	3,89:1
0- 80 km/h	8,5 sec	Achse
0-100 km/h	13,0 sec	3,56:1

Preise

2-türige Limousine	[illegible] DM
4-türige Limousine	10 200,- DM
Hardtop-Coupé	10 350,- DM

Extras

Automatisches Getriebe	950,- DM
Kunststoff-Dachbezug	185,- DM
Heizbare Heckscheibe	85,- DM
Stahlschiebedach	395,- DM
Drehzahlmesser	90,- DM
Weißwandreifen	117,- DM

...teile, weil das Fahrwerk nicht nur den weit höheren Fahrleistungen, sondern auch der Gewichtsverschiebung gewachsen ist. Was man beim Commodore noch verbesserte, ist keineswegs sensationell und dennoch spürbar: Die Spurweite ist um 10 mm vergrößert, die Hinterachse besitzt einen zusätzlichen Drehstabilisator und die Bereifung ist auf Niederquer-

Seine Freude hat man an den klaren sportlichen Armaturen, dem Sportlenkrad, dem griffigen Schaltknüppel, den Frischluftdüsen, den fehlenden Knöpfen und den fußgerechten Pedalen im neuen Commodore!

...chen zweitüriger Limousine und Coupé gibt es erhebliche Unterschiede, die die Qual der Wahl leicht machen. Das ...é sieht nicht nur schnell aus, sondern ist es auch: Spitze 175 km/h. Und das alles für den Preis von 10 350,- DM!

...ßen Blechkästen vorbei ist, aber auch Ford ... dem sechszylindrigen 20 M als 17 M-...rsion. Mit einer geschickten Raumaufteilung ...n man fast gleiche Verhältnisse wie in den ...ßen Schiffen schaffen, und bei der Verkehrs...mnot ist es in jedem Falle praktischer, wenn ...n ein handliches Auto fährt. BMW führt ...inen Erfolg nicht nur auf die Sportlichkeit, ...ndern auch auf die Handlichkeit des BMW ...00 zurück. So gesehen, ist der Commodore ...ch einem Erfolgsrezept entstanden, wobei ...cht vergessen sein sollte, daß er nicht nur ...n Preis, sondern auch in den Abmessungen ...ie Konkurrenz des großen europäischen Er...olgswagens Mercedes 250 S umgeht, an der ...apitän und Admiral scheitern.

Ein Schlager für sich ist das Commodore Hardtop Coupé: Ganze 150,- DM teurer als die viertürige Limousine, nämlich 10 350,- DM, ist dieses Coupé ein ausgesprochener Preisschlager. Es unterscheidet sich schon auf große Entfernung deutlich von der zweitürigen Limousine, und Opel bietet für den zusätzlichen Komfort eine kleine Liste guter Extras an, die vom automatischen Getriebe bis zum Drehzahlmesser reichen.

Sportliche Erfolge auf internationaler Ebene haben bei Opel auch konstruktiv gezündet. Man baut nicht nur Gebrauchswagen für den Alltag, sondern geht den vor noch nicht allzu langer Zeit eingeschlagenen Weg weiter. Bei dem harten Wettbewerb unserer Tage haben 08/15-Autos kaum noch Chancen. Der Rekord von 1966 und der Commodore zeigen, daß Opel dies verstanden und Konsequenzen daraus gezogen hat.

Heinz Kranz

/ir fuhren
pel Commodore GS/E

Die volltransistorisierte Feuerspritze

Die sportliche Innenausstattung mit vorbildlichen Armaturen wurde vom GS übernommen (links). Das Kraftwerk mit Benzineinspritzung: 150 Pferde verhelfen dem GS/E zu gewaltigen Fahrleistungen (Mitte). Die 'ungeteilte Hinterachse' hat einen Drehstab-Stabilisator und wird von zwei Doppellängslenkern und einem Querlenker geführt (rechts).

Beim ersten Versuch im Februar konnten wir wegen Schnee und Eis eher ahnen, als endgültig erfahren, wieviel Explosivkraft die Rüs…

Leistungen von Nutzen sein dürfte. Der Schaltknüppel sitzt auf dem Getriebetunnel. Die Einzelsitze vorn sind wohlgeformt mit gutem Seitenhalt und als Liegesitze ausgebildet. Das im Handel angebotene Ablagefach zwischen den Sitzen ist serienmäßig. Die ausgezeichnete Be- und Entlüftung der Rekord-Modelle gehört natürlich auch zum Commodore. Die gesamte Einrichtung wirkt weder protzig noch gekünstelt, sondern sie macht einen sehr gediegenen Eindruck wie bei Autos weit höherer Preisklasse.

Haben Kompaktautos Chancen?

Gegen den Commodore kann zum Beispiel der Kapitän lediglich seine größeren Abmessungen einsetzen, in seiner Ausstattung jedoch wirkt er dürftig. Die Italiener, Franzosen und sogar die Engländer demonstrieren, daß die Zeit der

zusätzlicher Torsionsstabilisator hinten gerecht werden; im Prinzip sind die Fahrgestelle von Rekord und Commodore ansonsten gleich. Eine Verbesserung der den größeren Fahrleistungen angepaßten Straßenlage kann man mit so probaten Mitteln wie Gürtelreifen und Spezialstoßdämpfern erzielen. Der Commodore GS/E hat diese Möglichkeiten bis zur Neige genutzt mit Michelin XAS-Reifen 165 HR 14 auf 5-Zoll-Felgen, Bilstein-Gasdruckstoßdämpfern und stärkeren Stabilisatoren vorn und hinten. Diese Fahrwerksauslegung ist bei handelsüblichen Geschwindigkeiten eine Bombensache, doch jenseits 160 km/h möchte man sich wünschen, daß statt der Frau Meier oder Frau Stürnimaa lieber die Hannelore Werner hinter dem Lenkrad sitzen sollte, um das Geschoß mit Gefühl und Geschick zu bändigen. Nicht Sein oder Nichtsein, sondern 'to be heavy on wire' — schwer auf Draht sein — heißt hier die Parole! Man muß den Geradeauslauf ständig korrigieren und auf Seitenwind gefaßt sein, wenn man die letzten Pferde aus dem Stall holt. Auf gut deutsch heißt das, daß der Commodore GS/E bei hohen Geschwindigkeiten nicht gefährlich ist, aber große Aufmerksamkeit verlangt.

Was Opel hier für das Geld bietet, das ist schon eine Menge: Ein hübsches, sehr gut ausgestattetes Auto mit vorbildlichen Armaturen, sportlichem Lenkrad, Mittelschalthebel und einem drehkräftigen Sechszylinder mit Benzineinspritzung. Wie die Bosch-Benzineinspritzung funktioniert, haben wir seinerzeit bei der des Volkswagens dargestellt. In einer Ringleitung, an die die Einspritzventile angeschlossen sind, herrscht ein Druck von 2 atü, und jeweils auf den Befehl des Computers öffnen sich die Ventile und spritzen Kraftstoff in das Saugrohr in Richtung auf das Einlaßventil. Je schneller der Motor dreht, um so kürzer werden die Öffnungszeiten; sie betragen rund zweitausendstel Sekunde im Leerlauf und achttausendstel Sekunde bei Vollast. Der Computer, der hinter dem Handschuhfach sitzt, sammelt seine Informationen über den jeweiligen Betriebszustand und bestimmt danach die Ventilöffnungszeiten. Die Benzineinspritzung hat man natürlich nicht nur wegen der Leistungserhöhung gewählt, sondern, wie bei anderen Firmen auch, um die Motorabgase niedrig zu halten. Denn die genaue Dosierung vermeidet Überschußmengen, die unverbrannt als schädliche Gase ins Freie treten.

Der 2,5-Liter-Sechszylinder ist im Grundaufbau bei den drei Commodore-Modellen gleich. Die Unterschiede liegen in der Gemischaufbereitung, wie es die Tabelle zeigt:

Commodore	PS	Md	Vergaser	Spitze	0-100
Normal	120	17,7	1 Zenith	177	12 sec
GS	130	19,0	2 Zenith	182	10 sec
GS/E	150	20,0	Einspritz.	197	9,3 sec

Die Verdichtung ist mit 9,5:1 bei allen Motoren gleich. Von der Einspritzung abgesehen, unterscheidet sich der GS/E nur durch leicht veränderte Steuerzeiten der obenliegenden Nokkenwelle und durch ein um 0,2 Liter vergrößertes Kühlsystem zum S, um 0,4 Liter zum GS. Alle Motoren besitzen Rotocaps an den Auslaßventilen und hydraulische Ventilstößel, die laufende Ventileinstellungen überflüssig machen. Alles in allem prächtige Motoren, und man muß schon suchen, um in dieser Preisklasse vergleichbare zu finden.

Nach einer Fahrt mit dieser Rakete denkt man als alter Hase zwangsläufig an die letzten zwei Jahrzehnte der Opel-Rekord-Entwicklung zurück, an die gedrosselten Motoren, die dem Rekord den Namen 'Der Zuverlässige' eingetragen haben. Der Motor war immer da und hielt allen Anforderungen stand, nur war vor 15 Jahren eine Fahrt über die winterlichen Alpen — zwangsläufig noch ohne Eisreifen — ein Abenteuer, während heute die Opel bei harten Winter-Rallies in Skandinavien und sogar bei der Monte Carlo die Nasen weit vorn haben.

Opels GS/E präsentiert sich in Kriegsbemalung. Als erster europäischer Wagen hat er serienmäßig einen Spoiler an der Unterseite des Wagenbugs montiert, der bei höheren Geschwindigkeiten den Auftriebskräften entgegenwirkt.

Von den Rekord-Typen unterscheidet sich der Commodore durch die senkrecht stehenden Gitterstäbe am Grill, die Luxusausstattung hat Sportlenkrad und Commodoreschild.

Früher gab es nur Blattfedern: Die neue Hinterachse ist das echte Opel-Wunder!

Neu beim Commodore ist der (dick schwarz ausgezeichnete) Drehstabilisator. Der Rekord besitzt die beiden Längslenker-Paare, Querfeder, Teleskopstoßdämpfer und in Gummi aufgehängte Schraubenfedern.

Überzeugend: In zeitgenössischen Testberichten – hier Beispiel aus dem legendären Technik-Magazin „hobby“ – fanden die Autoren vorwiegend positive Worte für die neuen Sechszylinder-Modelle von Opel. Speziell der 1970 präsentierte GS/E mit elektronischer Benzineinspritzung begeisterte mit einer Spitze von fast 200 km/h – eine echte „Ansage“ zu jener Zeit!

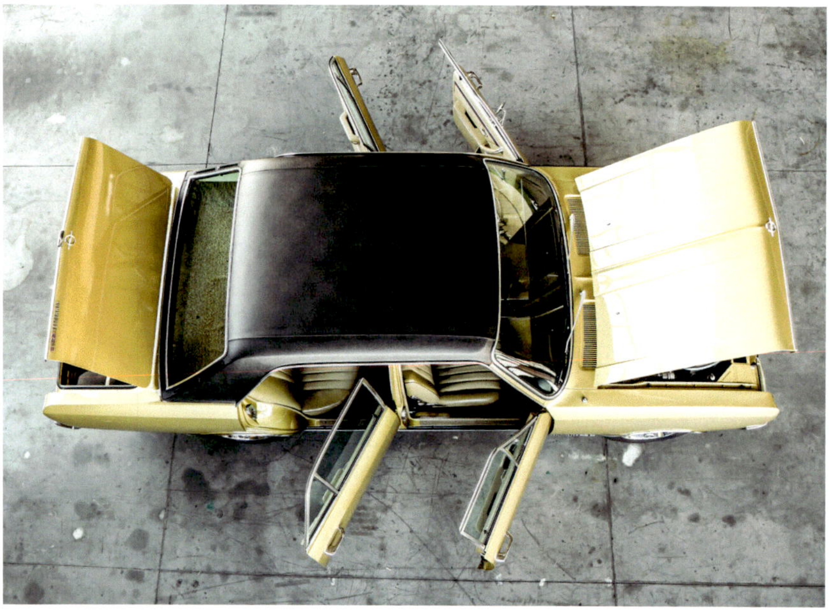

Top-Modell: Die Commodore GS/E-Limousine markierte neben dem Coupé die Spitze des sportlichen Opel-Modellangebots. Nach dem Admiral 2.8 E von 1969 gehörte der Commodore GS/E zu den ersten Fahrzeugen auf dem deutschen Markt mit elektronischer D-Jetronic-Einspritzung. Neben den GS/E-Schriftzügen an Grill und Kofferraumklappe, waren auch die Stahl-Sportfelgen charakteristisch für die Commodore-Top-Modelle. Die Leistungsdaten überzeugten: 2,5-Liter-Sechszylinder mit Bosch-Einspritzung, 110 kW/150 PS bei 5800 min^{-1}, maximales Drehmoment 196 Nm/4500 min^{-1}. Damit erreichte das Coupé eine Spitze von 197 km/h, exakt 7 Kilometer pro Stunde mehr als der GS 2800, dessen 145-PS-Vergasermotor aus dem Admiral stammte.

GS/E
GG-CE 760
Wir leben Autos.
OPEL

Gewohnter Anblick: Wie auch bisher schon schwarz lackiert, präsentierten sich die bekannten Vierzylinder-Benzinmotoren mit 1,7 bis 2,0 Liter Hubraum im neuen Rekord II ab Januar 1972. Durch eine Erhöhung der Verdichtung hatte man die Leistung auf 83 PS beim 1700 S und 97 PS beim 1900 S gesteigert.

tet wurden die 75-PS-Varianten beider Modelle – einen leichten Vorsprung „herausgefahren".

Auch *„auto motor und sport"* zeigte sich vom neuen Rekord C im Spätsommer 1966 recht überzeugt. Und wieder ist es Autor Seiffert, der in seinem Bericht folgendes zusammenfasst: Die Rekord-B-Modelle seit Herbst 1965 seien die härtesten Opel-Mittelklasse-Fahrzeuge aller Zeiten gewesen. Mit dem neuen Rekord C habe man eine weichere Abstimmung gewählt, ohne dabei die Fahrsicherheit zu schmälern. Er verhalte sich neutral und lasse sich auch im Kurven-Grenzbereich leicht beherrschen.

Nur ein knappes halbes Jahr später folgte in Rüsselsheim der nächste Paukenschlag: Mit dem neuen Commodore stellte Opel das bisherige Rekord-6-Konzept (bei Rekord A und B mit 2,6-Liter-OHV-100-PS-Motor, bei Rekord C mit einem neuen 2,2-Liter-CIH-Motor mit 95 PS) auf eine neue Basis. Das Ergebnis war eine neue Modellreihe, die zwar – deutlich erkennbar – auf dem Rekord C basierte, aber durch geschickte optische Retuschen tatsächlich wie ein repräsentativeres Modell wirkte.

Das Presseecho auf den im Februar 1967 auf dem Testgelände in Dudenhofen vorgestellten Commodore war durchweg positiv. So schrieb beispielsweise der „Münchner Merkur" in seiner Ausgabe vom 28. Februar 1967: „... Der Gesamteindruck des neuen Typs, den Opel zwischen den Rekord und den Kapitän einschob, um ein lückenloses Programm vom Kadett bis hinaus zum Diplomat anbieten zu können, ist durchaus ansprechend ...". Das elegante Coupé mit 10.350 Mark dürfte der Schlager dieser neuen Klasse werden." Ähnlich fiel das Gesamturteil der *„Motor-Rundschau"* aus, die im September 1967 einen Test über die viertürige Commodore-Limousine veröffentlichte: „Dieser Commodore hat uns gefallen, er ist ohne Zweifel ein sehr preisgünstiges und gutes Auto .... Er ist ein schneller, temperamentvoller Wagen mit geräumiger, bequemer, aber nicht übergroßer Karosserie und gutem Fahrwerk ... Wir wünschen Opel mit diesem Auto einen guten Erfolg, das Auto verdient ihn." Und *„auto motor und sport"* textete kurz und knapp „Der kommode Commodore".

Noch überschwänglicher war im Frühjahr das Lob der Fachpresse für den Commodore GS/E mit einer neuartigen elektronischen Benzineinspritzung. Die *„Auto Zeitung"* schrieb in Heft 5/1970 über dieses Modell unter dem Titel „Spitzenklasse": „Beim Schmieden dieser Vergeltungswaffe gegen Mercedes und BMW brauchte sich Opel nicht einmal über Gebühr anzustrengen. Kassenschlager und Sechsbombe Commodore reagierte so vortrefflich auf eine leichte Überarbeitung, dass sich das Traumziel 200 (km/h) beinahe spielend einstellte."

Im selben Stil erschien in Heft 10/1970 dann der erste ausgewachsene Testbericht über den Commodore GS/E unter der Überschrift „Ein Fremder im Club". „... Üblicherweise nämlich verpassen Wagen im Limousinen-Kaliber mit 150 PS Leistung die Wohlstands-Schallgrenze (gemeint ist die 200-km/h-Grenze, d. Autor) knapp. Die gleichstarken Kollegen bei BMW und Daimler lassen es da mit guten 190 km/h bewenden. Der GS/E läuft ihnen über den fliegenden Kilometer davon. Wie er das mit eben denselben 150 PS fertigbringt, wissen bislang wahrscheinlich die Herren in Rüsselsheim allein. Die Stirnfläche des Commodore unterscheidet sich von jener der Konkurrenten kaum, und aerodynamische Wundertaten bei der Karosseriegestaltung sind wohl auch kaum am Werke, zumal Opel seine Tiefflieger-Testwagen grundsätzlich mit dem leicht bremsenden Kunstleder-Dach versieht. Beinahe wundersam freilich wird die Partie, wenn sich zeigt, dass der GS/E die Klassenkameraden auch beim Beschleunigen aussteigen lässt. Hier legt er sich sogar mit den potenten Feinden aus der 2,8-Liter-Klasse an und liefert ihnen einen für die kaum aussichtsreichen Fight." Und weiter heißt es: „... So hat es der GS/E-Fahrer gar nicht nötig, die 200-km/h in einem unrealistisch langen Schnellgang herbeizubeten. Im Gegenteil, der Wagen erreicht seine Spitze unter Aufbietung fast aller Drehzahlreserven; reichlich 6000 U/min stehen auf dem Drehzahlmesser, wenn volle Fahrt voraus anliegt. Statt einer Vorzeigespitze zuliebe Höchstgeschwindigkeit, volle Drehzahl und Nenndrehzahl zusammenfallen zu lassen, gestatten die Opelbauer ihrem Motor ungeniert Überdrehzahl im Vierten ..." Insgesamt fällt das Lob für den GS/E also äußerst überschwänglich aus. Dabei begeistert die Journalisten in erster Linie die Kombination aus modernster Technik mit elektronischer Benzineinspritzung, überdurchschnittlicher Leistung und attraktivem Design zum äußerst günstigen Preis.

Auch *„auto motor und sport"* reihte sich in das Konzert der Begeisterten ein: Als „Eilbote" bezeichnet, textete Autor Fritz Reuter über den Commodore GS/E: „Es ist beeindruckend, wie kraftvoll der nun 150 PS starke Motor auf jede Gaspedal-Bewegung reagiert. Er dreht willig hoch, und bei 4.500 U/min machen die Zeiger von Drehzahlmesser und Tachometer noch einen regelrechten Satz nach vorne." Und weiter heißt es: „Er beweist, dass das Baukasten-Prinzip der Großserienhersteller bemerkenswerte Autos hervorbringen kann ..."

Dass es aber nicht unbedingt gleich der GS/E sein muss, zeigte ein Vergleichstest desselben Fachmagazins, also der *„Auto Zeitung"* aus Köln. Bereits in Heft 27/69 veröffentlichte dieses Motor-Magazin eine Gegenüberstellung des Opel Commodore als Limousine mit dem Ford 26M, damaliges Spitzenmodell des Kölner Konkurrenten. Bereits zum Beginn des Tests kommt Günter Wiechmann zu einer interessanten Erkenntnis: „... Deshalb war es verwunderlich, dass Ford zweieinhalb Jahre mit ansehen konnte, wie Opel mit einem 2,5-Liter-Auto namens Commodore gute Geschäfte machte. Mehr noch: der Wagen, der die Rekord-Serie mit der großen K-A-D-Serie verbindet, trug nicht unwesentlich dazu bei, dass der Name Opel wieder ein gehobenes Image erhielt. Dagegen sanken die Verkaufszahlen von Ford in der dazwischenliegenden Rezession unverhältnismäßig tief in den Keller." Im Anschluss ging Test-Redakteur Wiechmann auf die stilistischen Tricks und Kniffe ein, mit denen Ford den 26M von den übrigen Modellen dieser Serie abzusetzen versuchte. Neben dem obligatorischen Schriftzug und zusätzlichen Chromleisten wird hier vor allem die überarbeitete Front mit Doppelscheinwerfern angeführt, die das Modell deutlich von den weiteren Familienmitgliedern abheben. Zu einem Preis von 12.992,55 Mark für das damalige Ford-Spitzenmodell – hier handelt es sich keinesfalls um einen Schreibfehler, und das entsprechende Modell mit manueller statt automatischer Schaltung stand lediglich mit 12.260 Mark in der Liste – wurde dem 26M-Interessenten ein wahrhaft opulentes Modell feilgeboten, das im Ausstattungsumfang zugegebenermaßen zumindest das – allerdings deutlich preiswertere – Commodore-Basismodell zu 10.445,10 Mark in den Schatten stellte. So waren beim Ford unter anderem Automatik (Opel: 999 Mark Aufpreis), Servolenkung (Opel: 555 Mark), getönte Scheiben (beim Commodore nicht lieferbar) und Vinyl-Dachbezug (Opel: 186,48 Mark) serienmäßig. Jod-Zusatzscheinwerfer – der 26M hatte wie gesagt Doppelscheinwerfer – verschlangen beim Commodore weitere 188,70 Mark.

Ausstattungsbereinigt also war der Ford etwas billiger, was dem Verkaufserfolg des ausgewogenen Commodore allerdings keinerlei Abbruch tat. Im Gegenteil: Zu keiner Zeit war der 26M eine ernsthafte Gefahr für die Sechszylinder-Baureihe aus Rüsselsheim. Daran konnte übrigens auch die Tatsache nichts ändern, dass der Ford mit seinem geringfügig größeren Hubraum und einer um fünf Pfer-

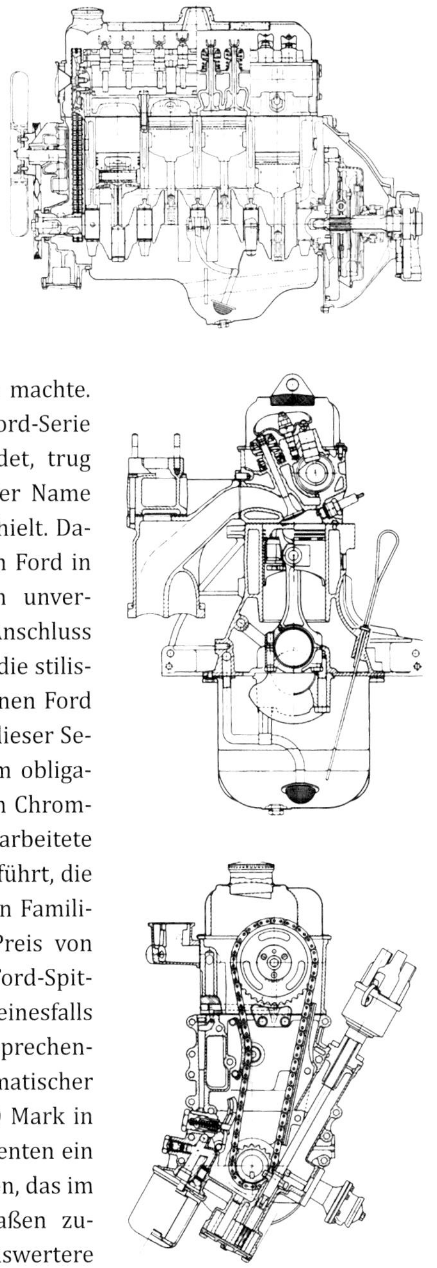

Konzeptionell wiesen alle Vier- und Sechszylinder-Triebwerke der CIH-Serie dieselben Merkmale auf: Grauguss-Zylinderkopf und -block, seitlich im Kopf liegende Nockenwelle, Nockenwellenantrieb durch Duplex-Rollenkette, Geräteträger an der Motoren-Vorderseite für Öl- und Wasserpumpe. Prinzipiell wurden diese Motoren bis 1996 noch in der Serie – zuletzt im Frontera 2,4i – eingesetzt.

Kurvengierig: Das neu abgestimmte Fahrwerk des Commodore B bot vor allem ein hohes Maß an Kurvensicherheit, nicht zuletzt durch die spur- und sturzkonstante Hinterachse. So luden die sportlichen Commodore-Modelle zum flotten Fahren ein und sorgten für hohen Fahrspaß, wie auf der Bilderserie oben deutlich zu sehen.

destärken höheren Leistung ein deutlich höheres maximales Drehmoment von 201 Nm bei 3000 Umdrehungen gegenüber 174 Nm bei 4200 Umdrehungen beim Commodore aufzuweisen hatte. Zwar konnte damit der 26M die Elastizitätswertung gewinnen – aus dem Stand auf 100 km/h beschleunigte der Commodore allerdings geringfügig schneller, und die Höchstgeschwindigkeit lag mit 179 gegenüber 181 km/h auch nur etwas niedriger. Dafür war der Benzin-Konsum bei scharfer Landstraßen-Fahrt mit 17,7 gegenüber 19,0 Liter beim Ford doch deutlich geringer. Insgesamt fällt so das Urteil für die beiden Modelle vom Rhein und vom Main recht ambivalent aus: Die *„Auto Zeitung"* kommt zum Ergebnis, dass der Commodore das etwas sportlichere, der Ford 26M das eher komfortablere Modell sei.

Neu gemischt wurden die Karten wieder rund zweieinhalb Jahre später. In der Zwischenzeit hatte Opel zum 19. Januar des Jahres 1972 den neuen Rekord mit der Verkaufsbezeichnung „Rekord II" vorgestellt, und das entsprechende Commodore-Modell mit der internen Bezeichnung „B" kam rund drei Monate später auf den Markt.

Zunächst zum Rekord. Während die noch vergleichsweise frische CIH-Motorenreihe in erster Linie etwas mehr Leistung durch gestiegene Verdichtung lieferte – 83 statt 75 PS beim 1700 S, 97 statt 90 PS beim 1900 S – ergänzte erstmals ein 2,1-Liter-Diesel mit 60 PS das Angebot. Damit hatten Taxifahrer erstmals eine deutsche Alternative zu Mercedes 200 D und 220 D mit ihrem komplizierten Vorglüh-Mechanismus über Zündschloss und separatem Anlassschalter. Beim Rekord wurde alles über den regulären Zündschalter gesteuert. Und auch die Fahrleistungen waren etwas lebendiger als bei den Mercedes-Pendants. Doch in erster Linie begeisterte die Form der neuen Rekord-II-Serie. So wunderte kaum, dass *„auto motor und sport"* den ersten Fahrbericht im Jahre 1972 unter der Überschrift „Kleider machen Leute" erscheinen ließ. Entsprechend fiel das Fazit von Klaus Westrup aus: „Opel hat es zweifellos wieder einmal gut verstanden, mit vergleichsweise gemäßigtem Aufwand ein neues und dazu attraktives Auto zu bauen. Die Weichen stehen günstig: Noch nie gab es einen Mittelklasse-Opel, der so ansehnlich und gut war."

Nun zum Commodore: Wie beim Vorgänger waren zunächst nur 2,5-Liter-Motoren in den Modellen Commodore bzw. Commodore GS lieferbar. Das Basis-Triebwerk leistete 115 PS, die Version mit Doppel-Register-Vergaser – zunächst wie beim Commodore A nur im GS lieferbar – brachte es auf 130 PS. Erst im Herbst desselben Jahres kam der neue GS/E – diesmal gleich mit 2,8-Liter-Einspritzmotor und 160 PS. Und das nicht ohne Grund. Denn während beim Vorgänger die Fahrleistungen der Zweieinhalb-Liter-Triebwerke in Verbindung mit der doch deutlich leichteren Karosserie noch für ansprechende Fahrleistungen sorgten, machten dieselben Motoren mit 115 und 130 PS im neuen Modell einen eher zurückhaltenden Eindruck. Entsprechend groß war die Enttäuschung der Motor-Magazine über die Fahrleistungen.

Rütteltest: Auch der Rekord II musste während seiner Entwicklungszeit zahlreiche Tests absolvieren. Hier beim Rütteltest auf der Marterstrecke stellte das Fahrwerk unter Beweis, dass auch Starrachsen hinten komfortabel sein können.

Je nach Test wurden beispielweise beim Commodore GS nur noch Spitzengeschwindigkeiten von knapp 180 km/h gemessen. Ein Commodore GS Coupé der A-Serie hatte es in einem Testbericht von *„auto motor und sport"* im Jahre 1968 noch auf eine Spitze von über 195 km/h gebracht – ein phantastischer Wert, der allerdings nur in Einzelfällen erreicht wurde. Mit dem neuen Commodore GS/E nun schien dieses Thema ein für alle Mal der Vergangenheit anzugehören. Ein Commodore GS/E mit dem neuen 2,8-Liter-E-Motor und 160 PS – frisch verpflanzt aus dem Admiral/Diplomat E – brachte es jedenfalls in der *„Auto Zeitung"* auf eine Spitze von exakt 200 km/h. Dazu hieß es unter der Überschrift „Schneeflug unter Volldampf": „Es gibt Aufschneider-Autos, die sich offenbar vom Nürburgring in den normalen Straßenverkehr verirrt haben, aber dann jämmerlich abschlaffen. Und es gibt Untertreiber-Autos, die mehr unter der Haube haben, als man ihnen ansieht. Der neue Opel Commodore GS/E ist ein Glücksfall. Er hat von beiden Auto-Typen etwas und bestätigt in seinen Fahrleistungen, was er äußerlich ankündigt." Speziell zur Motor-Leistung des neuen GS/E heißt es im Text: „Während der 130 PS starke GS der neuen Bauserie im Vergleich zu seinem Vorgänger gar nicht so überragend abschnitt, überzeugte der Einspritz-Commodore auf der ganzen Linie. Erfreulich spontan und ohne die bei vielen neuen Motoren übliche Verzögerung dreht der Motor auf Gaspedaldruck los und produziert Leistung, die satt und bullig in fast jedem Drehzahlbereich zur Verfügung steht. Charakteristisch für den aus dem Admiral stammenden, modifizierten Reihensechszylinder ist nicht unbedingt die Höchstleistung von 160 PS, die bei 5400 U/min erreicht wird. Ausgesprochen angenehm fällt auch die runde, alltagsgerechte Leistungskurve auf. Bei 4000 Umdrehungen stehen bereits 130 PS zur Verfügung." Gerade auch die Durchzugskraft dieses 2,8-Liter-Einspritz-Triebwerks ließ das Test-Team der *„Auto Zeitung"* staunen: „Beeindruckend dabei ist, dass der Motor mit dem Gemüt einer Dampfmaschine auch oberhalb 160 km/h Leistung produziert und mit ungebremstem Temperament die Höchstgeschwindigkeit anstrebt: Auto Zeitung ermittelte beim Coupé exakt 200 km/h." Bei häufiger Ausnutzung der gebotenen Fahrleistungen durfte man sich freilich über einen entsprechenden Verbrauch nicht wundern – vor allem, wenn man bedenkt, dass es damals beim Commodore generell noch kein Fünfgang-Getriebe gab, das den Verbrauch im oberen Drehzahlbereich hätte absenken können. So flossen bei der *„Auto Zeitung"* im Durchschnitt 17,4 Liter Superkraftstoff durch die elektronische Einspritzanlage – Tester Günter Wiechmann sprach dezent vom „Injizieren des Kraftstoffs".

Nicht weniger positiv war der Eindruck, den Wiechmanns Testbericht über das Fahrwerk des neuen Commodore GS/E vermittelte. Wie beim Vorgängermodell handelte es sich wieder um eine Konstruktion mit hinterer Starrachse mit Doppel-Längslenkern und einem Querlenker, Schraubenfedern, Drehstab-Stabilisator sowie Gasdruck-Stoßdämpfern, während vorn eine Querlenker-Einzelradaufhängung Fahrbahn-Unebenheiten glattbügelte: „Das Fahrwerk des neuen Commodore GS/E beweist einmal mehr, dass auch computer-errechnete Achsaufhängungen von cleveren Technikern im Laufe der Zeit verbessert und perfektioniert werden können. Zwar stammt das GS/E-Fahrwerk vom GS, schnitt jedoch im Test um eine ganze Klasse besser ab. Die Abstimmung ist deutlich komfortabler, obwohl der vordere Stabilisator auch verstärkt und die Seitenneigung in Kurven erheblich verringert wurde." Insgesamt also ein positives Testergebnis für den neuen Commodore GS/E, auch wenn sein Preis – rund 16.800 Mark für das Coupé – ge-

Neuer Start in eine neue Zukunft: 1972 stellte Opel einen neuen 2,1-Liter-Dieselmotor vor. Er leistete 60 PS und basierte nur in Ansätzen auf den CIH-Benzinmotoren. Wie auch andere Selbstzünder jener Jahre, arbeitete dieser Motor nach dem Riccardo-Comet-Wirbelkammer-Verfahren.

genüber seinem Vorgänger einen erheblichen Sprung gemacht hatte.

Nicht weniger überschwänglich hatte die *„Auto Zeitung"* bereits Anfang desselben Jahres, genau in Heft 3/1972 vom 22. Januar, den neuen Rekord II beurteilt, der die technische Basis für den neuen Commodore bildete. Großformatig und umfangreich illustriert schilderte das Kölner Fachmagazin die Entstehung des neuen Rekord unter Hinweis auf die scharfen Sicherheits- und Geheimhaltungs-Maßnahmen bei der Entwicklung neuer Modelle in der Automobil-Industrie: „Militärische Geheimnisse werden erfahrungsgemäß weniger aufwändig gehandhabt als Konstruktionsdetails eines neuen Automobils. Deshalb spielen sich Entwicklung und Vorbereitung auch unter strengster Geheimhaltung ab: eine undichte Stelle kann einem Werk empfindlich schaden. Unter Top-Secret-Maßnahmen verfolgte Auto Zeitung die in den letzten Jahren erfolgten Entwicklungs-Stufen des neuen Rekord, der jetzt Premiere hatte." Zielsetzung, so das Redaktions-Team, sei weniger die Entwicklung eines in allen Details völlig neuen und technisch bahnbrechenden Produkts gewesen – vielmehr habe die gezielte Weiterentwicklung und Verbesserung im Mittelpunkt gestanden. Untrüglicher Ausdruck der neuen Generation sei das betont sachliche, völlig neugestaltete Design. Tatsächlich hatte das Design-Team des Rekord-/Commodore-Studios unter Leitung von Herbert Killmer den Auftrag erhalten, ein betont europäisches Modell zu konzipieren, während der Vorgänger doch noch sehr deutlich von amerikanischen Stil-Merkmalen geprägt war.

Ob der Hüftschwung im Coke-Bottle-Stil oder das Fastback des bisherigen Coupés – überall fand man beim nun abgelösten Modell Merkmale von US-Schwestermodellen – vor allem vom Chevrolet Chevelle –, die nun beim neuen Rekord völlig fehlten. Man sprach vom „leichten italienischen Design". Dabei blieb – wie gesagt – die Technik in wesentlichen Punkten unverändert. Obwohl das neue Modell etwas länger ausfiel (4567 gegenüber 4550 Millimeter), wirkte der rund je vier Zentimeter schmalere und flachere Rekord stattlich und war von vornehmer Eleganz – ein Auto, das auf Wunsch des damaligen Verkaufschefs Bob Lutz die Kunden „förmlich in die Showräume der Händler einsaugen" sollte.

Weniger revolutionär war die Technik, die sich unter der pfiffigen Karosserie verbarg. Sowohl der Radstand mit 2668 Millimeter als auch die Grundkonstruktion des Fahrwerks

Röntgenblick: Abbildungen im Rekord-Prospekt wiesen auf die vorbildliche Raumausnutzung hin und stellten das überarbeitete „Tri-Stabil-Fahrwerk" mit „ungeteilter Hinterachse" dar, ein Begriff, den Opel gerne verwandte um das Wort „Starrachse" zu vermeiden – obwohl man sich in Rüsselsheim dieses vorbildlichen Fahrwerks auf keinen Fall zu schämen brauchte …

blieben weitgehend unverändert, allerdings bot das neue Modell hinten eine Starrachse mit Doppellängslenkern und einen Drehstab-Stabilisator, der in fast allen Modell-Kombinationen zum Serienumfang gehörte. Auch was Motor und Getriebe betraf, gab es nur milde Änderungen: Zwar suchte man nun einen 1,5-Liter-Motor vergebens im Triebwerks-Angebot, doch die 1700er- und 1900er-Treibsätze waren alte Bekannte. Die so genannten S-Versionen dieser Motoren hatten die Motoren-Techniker in der Rüsselsheimer PEK (Produktentwicklung und Konstruktion) durch Erhöhung der Verdichtung auf immerhin 83 PS beim 1700 S und 97 PS beim 1900 S gekitzelt, was allerdings häufig zum so genannten Beschleunigungsklingeln führte. Deshalb und wegen der sich ändernden Oktangehalte des Kraftstoffs, wurde die Leistung übrigens ab 1975 wieder zurückgenommen und das Motoren-Programm leicht geändert. So leistete ab diesem Zeitpunkt der 1,7-Liter-Basismotor wieder 60 statt bisher 66 PS, der 1700 S wurde durch einen 1900 N mit 75 PS ersetzt, und die Leistung des 1900 reduzierte sich von 97 auf 90 PS. Die Leistungssteigerung der Motoren zu Beginn der Bauzeit des Rekord II war von der *„Auto Zeitung"* übrigens zurückhaltend aufgenommen worden: „Alle drei Motor-Ausführungen stattete Opel mit Abgasentgiftungsanlagen aus. Der 1,9-Liter-SH-Motor verfügt zudem über die ausgleichenden Hydro-Stößel, die eine periodische Ventilnachstellung überflüssig machen. Opel gibt sich sicherheitsbewusst und unterstreicht, dass die erfolgte Leistungserhöhung weniger der Steigerung der Spitzengeschwindigkeit dient, sondern angesichts der wachsenden Verkehrsdichte die Möglichkeiten in mittleren Geschwindigkeitsbereichen verbessern soll. Bei den ersten Testfahrten zeigten sich die modifizierten 1,7- und 1,9-Liter-Motoren im Charakter fast unverändert. Die Leistungssteigerungen von zehn und acht Prozent haben den oben gesteuerten Triebwerken nichts von ihrer Laufruhe genommen."

Auch das im Wesentlichen unverändert gebliebene Fahrwerk fand Erwähnung in der *„Auto Zeitung"* vom 22. Januar 1972. Vor allem die Tatsache, dass Opel bei einer – wenn

Auffälliges Limonengrün-Metallic trifft auf klares Design: Die viertürige Limousine stand dem Zweitürer in puncto Eleganz in nichts nach. Elemente wie der nach vorn gezogene Kühlergrill, in die Scheinwerfer integrierte Blinker und schmale Dachpfosten ließen das Design besonders leicht und sehr europäisch wirken.

Sportlich und elegant: Das Cockpit des Commodore B (oben) bot gegenüber den Rekord-Modellen zusätzlich ein sportlicheres Zweispeichen-Lenkrad sowie mittlere Luftausströmer in der Instrumententafel. Im Commodore war übrigens auch die Sportschaltung serienmäßig, die beim Rekord extra honoriert werden musste.

Muskulös: Auch im Commodore B trat der bewährte CIH-Sechszylinder mit 2,5 und 2,8 Liter Hubraum an. Wie im Vorgänger leistete der Basismotor 115 PS, eine Einspritzversion gab es nur noch für den 2,8-Liter mit einer Leistung von 160, später 155 PS.

Die sportlichen Commodore-Versionen machten mit üppiger Zusatzinstrumentierung auf der Armaturentafel Eindruck.

Schnittig: Ob als GS oder GS/E, das Commodore Coupé wirkte immer schnittig. Gegenüber dem Basismodell boten GS und GS/E spezielle Stahl-Sporträder, der GS/E erhielt zusätzlich noch einen Frontspoiler für optimierte Bodenhaftung bei hohen Tempi.

Italienische Eleganz: Hier die zweitürige Rekord-II-Limousine mit Luxus-Ausstattung. Mit dieser Form wandte sich Opel klar vom Stil des Vorgängers ab, der deutlich amerikanische Einflüsse aufwies.

auch aufwändig geführten – starren Hinterachse blieb, während Ford bei den zeitgleich präsentierten neuen Modellen Consul und Granada erstmals auf eine Einzelrad-Hinterachse umschwenkte, ähnlich wie sie die Konkurrenz in Stuttgart und München schon seit eh und je bot, sorgte für leicht kritische Untertöne: „Opel blieb bei seiner starren Achse. Die Techniker nutzten jedoch die bei Manta und Ascona gemachten Erfahrungen, so dass auch der Rekord über fast senkrecht stehende Stoßdämpfer in unmittelbarer Nähe der Räder verfügt. Vorn gibt es progressive Schraubenfedern und leicht negativen Sturz der Räder, was dem neuen Wagen in Zusammenhang mit vergrößerten Spurmaßen (vorn um 2,7 Zentimeter, hinten 1,2 Zentimeter mehr) zu einer fast sportlichen Abstimmung verhilft." Ähnlich wie schon beim Vorgänger-Modell lautete dann auch das Test-Urteil für das Fahrverhalten: „Auf glatten Straßen stellt sich auch ein ausgezeichnetes Fahrverhalten ein, das in Kurven leicht zum Untersteuern tendiert. Auf welligen und holprigen Abschnitten freilich wurden durch Holpern und Versetzen immer noch die Grenzen des starren Achselements deutlich. Im Zusammenhang mit den sicher und spontan reagierenden Bremsen (vorn Scheiben, hinten Trommeln) wird das Fahrwerk jedoch auf jeden Fall den Möglichkeiten dieser Fahrzeugklasse gerecht."

1973 unterzog *„auto motor und sport"* die Mittelklasse einem Vergleichstest. Mit dabei: Opel Rekord, Ford Consul, Chrysler 180, Fiat 132 1800, VW K 70 sowie VW 412. Während sich der Rekord auf Platz zwei nur knapp dem VW K 70 geschlagen geben musste, erreichte der Ford Consul nur einen enttäuschenden vierten Platz, obwohl Ford mit einer hinteren Einzelradaufhängung einen höheren Aufwand betrieben hatte. Problematisch erschien den Testern neben der Abstimmung des Fahrwerks die Unübersichtlichkeit der Karosse. Letztlich landeten der Chrysler auf Platz 3, der – zu diesem Zeitpunkt bereits recht antiquierte – VW 412 auf Rang 5 und der Fiat auf dem letzten Platz.

Einen äußerst ungewöhnlichen Vergleich nahm das Kölner Fachblatt im Jahre 1973 vor. Dem etablierten Klassenprimus Rekord stellte die Testredaktion dabei ein in Deutschland bis zu diesem Zeitpunkt kaum verbreitetes japanisches Modell gegenüber, den Toyota 2000 Corona Mk II, eine stark von amerikanischen Stilelementen geprägte Limousine. Einen Vergleich dieser beiden Modelle rechtfertigte das Fachmagazin übrigens mit den hohen Verkaufs-Steigerungsraten zwei japanischer Firmen, vor allem in europäischen Ländern ohne eigene Fahrzeugproduktion, und prophezeite den Modellen aus Fernost auch auf dem verwöhnten deutschen Markt künftig steigende Verkaufsergebnisse.

Im Vergleich der beiden Kontrahenten ging allerdings der erste Punkt nach Rüsselsheim. Mit einem Grundpreis von 10.514,50 Mark lag der Rekord L 1900 S rund 450 Mark unter dem des damals noch relativ unbekannten Wettbewerbers aus Japan, der allerdings eine umfangreichere Ausstattung zu bieten hatte. Ob Gürtelreifen, heizbare Heckscheibe oder Kopfstützen – im Toyota waren diese Details im Gegensatz zum Rekord Serienausstattung. Auch für die elektrische Scheibenwaschanlage und sogar die so genannte Sportschaltung, also eine Viergang-Schaltung mit Knüppel auf der Mittelkonsole, verlangten die Rüsselsheimer seinerzeit einen Aufpreis. Zwar war der Rekord grundsätzlich mit einem serienmäßigen Viergang Getriebe ausgestattet, doch handelte es sich dabei immer noch um die gute alte Lenkradschaltung, ein Detail, das im deutlichen Gegensatz zur sportlichen Optik des Rekord insgesamt stand.

Einen Punktsieg errang der Rekord hingegen bei den Abmessungen und beim Innenraum-Angebot. Der Toyota – 28 Zentimeter kürzer und zehn Zentimeter schmaler als der Rekord – konnte hier dem Konkurrenten aus Rüsselsheim naturgemäß wenig entgegensetzen. Ebenso enttäuschend: das geringe Kofferraum-Volumen des Japaners. Während der Rekord 16 Auto-Zeitung-Normkoffer locker verdaute, schaffte der Toyota gerade mal deren elf

Facelift: Im Spätsommer 1981 unterzog Opel seine Rekord- und Commodore-Modelle einem geringfügigen Lifting, zu erkennen an den anthrazitfarbenen Türrahmen, einer größeren Spoilerlippe vorn und neuen Schriftzügen.

– ein niederschmetterndes Ergebnis, das fast dem eines Fiat 127 entspricht (der schaffte immerhin bei deutlich geringeren Außenmaßen zehn Koffer).

Punktsieg für den Rekord auch bei den Fahrleistungen: Die 97 PS des 1900er Rekord-Motors distanzierten die 89 Pferdestärken des Zweiliter-Toyota-Motors deutlich beim Sprint auf 100 km/ h (14,6 statt 16,2 Sekunden), wobei zu sagen ist, dass der Japaner trotz deutlich geringerer Abmessungen ein höheres Gewicht auf die Waage brachte als der Rekord. Bei der Spitze schenkten sich die Kontrahenten beide nichts – der Rekord rannte 161 km/h, der Toyota schaffte 160 km/h. Dass angesichts dieser Leistungen der Rekord mit 12,6 Litern pro 100 Kilometer das deutlich ökonomischere Auto war (Toyota 13,5 Liter), weitet den Abstand erneut zugunsten des Opel aus. Ähnlich sah die Situation beim Fahrverhalten aus: Während die *„Auto Zeitung"* von einem „labilen Verhalten" des Toyota bei Lenkkorrekturen sprach, wurde das Rekord-Fahrverhalten ausdrücklich gelobt. Bei den Bremsen hingegen attestierten die Kölner beiden Wettbewerbern einen Gleichstand. Insgesamt jedoch ging der Rekord aus diesem Vergleich als Sieger hervor, eine Entscheidung, die der Markt genauso traf.

Noch interessanter war allerdings ein umfangreicher Vergleichstest der *„Auto Zeitung"*, in dem es um Limousinen der Gehobenen Mittelklasse ging. Neben dem Rekord 1900 L traten dabei der Audi 100 LS mit 1,8-Liter-100-PS-Motor, der Ford Consul 2000 mit Vierzylinder-Motor und 99 PS Leistung, der Peugeot 504 (2,0 Liter, 93 PS), der VW K70 (1,8 Liter, 100 PS) sowie der Fiat 132 mit 1,8-Liter-105-PS-Triebwerk gegeneinander an. Der umfangreiche Test erstreckte sich über zwei Ausgaben und endete für den Rekord zwar nicht mit dem Sieg, aber mit einem sehr guten zweiten Platz hinter dem Audi 100. Beim Einzelvergleich der Kapitel-Ergebnisse zeigt der Rekord klare Stärken auf den Sektoren „Fahrverhalten und Sicherheit", „Unterhaltskosten und Preiswürdigkeit" sowie „Bedienbarkeit und Komfort". Im Motoren-Kapitel errang der Rekord einen zweiten Platz hinter dem Audi, allerdings mit deutlichem Abstand. Das Ergebnis für den Rekord schilderte das Test-Team der *„Auto Zeitung"* wie folgt: „Seine günstigen Unterhaltskosten sichern dem Opel den zweiten Platz. Das Fahrwerk bietet nur wenig Komfort, erlaubt aber eine sportlich sichere Fahrweise ..."

Als Sieger ging hingegen der Commodore GS mit seinem 2,5-Liter-130-PS-Motor in einem Vergleich der *„Auto Zeitung"* mit dem Ford Granada GXL hervor, der mit dem bekannten, knapp 2,6 Liter großen V6 mit 125 PS ausgestattet war. Obwohl nicht so schnell wie sein Vorgänger, konnte der Commodore GS hier seinen Kontrahenten aus Köln klar distanzieren. Bei der Höchstgeschwindigkeit nahm der Commodore dem Granada ganze 6 Kilometer ab (175 km/h beim Ford, 181 beim Commodore), und in der Beschleunigung war der GS um 0,6 Sekunden schneller auf dem Standardwert von 100 km/h. Leichte Vorteile bot der Ford lediglich in der Elastizität – Ergebnis des größeren Hubraums und des geringfügig höheren Drehmoments.

Die Ausstattungswertung ging ebenfalls an den Commodore, wobei der Granada als einzig interessante Serienausstattung bereits ein Stahlkurbeldach vorzuweisen hatte, das sich die Wettbewerber in jenen Jahren noch mit

Winter-Reise: Trotz seines Heckantriebs lässt sich der Commodore C auch bei winterlichen Fahrbedingungen gut beherrschen.

saftigen Aufpreisen honorieren ließen. In den Einzelkapiteln musste sich der Commodore dem Granada nur auf dem Gebiet „Bedienbarkeit und Komfort“ mit 72 gegenüber 83 Zählern geschlagen geben. Die komfortabler abgestimmte Federung des Ford mit serienmäßiger hinterer Einzelradaufhängung und das niedrigere Innengeräusch des Granada gaben hier den Ausschlag. In den Bereichen „Motor, Getriebe und Fahrleistungen“ und vor allem „Fahrverhalten und Sicherheit“ (Commodore 86, Granada 72) konnte der Commodore seinen – deutlich billiger angebotenen – Widersacher klar schlagen. Das Gesamtergebnis von 381 Zählern für den GS bzw. 375 Punkten für den GXL zeigt dennoch, dass beide in der Endwertung nicht so weit auseinanderlagen. Die *„Auto Zeitung“* titulierte den Commodore deshalb in diesem Zusammenhang auch als den „Sportsieger“ dieses Vergleiches.

Besondere Aufmerksamkeit widmeten die Redakteure in Köln auch der Vorstellung des Rekord mit Diesel-Motor im Jahre 1972. Unter der Überschrift „Adams erster Diesel“ heißt es im Text: „... Im Vergleich zu anderen Diesel-Personenwagen auf dem Markt wartet der Rekord 2100 D mit befriedigenden Fahrleistungen auf. Von der sprichwörtlichen Diesel-Lahmheit ist nicht viel zu spüren. Mit einer Beschleunigung von 0 auf 100 km/h in 23,9 Sekunden bleibt der 2100 D nur um vier Sekunden hinter dem Rekord 1700 (66 PS), dem schwächsten Ottomotor-Modell im Rekordprogramm, zurück.“ Dem Peugeot 504 Diesel (65 PS) nahm der Opel im Sprint sogar mehr als sechs Sekunden ab (30,2 Sekunden). Und den, allerdings etwas schwächeren, Mercedes 200 D (55 PS) aus Stuttgart ließ er immerhin um ganze zehn Sekunden nachhinken. Mit einer Höchstgeschwindigkeit von 137 km/h lief der 2100 D nur unwesentlich langsamer als sein direkter Benzin-Konkurrent aus eigenem Hause (141 km/h).“

Weiterhin wurde festgestellt, dass Motor und Getriebe dieses neuen Modells zwar gut aufeinander abgestimmt seien, der Rekord D aber flott geschaltet werden wolle, was hingegen mit der im Testwagen installierten Viergang-Lenkradschaltung keinen großen Spaß bereite. Dies liege in erster Linie an den unklar definierten Schaltebenen. Das Fazit des Tests fiel entsprechend aus. Zwar sei der Rekord 2100 D im direkten Vergleich mit seinen Wettbewerbern von Mercedes und Peugeot eine Überlegung wert. Gegenübergestellt dem um über 2200 Mark preiswerteren Basis-Rekord mit 1700er-Benzinmotor allerdings sähe das Ergebnis schon etwas anders aus. Denn der Minderverbrauch des Diesel (10,5 Liter/100 km) rechne sich nur bei hoher Fahrleistung gegenüber dem 1700er, der im Schnitt 11,8 Liter Normalbenzin verbrauchte. Allerdings wartete der Rekord 2100 D auch im Vergleich zu seinen Diesel-Kollegen von Mercedes (12,0 Liter/100 km) und Peugeot (11,0 Liter/100 km) mit einem deutlich niedrigeren Verbrauch auf. Auch die Preiswertung gegenüber den etablierten Diesel-Mitanbietern ging an den Rüsselsheimer: 11.910 Mark kostete der Rekord 2100 D, während der 200 D mit 14.430 und der 504 Diesel mit 13.050 Mark in den Listen standen.

Rund fünf Jahre später stand der Vergleich des mittlerweile betagten Rekord II mit dem neuen Modell im Mittelpunkt eines Berichts mit der Überschrift „Neue Rekord-Ernte“. Obwohl noch immer ansehnlich, war die Zeit der Ablösung des Rekord II gekommen. Das neue Modell war mit großem Aufwand im Windkanal optimiert worden und sollte mit seiner stämmigeren und wuchtigeren Form den Rekord noch näher an die teureren Modelle von Mercedes heranführen. Kräftige A-Säulen, ein wuchtiger Grill und großformatige Rückleuchten ließen keinen Zweifel daran, dass Opel mit dem neuen Rekord den Anschluss nach oben suchte und ihn auch durch technische Lösungen untermauerte. Da war zum Beispiel das neue Spitzen-Triebwerk, ein Zweiliter-Aggregat bekannter CIH-Bauart, allerdings erstmals mit elektronischer Benzineinspritzung versehen. Dieses Modell – Rekord 2.0 E getauft – brachte es auf 110 PS. Extras, wie Klimaanlage, Leichtmetallräder, elektrische Fensterheber und Zentralverriegelung, kamen dem gestiegenen Komfortwunsch einer zunehmend verwöhnten Käuferschaft nach.

In der ersten Gegenüberstellung konzentrierte sich die *„Auto Zeitung"* allerdings auf die Mainstream-Modelle, die Rekord-Versionen mit 1,9-Liter-Normalbenzin-Motor und jeweils 75 PS. Interessant ist der Vergleich der Form beider Modelle: „Pauschal lässt sich vielleicht feststellen, dass der alte Rekord ein eher elegantes Auto war, während der neue mehr auf Eigenwilligkeit und Dynamik setzt." Dabei habe das neue Design aber seine klaren Vorteile. So sei der tote Sicherheitswinkel vor dem Wagen etwas kleiner geworden, allerdings sei durch die nach vorn abfallende Haube des neuen Modells die Wagenfront nicht mehr auszumachen. Vorteilhaft hingegen wird das hohe Heck beurteilt, das nun beim Rangieren wesentlich besser zu überschauen sei. Speziell die verbesserte Aerodynamik – ein Schwerpunkt der Karosserie-Entwicklung – habe sich deutlich ausgezahlt. Als Beispiel wird die höhere Spitzengeschwindigkeit von 160 gegenüber 151 km/h beim Vorgängermodell bei gleicher Motorisierung angeführt, während allerdings der Testverbrauch mit jeweils 12,5 Liter Normalbenzin auf 100 Kilometer Fahrtstrecke unverändert blieb.

Natürlich durfte auch eine Betrachtung des neuen Rekord-Fahrwerks mit McPherson-Federbein-Vorderachse und erneut optimierter hinterer Starrachse nicht fehlen. Vorteilhaft sei dabei die erhöhte Wendigkeit durch geringeren Wendekreis, der durch die neue Vorderachse möglich sei, während die Federbein-Konstruktion jedoch negativ auf Fahrbahnunebenheiten reagiere und auch Radunwuchten deutlicher über die Lenkung weitergebe. Uneingeschränkt positiv allerdings war das Urteil der Fach-Redakteure über die überarbeitete starre Hinterachse. Dabei spielte es keine Rolle, dass namhafte Wettbewerber mittlerweile auf Schräglenker-Konstruktionen übergegangen waren. Im Gegenteil: Die Einzelradaufhängung eines Ford Granada wurde regelmäßig in Vergleichstests weniger positiv beurteilt als das Rekord-Fahrwerk. Zu diesem Thema heißt es: „Obwohl es sich immer noch um eine Starrachse handelt (die allerdings an vier Längslenkern und einem Panhardstab recht aufwändig geführt wird), haben Opels Fahrwerks-Techniker einmal mehr bewiesen, wie wichtig Detailarbeit ist.

Schon beim alten Rekord hatte man der Hinterachse ein recht gutmütiges Fahrverhalten anerzogen.

Allerdings zu Lasten des Fahrkomforts. Beim neuen Rekord nun ist es gelungen, zur Fahrsicherheit auch noch Fahrkomfort zu gesellen. Selbst auf schlechten Straßen kann Opels neue Starrachse mit der Einzelrad-Aufhängung mancher Konkurrenten mithalten." Dabei sei das verbesserte Fahrverhalten tatsächlich ausschließlich auf Detailarbeit zurückzuführen. Denn sowohl Radstand als auch die hintere Spurweite seien unverändert geblieben. Nur die vordere Spur hatte man bei Opel um vier Millimeter verbreitert. Während des Weiteren die neuen, höher montierten Sitze durchweg positiv beurteilt wurden, bemängelte Tester Röthig die verspielte Gestaltung des Instrumententrägers.

Tatsächlich hatte Opel bei der ersten Serie des Rekord E des Guten etwas zu viel getan. Sil-

Kräftig: Der neue Rekord E, 1977 präsentiert, markierte einen Aufbruch in eine neue Ära. Das neue Design sollte Massivität und Solidität vermitteln, denn die Konkurrenz zu Mercedes, BMW und Audi hatte sich deutlich verschärft.

Neues Programm: Im Spätsommer 1977 erneuerte Opel das komplette Programm der Oberen Mittelklasse und Oberklasse. Den Anfang machte der Rekord, im September 1978 folgte dann der neue Commodore (Bild) als neues Modell zwischen Rekord und der Oberklasse Senator/Monza. Dieses Modell besaß die Front des Senator, aber das Fahrwerk des Rekord, also nicht die Schräglenker-Hinterachse des Top-Modells.

berne Rähmchen zierten jedes Anzeigeinstrument und jeden Schalter des mittig angeordneten Tastenblocks. Schon 1979 verschwand der überflüssige Zierrat wieder. Uneingeschränktes Lob erhielt der neue Rekord hingegen für die überarbeitete Heizung/Lüftung mit nunmehr vier Gebläsestufen. Deshalb verwundert es letztlich auch niemanden, dass das Fazit dieses Vergleichs überaus positiv ausfiel: „Wer die Summe der Eigenschaften zusammenzählt und das Ergebnis beim alten und beim neuen Rekord vergleicht, wird unschwer zu dem Schluss kommen, dass der neue der bessere ist (wenn auch nicht in allen Punkten). Er hat aus technischer Sicht das Zeug dazu, die von seinen Vorgängern gesetzten Rekordmarken zu überbieten. Ein neues Auto, das sich zum Fortschritt nur zögerlich bekennt. Weil es offenbar schon zu viel Käufergunst gewonnen hat, um es mit ausgefallenen Experimenten wieder aufs Spiel zu setzen."

Dass es sich beim Rekord E um ein durchweg verlässliches und zuverlässiges Auto handelte, stellte die *„Auto Zeitung"* übrigens in Heft 14/82 unter der Überschrift „Rekord: Guter Kumpel" fest. In diesem Gebrauchtwagen-Report heißt es wörtlich: „... Fachleute von DEKRA und TÜV bescheinigen dem – in der jetzigen Ausführung seit 1977 gebauten – Rekord solide Verarbeitung, ausgereifte Technik und geringe Schadensanfälligkeit.

Als bekannte Schwachstellen zählte die *„Auto Zeitung"* folgende Punkte auf:

- Mögliche Probleme mit dem Kühler durch die Verwendung von ungeeigneten Zusätzen, die den Durchfluss herabsetzen können
- Wasserpumpen-Defekte durch zu straff gespannte Keilriemen
- Relativ schneller Verschleiß der vorderen Bremsscheiben

Probleme mit Wasserpumpen gehörten jedoch seit dem Modelljahr 1980 durch den Einbau von überarbeiteten Pumpen der Vergangenheit an.

„Einhelligen Beifall" erhalte der Rekord allerdings, wenn es um Karosserie oder Motor geht. Die *„Auto Zeitung"* zitiert in diesem Zusammenhang auch einen DEKRA-Fachmann mit den Worten: Lackierung und Rostschutz-Vorsorge des Rekords sind wirklich hervorragend. Und Fahrleistungen unserer Fuhrpark-Autos von 150.000 Kilometer mit dem ersten Motor und der ersten Kupplung stellen keinen Einzelfall dar." Kein Zweifel also – wenige Monate vor der Ablösung des Rekord durch ein auf gleicher Basis überarbeitetes Modell, stellte das Kölner Fachblatt diesem Modell ein hervorragendes Zeugnis aus.

Als Besonderheit aus heutiger Sicht darf sicher der Commodore gelten. Hierbei handelte es sich um ein Modell, das in dieser Form ursprünglich so nicht geplant gewesen war. Denn die Rolle des Commodore hätte eigentlich der Senator bzw. Monza einnehmen sollen. Erst durch Marktforschungsuntersuchungen mit Design-Modellen im Jahre 1976 hatte man festgestellt, dass diese Wagen von den Testpersonen bei Befragungen mit größeren Modellen der Konkurrenz aus Stuttgart und München in Verbindung gebracht wurden. Mit anderen Worten: Die Testpersonen assoziierten Monza und Senator mit S-Klasse und 7er-Reihe. Dies war ein Grund, das technische Konzept der geplanten Flaggschiffe und die Marketing-Positionierung neu zu überdenken. Dabei war man ursprünglich zu der Überzeugung gelangt, dass der neue Rekord mit Zweiliter-Einspritzmotor und 110 PS den Commodore mit 2,5-Liter-115-PS-Vergaser-Motor überflüssig machen könnte. Dennoch entschloss man sich, das Feld der kleineren und preiswerteren Sechszylinder nicht kampflos der Konkurrenz von Ford zu überlassen. Das Ergebnis war der Commodore C, der von September 1978 bis Juni 1982 als Zwischenmodell fungierte. In dieser Zeit verließen immerhin über 80.500 Wagen dieses Modells, ab 1981 auch erstmals als Kombi „Voyage", das Werk in Rüsselsheim.

Sommer-Reise: Der geräumige Rekord bot genügend Raum und Komfort für ausgedehnte Fahrten. In Verbindung mit dem auf Wunsch lieferbaren Zweiliter-Einspritzmotor glänzte der Rekord darüber hinaus mit sportlichen Fahrleistungen bei geringem Verbrauch.

Ebenfalls neu war ab 1981 der 2,5-Liter-Motor, der alternativ zum weiterhin erhältlichen 115-PS-Triebwerk angeboten wurde und im Commodore 130 PS leistete.

Dass es sich beim Commodore um eine gelungene Synthese aus Senator und Rekord handele, war der *„Auto Zeitung"* eine Feststellung wert. Dabei hebe sich der neue Commodore durch die vom Senator entliehene Front deutlich stärker von seinen Vierzylinder-Kollegen ab, als das bisher der Fall gewesen sei. Dass der Commodore-Radstand etwas kürzer sei als der des Senator (2668 gegenüber 2683 Millimeter) und der Commodore entsprechend auch „nur" mit der bekannten Starrachse des Rekord gebaut würde, stellte jedenfalls für die Test-Redakteure der *„Auto Zeitung"* kein Manko dar. Zwar bemerkte man bei ersten Fahrten mit einem viertürigen Berlina-Modell erneut, dass die Starrachse auf welliger Fahrbahn zum „Trampeln" neige, doch dies würde allenfalls den Komfort geringfügig beeinflussen und habe auf die Fahrsicherheit keine negativen Auswirkungen. Interessanter sei da schon eine Gegenüberstellung der Preise des Commodore mit denen des Rekord. So koste der Commodore mit gleicher Ausstattung rund 400 Mark weniger als ein Rekord mit Zweiliter-Einspritz-Triebwerk. Dies sei nur schwer zu verstehen, vor allem, wenn man überlege, dass für beide Modelle auf Wunsch auch noch ein Sportpaket lieferbar sei, was übrigens eine straffere Fahrwerks-Abstimmung mit Gasdruck-Stoßdämpfern hinten, Zusatzinstrumenten (Drehzahlmesser, Voltmeter, Amperemeter) und Leichtmetallrädern im Speichen-Design umfasste. Damit war also auch das Argument entkräftet, der Commodore solle ausschließlich komfortorientierte Kunden ansprechen.

Klar schien allerdings, dass Rekord und Commodore wohl ähnliche Kunden im Visier hatten, während dies für den Senator (und auch für den Monza) keineswegs galt. Dazu die *„Auto Zeitung"*: „... liegt zwischen einem viertürigen Commodore Berlina und dem schwächsten und einfachst ausgestatteten Senator eine Preisspanne von mehr als 5000 Mark. Für diesen Mehrpreis gibt es aber stärkere Sechszylinder, mehr Ausstattung und vor allem eine exzellente Schräglenker-Hinterachse ... Wer aber beim Kauf seines Autos dennoch unter der 20.000-Mark-Grenze bleiben will, der macht mit dem Commodore sicherlich einen guten Griff."

Auch *„auto motor und sport"* argumentierte ähnlich und resümierte: „Man fährt kaum schneller mit ihm als mit den beiden stärksten Vierzylinderversionen des Rekord, aber doch eine ganze Klasse angenehmer. So ist der Commodore das richtige Auto für alle Freunde des Hauses, die sich im Rekord mehr Motorkomfort wünschen, auf den Federungskomfort des fast 7000 Mark teureren Senator jedoch verzichten können."

Gegenüber den technisch vergleichsweise einfach konzipierten Rekord-Modellen stellte der Omega eine Zäsur dar: Opel hatte alle Baugruppen – von Karosserie über Antriebsstrang bis Fahrwerk – komplett überholt und auf das höchste technische Niveau gestellt. Ein führender Luftwiderstandsbeiwert von $c_w = 0{,}28$, neue und sehr moderne Familie-II-OHC-Triebwerke mit Leichtmetallzylinderkopf, neue 5 Gang Schaltgetriebe sowie ein modernes Fahrwerk mit Schräglenker-Hinterachse nach Vorbild des hervorragend bewerteten Senators waren das Ergebnis. Nachdem Opel für das letzte Rekord-Facelift im Herbst 1982 in der Pressemappe noch von „Fortschritt mit Augenmaß" gesprochen und die noch immer vorhandene hintere Starrachse – wenn auch vorbildlich geführt – fast schamhaft verschwiegen hatte, sollte der heckgetriebene Omega nun mit den Besten des Segments gleichziehen. Nur wenigen war dabei aufgefallen, dass selbst der 1982 präsentierte, allerdings in der Standardversion frontgetriebene Audi 100, ebenfalls „nur" über eine einfache Verbundlenker-Hinterachse verfügte, wie sie bei Frontrieblern nicht unüblich war. Auch VW Golf sowie der 1979 präsentierte Opel Kadett D verfügten über eine solche Hinterachse.

Bei der Ankündigung des neuen Omega gegenüber Journalisten fokussierte der Bereich Öffentlichkeitsarbeit entsprechend auf die Gebiete, auf denen sich der Omega gegenüber dem Wettbewerb besonders hervorhob. Mehr als zwei Milliarden Mark hatte Opel in das neue Programm für die obere Mittelklasse investiert, und rund 8000 Ingenieure im Internationalen Technischen Entwicklungszentrum in Rüsselsheim hatten ganze Arbeit geleistet.

Da war einerseits die Aerodynamik. Mit einem c_w-Wert von 0,28 erreichte der Omega einen weltweiten Bestwert für Limousinen seiner Klasse. Über 1.400 Stunden Detailarbeit im Windkanal haben dieses Ergebnis möglich gemacht, hieß es in der Pressemappe.

Apropos Karosserie: Besondere Erwähnung fand selbstverständlich auch das fürstliche Ladevolumen des Caravan: 1850 Liter netto nach VDA-Messmethode. Trotz der deutlich größeren Karosserie erreichte auch der Kombi mit dem traditionsreichen Namen mit c_w 0,32 einen aerodynamischen Bestwert.

Dazu kam das neue Fahrwerk mit hinterer Schräglenker-Achse nach Vorbild des Senator. Zur Untermauerung der Besonderheit taufte Opel dieses Chassis auf den Namen „DSa"-Fahrwerk, was für Dynamic Satety stand. Besonderer Clou dieses Fahrwerks war seine spezielle Elastokinematik, die eine Drehneigung des Fahrzeugs beim Bremsen auf unterschiedlichen Fahrbahnbelägen, beispielsweise einseitig vereist oder nass, ausgleichen konnte. Ausschlaggebend dafür war vor allem die neu konzipierte Vorderachse mit McPherson-Federbeinen. Trotz serienmäßigem ABS ab CD-Ausstattung sorgte dieses komplett neue Fahrwerk beim Bremsen für deutlich gesteigerte Spurkonstanz.

Und last but not least war da noch die komplett neu entwickelte OHC-Motorengeneration mit 1,8 und 2,0 Liter Hubraum und modernster Bosch-Motronic ML 4.1. zur Steuerung von Zündung und Benzinzufuhr. Hierzu gehörte eine neuartige Diagnose-Funktion. Mit einem Durchschnittsverbrauch von 8,0 Liter im damaligen „Euromix" erreichte der Omega in seiner Klasse einen Bestwert.

Obwohl erst ab Frühjahr 1987 lieferbar, wies der Pressetext auch schon auf das neue Omega-Top-Modell 3000 hin, das anfänglich ausschließlich mit dem bewährten Dreiliter-Sechszylinder-Zweiventiler und 177 PS ohne sowie

156 PS mit Dreiwege-Katalysator lieferbar war. Rund zwei Jahre später sollte dann der neue Dreiliter-Vierventiler mit 204 PS – parallel zum Senator – auch im Omega Einzug halten. In der Pressemappe vom August 1986 heißt es: „Opel bietet insgesamt drei Motoren mit geregeltem oder ungeregeltem Dreiwege-Katalysator an, die auf Jahre von der Kfz-Steuer befreit sind (ca. 2.200 Mark Ersparnis bei Erstzulassung 1986): den serienmäßigen 1,8-Liter-Euronorm-Motor mit Vergaser, der 60 kW/82 PS leistet und die in Europa derzeit geltenden Abgasvorschriften mit einem ungeregelten Katalysator erfüllt, sowie ein Zweiliter-Vierzylinder-Triebwerk mit 85 kW/115 PS und ein Dreiliter-Sechszylinder-Aggregat mit 115 kW/156 PS. Der Zweiliter- sowie der Dreiliter-Motor besitzen einen geregelten Dreiwege-Katalysator. Das Dreiliter-Aggregat bleibt allerdings dem sportlich-exklusiven Top-Modell Omega 3000 vorbehalten, das – wie auch der CD – unter anderem serienmäßig mit einem elektronischen Anti-Blockier-Bremssystem (ABS) ausgestattet ist. Der Dreiliter-Motor ist auch ohne Katalysator lieferbar und leistet in dieser Version 130 kW/177 PS. Damit beschleunigt der Wagen in 8,8 Sekunden von 0 auf 100 km/h, die Spitzengeschwindigkeit beträgt mehr als 220 km/h.

Die Berichte über den im Rheingau im August 1986 den Journalisten präsentierten Omega fielen allgemein äußerst positiv aus. So schrieb Klaus Westrup in *„auto motor und sport"* im Sommer 1986 im ersten Test: „Er ist ein nach oben strebendes High-Tech-Produkt mit Windkanal-Silhouette, und neue, progressive, zahlungsfähige Kunden werden das in Ordnung finden. Die anderen müssen sich ihren Rekord jetzt eben woanders suchen."

Im Folgejahr – 1987 – baute Opel sein Modellangebot mit dem Senator nach oben aus. Ähnlich wie bei Commodore und Senator, basierte auch der neue Senator auf dem Vierzylinder-Omega. Durch einige Karosserie-Veränderungen war es gelungen, dem Senator eine neue Identität zu geben, wenngleich eine Präsentation des Senator vor dem Omega verkaufs- und image-strategisch vermutlich zielführender gewesen wäre. Im Juli 1987 im regnerischen Stockholm den Journalisten vorgestellt, urteilte dann auch *„auto motor und sport"* entsprechend unter dem Titel „Fahrstuhl nach oben": „Ein Blick auf die Ausstattung macht deutlich, was der Senator de facto ist: eine teure Luxusausgabe des Omega. Doch ist die Luft für Opel in diesem Segment besonders dünn."

Auslaufmodell: Ende der 70er Jahre ging die Nachfrage nach zweitürigen Limousinen deutlich zurück. Auch das Vinyldach fand zunehmend weniger Freunde. Sowohl die zweitürige Version als auch die Vinyldach-Option entfielen Anfang der 1980er Jahre.

Etwas optimistischer klang hingegen die Zusammenfassung des ersten Tests in *„Auto Bild"*. Redakteur Andreas Borchmann textete: „Der Senator ist mit Sicherheit das beste Auto, das Opel je gebaut hat. Und ab September kann man ihn auch kaufen. Für 44.700 Mark".

Für Omega und Senator entwickelte Haus-Veredler Irmscher einen 3,6-Liter Zweiventil-CIH-Motor (197 PS), ein Konzept, an dem auch die Antriebsstrang-Ingenieure in Rüsselsheim schon gearbeitet hatten. Irmscher baute einige Fahrzeuge auf und verteilte sie an die Motorpresse. Durch die Steigerung des Hubraums um 20 Prozent entwickelte das Triebwerk ein deutlich höheres maximales Drehmoment von 285 Nm bei 4200/min (3.0-Serie = 240 Nm bei 4400/min). In der Ausgabe 2/1989 vom 6.1.1989 veröffentlichte die *„Auto Zeitung"* einen Fahrbericht einer Omega 3.6-Liter-Limousine. 3,6 Liter – das war auch der Hubraum des letzten großen Vorkriegs-Opels, des Admiral.

Der Zweiventiler mit 197 PS holte den gesteigerten Hubraum ausschließlich über einen von 69,8 auf 85 Millimeter erhöhten Hub. Dies wirkt sich speziell auf die Steigerung des Drehmoments in unteren Drehzahlen positiv aus. Obwohl das – deutlich gesteigerte – Maximal-Drehmoment bei einer ähnlich hohen Drehzahl anfiel wie das des regulären

Ultimativ: Der Senator B wies in der 3.0-24-V-Variante die höchste Evolutionsstufe des 1965 präsentierten Sechszylinders auf. Der Dreiliter mit Vierventiltechnik leistete 204 PS und baute noch immer auf dem bekannten Motorblock auf. Darauf weist auch der Kurbelhub hin, der nach wie vor bei 69,8 Millimeter lag. Denselben Wert erreichten auch die CIH-Vierzylinder. Tiefgreifend geändert wurden im Senator 24 V hingegen der Zylinderkopf und die Gemischaufbereitung inklusive Dual-Ram-Technik.

Dreiliters, stehen bereits ab 2000/min 90 Prozent des Bestwertes bereit. Ein Umstand, der beim Fahren sofort deutlich wurde, wie Redakteur Werner Müller auch beschrieb: „... ändert der 3,6-Liter-Motor aus dem Hause Irmscher den Charakter des Sport-Opel deutlich. Mit seinem satten Drehmoment und der dadurch besseren Durchzugskraft aus niedrigen Drehzahlen fährt man auf Autobahnen nahezu alles im 5. Gang." Und weiter hieß es im Fahrbericht: „In der Fahrpraxis wirken sich diese 20 Mehr-PS gegenüber dem Serientriebwerk jedoch wesentlich eindrucksvoller aus als zu vermuten wäre. Statt in 8,2 Sekunden beschleunigt der Irmscher-Omega 3.6 in 7,3 Sekunden von 0 auf 100 km/h. Den stehenden Kilometer schafft das Irmscher-Gefährt in 27,8 Sekunden, die Serienversion braucht 29,1 Sekunden. Den wahren Bullen-Charakter zeigen die Irmscher-Opel jedoch bei der Elastizität, bei der Beschleunigung im 4. oder 5. Gang. Von 60 bis 140 km/h braucht der Serien-Omega 3000 im vierten Gang 20,5 Sekunden, im 5. Gang 27 Sekunden. Das bei Irmscher gedopte Gefährt absolviert diese Messungen in 15,1 bzw. 19,9 Sekunden. Diese Werte erreicht gerade ein gut gehender BMW M3." Ein Teil des Mehrpreises von 8087 DM für das Prachtstück aus Schwaben konnte der Käufer übrigens an der Tankstelle einsparen: *„Auto Zeitung"* ermittelte mit einem Durchschnittsverbrauch von 12,6 Liter/100 km exakt eine Einsparung von einem halben Liter Sprit je 100 Kilometer ...

Erst 1988 sollte der Senator einen neuen Dreiliter-24-Ventil-Motor erhalten, der dem Opel-Top-Modell für seine letzten Jahre noch neuen Glanz und erfolgreiche Vergleichstest bescheren sollte.

Und hier setzte Irmscher dann nochmals ein stärkeres Triebwerk drauf, das man in enger Kooperation mit den Rüsselsheimer Ingenieuren entwickelte. Die Erhöhung des Hubraums um einen Liter wurde durch Steigerung des Kolbenhubs um rund 18 Millimeter, spezielle Leichtbaukolben sowie Feinarbeit an der Bosch-Motronic erreicht. Ergebnis: 200 kW/272 PS Leistung und ein auf 395 Nm gesteigertes Drehmoment bei 3300/min. Davon fielen bereits 350 Nm (ca. 87 Prozent) zwischen 2800/min und 5200/min an. Nicht zu unrecht sprach man also von einer Sportlimousine mit Kraft und Komfort.

Diesem Anspruch wurde der Senator auch durch seinen optischen Auftritt gerecht: Spezielle 16-Zoll-Leichtmetallräder und eine Innenausstattung mit Büffelleder untermauerten schon äußerlich die Besonderheit dieses Modells, ebenso übrigens wie der spezielle Irmscher-Grill ohne Opel-Markenemblem. Mit einer Spitze von 250 km/h und einem Preis von 99.700 Mark war dem Senator 4.0i eine exklusive Rolle im automobilen Oberhaus sicher.

Opel kündigte die Kooperation im Motor-Oberhaus gegenüber der Presse wie folgt an: „Exklusive Sportlimousine mit Kraft und Komfort – „Remshalden/Rüsselsheim: Irmscher Automobilbau hat in enger Zusammenarbeit mit der Adam Opel AG eine Sportlimousine mit betontem Understatement entwickelt. Ihre Leistungsfähigkeit scheut keinen Vergleich mit hochkarätigen Sportwagen. Der 4.0i-Motor des Irmscher Senator entwickelt 200 kW/272 PS bei 5800 U/min, und das Fahrzeug verfügt über eine Ausstattung, die kaum Wünsche offen lässt. Die Sport-Limousine auf Basis des Senator 3.0 24 V kann über Opel-Vertragshändler geordert werden; ab März 1991 wird der rund 250 km/h schnelle Irmscher Senator 4.0i zum Preis von 99.700 Mark an die Kunden ausgeliefert – 1200 Fahrzeuge pro Jahr sind geplant.

Allerdings machte der Senator generell und nicht nur in der Vierliter-Version auch in anderen Kontinenten Karriere, so beispielsweise in Australien als Holden Commodore. Dort wurde er in verschiedenen Varianten (Acclaim, Berlina, SS...) mit verschiedenen Motoren angeboten, darunter auch V6- und V8-Triebwerke aus den USA.

Im Jahre 1994 löste der Omega B den Omega A ab – der Senator entfiel komplett. Unter dem Titel „Das Gleiche nochmal" schrieb *„auto motor und sport"* im ersten Fahrbericht: „Vor allem aber ist es ein Zugewinn an Agilität, der den Unterschied zum Vormodell ausmacht. Dass hier Modell für Modell eine Menge geboten wird, zeigt auch die umfangreiche Serienausstattung: Bereits im Basis-Omega bekommt der Kunde alles, was er braucht."

Die Omega-Phase währte bis 2003. Seine Nachfolge übernahmen Vectra und Signum – für viele das Ende von Opel-Modellen mit Oberklasse-Anspruch.

GG OP 82H
Wir leben Autos.

Klassik und Moderne

Technik

Größer, schöner, stärker – der Rekord A bot in jeder Beziehung mehr und wurde der Vorgabe, die Modellreihe in der Gehobenen Mittelklasse zu positionieren, voll gerecht. Die beiden oberen Bilder zeigen das Karosserie-Wachstum gegenüber dem Vorgänger-Modell deutlich. Die Leistung stieg moderat von 50 auf 55 PS (1,5 Liter) bzw. von 55 auf 60 PS (1,7 Liter).

Von jeher hatten die Entwicklungsparameter für die Rekord-Modelle festgestanden und waren ein ums andere Mal von den Kundenwünschen getragen worden. Der Rekord sollte ein

- optisch attraktives
- geräumiges
- preiswertes
- zuverlässiges und technisch nicht zu anspruchsvolles

Familienauto sein. Die Form des Wagens spielte dabei viele Jahre – neben dem langlebigen und vielgerühmten Opel-OHV-Triebwerk – die zentrale Rolle. Mit diesem Rezept war man immer wieder erfolgreich im wachsenden Markt vertreten gewesen und hatte mit Modellen wie dem mit Begeisterung aufgenommenen Rekord P1 ein hohes Maß an Anerkennung erreicht. Es waren die Jahre, in denen noch in erster Linie rationale Kaufgründe im Vordergrund standen. So konnte beispielsweise die Tatsache, dass der Rekord noch bis Ende 1965 über eine blattgefederte Hinterachse verfügte, kaum Interessenten vom Kauf abhalten. Und die Verkaufserfolge waren äußerst beeindruckend:

- Rekord P1 inklusive Opel 1200: 855.749 Zulassungen
- Rekord P2: 754.385 Zulassungen
- Rekord A: 861.722 Zulassungen
- Rekord B: 294.185 Zulassungen zwischen August 1965 und Juli 1966

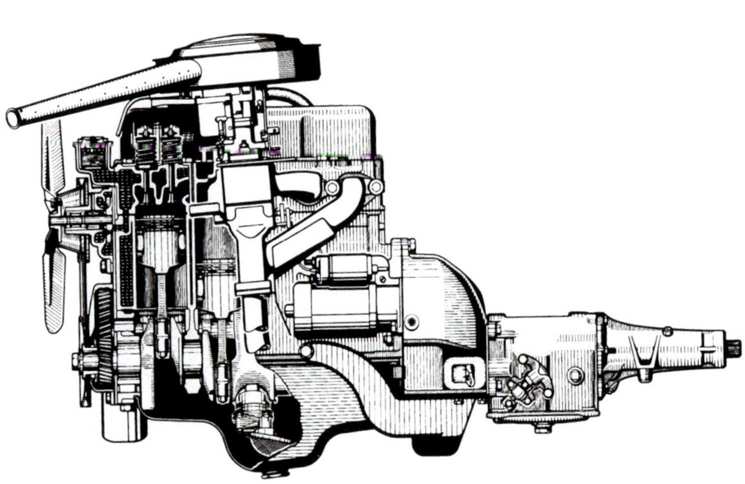

Während der Rekord P 2 gegenüber seinem Vorgänger – vor allem aufgrund des äußerst gelungenen Ford Taunus 17 M („Badewanne") – verloren hatte, konnte der Rekord A das Ergebnis des Rekord P1 sogar noch übertreffen, obwohl die technische Basis im weitesten Sinne unverändert geblieben war.

Da war zunächst die konstruktiv gleiche Vorderachse mit Einzelradaufhängung an Querlenkern, eine Entwicklung, die grundsätzlich weit zurückreichte – bis zum ersten Rekord-Modell von 1953. Wesentliche Änderungen waren die mit dem P1 erfolgte Umstellung von Schnecken-Segment- auf Kugelumlauflenkung sowie die im Laufe der Zeit verbreiterte Spur von 1260 auf 1321 Millimeter beim Rekord A. Hinzu kam die sukzessive Umstellung auf vordere Festsattel-Scheibenbremsen.

Ähnlich sah die Situation bei der Hinterachse aus. Dabei handelte es sich um eine starre Radaufhängung nach dem Banjo-System mit Blattfedern. Dass jedoch die Hinterachse des Rekord A mit einer Spurweite von nur 1276 Millimeter sogar noch vier Millimeter schmaler ausfiel als beim immerhin 3,7 Zentimeter schmaleren Vorgänger, brachte dem ansonsten sehr gelungenen Modell große Kritik, vornehmlich von Seiten der Händler, ein. Und trotzdem sollte dieses Manko keinesfalls den Erfolg in Frage stellen. Mit dem Rekord B wurde diese Situation dann durch eine um 7,6 Zentimeter breitere Spur (!) korrigiert.

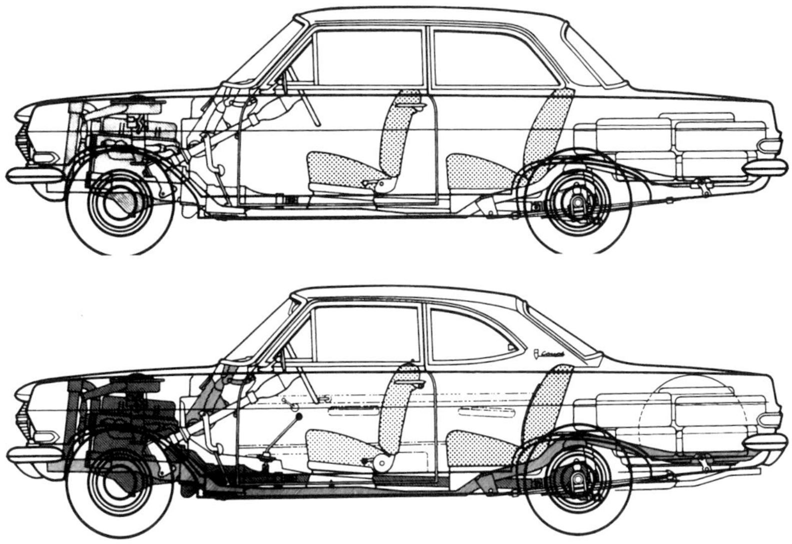

Gleicher Radstand, viel Platz: Das Rekord A Coupé unterschied sich in erster Linie durch seine neue Dachlinie von der Limousine. Aus diesem Grund stand auch die hintere Sitzlehne deutlich steiler, der Kofferraum war bei beiden Modellen riesig und wurde von den Coupé-Fahrern meistens nicht voll genutzt.

Herbert Oberhaus, bis Ende der 1980er Jahre Leiter der Produktentwicklung in Rüsselsheim, erinnerte sich später noch gut an das Fahrwerk des Rekord A. Um endlich den Vorwurf loszuwerden, Opel baue nur flaue und weiche Fahrwerke, hatte man sich speziell für das neue Modell für eine betont straffe Abstimmung entschieden, die freilich wiederum kritisiert wurde. Dadurch ließen sich allerdings die inzwischen durch gestiegene Motorleistungen höheren Geschwindigkeiten sicher auf die Straße bringen, vor allem, wenn man an die erstmals lieferbaren Sechszylinder-Modelle ab 1964 denkt. Bisher jedenfalls hatte auch für die Rüsselsheimer die Richtlinie von GM gegolten: „Flat Ride“, was nichts anderes bedeuten sollte, als dass die Karosserie auch bei Bodenunebenheiten weitgehend nicht in Schaukelbewegung versetzt werden sollte. Hinzu kam der Wunsch von amerikanischen Technik-Chefs wie Earl Flemming, die Lenkung so auszulegen, dass man beim „Anblick eines schönen Mädchens in der Stadt“ den Wagen nicht sofort durch eine zu direkte Lenkung außer Kontrolle setzte. Nur mühsam konnte man dabei Kollegen aus Detroit klarmachen, dass solche Entwicklungsanforderungen in Europa fehl am Platz sind. Und so zeigten sich die Chefs aus den USA nach einiger Zeit und Fahrten durch europäische Städte und über deutsche Autobahnen mit Höchstgeschwindigkeit meistens einsichtig.

„In den fünfziger und frühen sechziger Jahren gab es noch keine allzu tiefgreifenden Spezifikationen“, lässt Herbert Oberhaus die damalige Zeit Revue passieren. Die Parameter für neue Modelle wurden bei Gesprächen zwischen Technik und Vertrieb festgelegt. Es waren meistens Meetings zwischen Technik-Chef Mersheimer (als Nachfolger von Dr. Karl Stief) und Dr. Hans Schnabel sowie einigen Bereichsleitern, in denen neue Konzepte diskutiert wurden. Im Vorfeld hatte Schnabels Team einige Schlüsselhändler besucht und sie nach ihren Meinungen über die Anforderungen für künftige Modelle befragt. Das Ergebnis war meistens ein recht „kompaktes“ Lastenheft, das angepeilte Abmessungen, gewünschtes Raumangebot, Motorenprogramm und Zielpreise beinhaltete. Dieses Werk diente in den darauffolgenden Jahren als Guideline für die Entwicklung, konnte allerdings durch Marktänderungen korrigiert werden. Ein Beispiel hierfür ist der 2,6-Liter-Reihensechszylinder-Motor im Rekord, der erst später in das Produkt- und Entwicklungsprogramm aufgenommen wurde. Ausschlaggebender Grund hierfür war übrigens Fords neues Motorenprogramm mit Zweiliter-V6-Motoren, die bis zu 90 PS leisteten. Opel hatte hier nur das betagte Kapitän-Triebwerk gegenüberzustellen. Um ihn in den Motorraum einbauen zu können, mussten einige konstruktive Änderungen vorgenommen werden, so zum Beispiel die Umplatzierung des Kühlers seitlich vor den Motor.

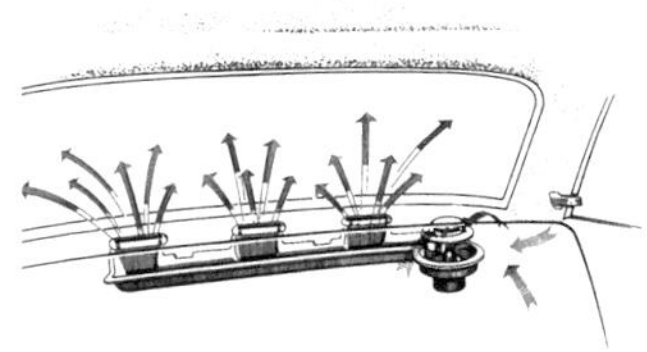

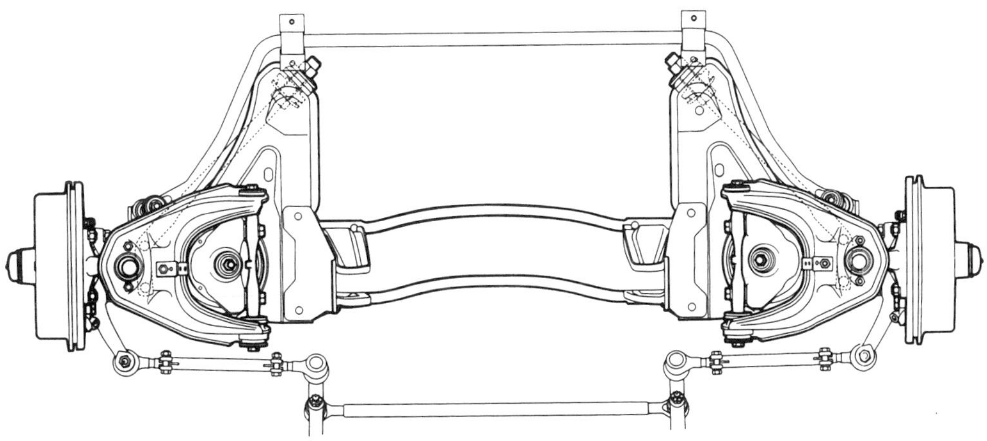

Interessantes Extra: Die elektrische Trockeneinrichtung für die Rückwandscheibe arbeitete mit einem Ventilator, der Frischluft zur Heckscheibe förderte. Dieses System war der Vorläufer der heizbaren Heckscheibe, die man in den frühen 1960er Jahren mit ihren in das Glas eingelassenen Heizdrähten noch nicht fertigen konnte. Links übrigens die vom P2 weitgehend übernommene Vorderachse.

Technik-Tag in Dudenhofen: Auf dem neu erbauten Testgelände in Dudenhofen fanden regelmäßig Technik-Treffen – gelegentlich auch Vorstellungen vor Journalisten – statt. Dazu gehörten auch die Präsentationen des Rekord C im Juli/August 1966 sowie die Vorstellung des Commodore A im Jahre '67.

Doch zurück zur Fahrwerksentwicklung: Trotz der in der Automobilindustrie noch relativ wenig ausgefeilten Entwicklungstechnik im Fahrwerksbereich, tat sich hinter den Kulissen einiges, was der späteren Chassiskonstruktion zugutekommen sollte. Oberhaus: „Bisher war das so etwas wie eine Geheim-Wissenschaft gewesen. Mit der nun vorhandenen Möglichkeit, mechanische Größen elektrisch und auch dynamisch zu messen, eröffneten sich neue Horizonte." Hinzu kam der Aufbau des neuen Testzentrums Dudenhofen. Opel war nach dem Krieg zwar einer der ersten Hersteller gewesen, der auf seinem Werksgelände über eine Teststrecke mit Höckerbahn, Hochgeschwindigkeitskurs und Wasserdurchfahrt verfügte, doch stiegen die Ansprüche und die Modellvielfalt, was den Bau eines neuen Testgeländes absolut erforderlich machte.

Herbert Oberhaus gehörte auch hier zu einem Team, das sich mit der Konstruktion des Prüffelds beschäftigte. Dieses Team entwickelte Wunschprofile für die Fahrbahnen und fuhr auf der Suche nach geeigneten Strecken immer wieder das Rhein-Main-Gebiet ab. So findet man in Dudenhofen noch heute Schilder mit Aufschriften wie „Weisenauer Brücke", womit die nachempfundene Strecke gemeint ist. Auch die reguläre Fahrzeugentwicklung musste weitergehen. Und während man einerseits am neuen Testzentrum in Dudenhofen arbeitete und sich über die Möglichkeiten neuer elektronischer Fahrwerks-Tests nicht nur auf dem Prüf-

Volle Wucht: Opel startete bereits in den 1950er Jahren mit den ersten Crashtests. Bei der Entwicklung des Rekord C gehörten sie zum festen Bestandteil der Produktentwicklung.

Bereits Anfang der 1970er Jahre untersuchte Opel die Aerodynamik der verschiedenen Modellreihen. Hier wird gerade ein Rekord II getestet, der recht gute Werte erreichte. Wie die Wollfäden erkennen lassen, gab es nur am Heck leichte Verwirbelungen.

stand, sondern auch direkt im fahrenden Auto freute, arbeitete man nach der Überarbeitung des Rekord-Fahrwerks für das B-Modell nun – 1964/65 – am neuen Chassis für den Rekord C.

Die neue starre Hinterachse mit Doppel-Längslenkern stellte zusammen mit den erstmals an der Hinterachse eingesetzten Schraubenfedern mit linearer Rate einen großen Sprung nach vorn dar. Zwar konnte man auch dieser Hinterachse das systembedingte Versetzen bei starken Bodenunebenheiten nicht ganz abgewöhnen, doch gab sich diese Konstruktion wesentlich zivilisierter als die Hinterachsen der Vorgänger. „Hier darf auch der Fortschritt in der Bremsenentwicklung nicht übersehen werden", gab Herbert Oberhaus zu bedenken. Denn während der Rekord B zwar grundsätzlich mit vorderen Scheibenbremsen – allerdings ohne Servo – ausgestattet war, sollte der Rekord C mit einer Zweikreis-Bremsanlage mit vorderen Scheibenbremsen und Bremskraftverstärker auf den Markt kommen. „Die Kosten hierfür waren aus konstruktiver Sicht zwar immens, zahlten sich aber voll aus", so Oberhaus. Auch hier musste der Schritt aufgrund der ständig steigenden Motorleistungen erfolgen.

Bestens im Gedächtnis geblieben ist Herbert Oberhaus aber auch die Entwicklung des Nachfolgers, des so genannten Rekord II. Dessen Fahrwerk blieb zwar prinzipiell unverändert, gezielte Abstimmungsverbesserungen, wie die um 17 Millimeter breitere Vorderachsspur, Schraubenfedern mit progressiver Auslegung, vergrößerter Nachlauf für optimierte Spurtreue, negativer Radsturz, ein serienmäßiger Stabilisator sowie nun senkrecht angeordnete hintere Stoßdämpfer, sorgten aber für ein deutlich agileres Fahrverhalten.

Zu heftigen Diskussionen kam es bei der internen Vorstellung des neuen Wagens auf dem Prüffeld Dudenhofen mit Vertretern des Bereichs Vertrieb. Robert A. Lutz, kurz Bob genannt und seit 1. Januar 1970 Vorstand Vertrieb der Adam Opel AG, war zwar vom Design des neuen Modells begeistert, nicht jedoch von der durch das Fahrwerk verursachten „Hochbeinigkeit" des Wagens. Denn gemäß der üblichen Praxis, hatte man die Feder-/Dämpfer-

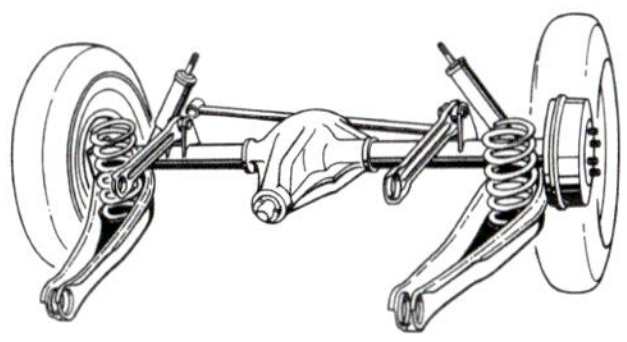

Fahrsicher: die überarbeitete Starrachse des Rekord II Caravan

Tests in Gebirgsregionen: Entwicklungsingenieure der Produktentwicklung suchten vornehmlich italienische, österreichische oder schweizer Pässe für die Optimierung von Bremsen, Motoren und Getrieben auf. Wintertests fanden in denselben Regionen statt, zusätzlich wurden auch oft Versuche auf eingefrorenen Seen in Schweden gefahren.

abstimmung und damit auch die Bodenfreiheit so gewählt, dass sie den Ansprüchen an eine Familienlimousine mit Transportbedarf für bis zu fünf Personen entsprechen. Lutz hingegen, so Oberhaus, gefiel dies überhaupt nicht. Nach wenigen Runden auf dem Hochgeschwindigkeitskurs und der Komfort- sowie Dauerversuchsstrecke ordnete Lutz an, das Fahrwerk abzusenken.

„Der Wagen muss geduckt und tief auf seinem Fahrwerk sitzen. Ich will, dass das neue Modell die Leute förmlich in die Verkaufsräume der Händler hineinsaugt", ließ der Vertriebschef die andächtig lauschende Gemeinde ranghoher Techniker wissen. Die Änderungen liefen prompt an, um den offiziellen Vorstellungstermin 19. Januar 1972 auf jeden Fall erreichen zu können. Kehrseite der Medaille war allerdings ein sehr straffes Fahrwerk, das umgehend von Händlern und Kunden moniert wurde. Dabei stand die „knochenharte" Federung des neuen Modells im krassen Gegensatz zu den relativ weich gepolsterten Sitzen, so dass sukzessive andere Federn ihren Weg in die Serienproduktion fanden, nachdem Robert A. Lutz zum 31. Dezember 1971 – also nur wenige Tage vor der offiziellen Pressevorstellung des Rekord II – das Haus mit Ziel BMW verlassen hatte, wo er eine vergleichbare Position übernahm und diese dann wiederum zwei Jahre später aufgab, um Vorstandsvorsitzender bei Ford in Köln zu werden. Härtere Federn, Gasdruck-Stoßdämpfer (beim GS und GS/E) und 14- statt 13-Zoll-Bereifung fanden sich dann wieder beim neuen Commodore, der sein Debüt auf dem Genfer Salon 1972 feierte. Ansonsten basierte auch dieses Fahrwerk auf dem des Rekord.

Große Diskussionen mit Lutz gab es auch bei der Bremsenentwicklung, berichtete Oberhaus Jahre später. Aufgrund der gegenüber dem Vorgänger gestiegenen Leistung und des ebenfalls höheren Gewichts – allerdings auch aus Marketinggründen – hatte Lutz auf innenbelüftete Scheibenbremsen rundum bestanden, die jedoch weder aus technischer Sicht notwendig noch kostenmäßig vertretbar waren. Nach langen Diskussionen einigte man sich deshalb auf eine Alternative mit innenbelüfteten Scheiben vorn und großdimensionierten Trommeln hinten, eine bislang neuartige Kombination, die sich in der Praxis jedoch als sehr gut erwies. Dennoch erhielt der GS/E im Spätsommer 1974 auch hinten massive Scheibenbremsen, allerdings mehr aus verkaufspolitischen Erwägungen. Im Commodore GS 2.8 verbaute Opel hingegen weiterhin hintere Trommelbremsen.

Einen erneuten Sprung nach vorn leitete Opel 1977 mit dem Rekord E ein, der – erstmals – über eine Vorderachse nach dem McPherson-Prinzip verfügte. Diese Konstruktion mit Federbeinen statt eines gemeinsamen Achskörpers mit Querlenkern stammte übrigens von einem früheren GM-Ingenieur gleichen Namens, der dieses Prinzip entwickelt hatte. „Bei der Hinterachse trieben wir nochmals einigen Aufwand, um sie weiter zu perfektionieren", erinnerte sich Herbert Oberhaus, der damals in allen Fachblättern als „Opels Fahrwerks-Papst" tituliert wurde. Seine Aufgabe war in der Tat nicht einfach, hatten doch inzwischen alle großen Konkurrenten bei der Hinterachse auf Einzelradaufhängung umgestellt. Nur Opel als Volumenhersteller konnte sich noch immer nicht zu diesem Schritt entscheiden, nachdem selbst Ford 1972 auf eine Schräglenker-Konstruktion umgestiegen war, die in der Fachpresse jedoch keine allzu gute Beurteilung fand.

Die Kölner *„Auto Zeitung"* schrieb über Herbert Oberhaus in Heft 19/1977: „„Und hinten ...' Das ist der Augenblick, in dem Oberhaus

Moderne Technik: Der neue CIH-Motor verhalf den Rekord- und Commodore-Modellen zu deutlich agileren Fahrleistungen. Charakteristisch war die oben seitlich im Kopf liegende Nockenwelle sowie der hydraulische Ventilspiel-Ausgleich, den einige Versionen aufwiesen. Neu war auch der Aggregateträger an der Motor-Vorderseite.

Rütteltest: Ob Commodore GS/E (Bild) oder auch Rekord-Modelle sowie natürlich alle anderen Modellreihen – sie mussten alle über die Höckerstrecke.

mit den Händen Winkel zeigt, von Rollen, Gliedern, Momenten und Kraftzentren spricht. Das Latein eines technischen Alchimisten, der es mit seinem Team schaffte, aus der verrufenen Pferdedroschken-Achse ein technisches Gebilde zu machen, das aufwändigeren – und auch teureren – Schräglenker-Konstruktionen in Test-Untersuchungen häufig genug das Nachsehen gibt ..." Besser gelagerte Lenkerbuchsen und Schraubenfedern mit geänderter Kennung waren die wesentlichen Änderungen an der so genannten Fünflenker-Hinterachse. Dazu nochmals die *„Auto Zeitung"* in ihrem Report über den neuen Rekord: „Angst vor Schelte hat er nicht, der verantwortliche Fahrer und Werkskonstrukteur bei Opel, Herbert Oberhaus. Der wegen seiner Fahrwerksphilosophie – starre Hinterachse – oftmals kritisierte Techniker ist vielmehr sicher, den richtigen Weg gegangen zu sein. Auch der neue Rekord hat wieder eine Starrachse. Natürlich ist dieses Gebilde keineswegs mehr mit den blattgefederten Achskonstruktionen vergangener Zeiten zu vergleichen. War damals Kritik berechtigt, so ist sie es heute nicht mehr. Denn die Starrachse wurde bei Opel derart vervollkommnet, dass sie sich durchaus mit weitaus komplizierteren Aufhängungen messen kann, sie zum Teil noch übertrifft. Stellte bereits die Hinterachse im nun abgelösten Rekord Spitzenklasse in puncto Führung dar, so gibt es nun überhaupt nichts mehr zu mäkeln ..."

Diese Konstruktion mit vier Längs- und einem Querlenker setzte Opel auch beim neuen Commodore ein, der zwischen September 1978 und Juli 1982 angeboten wurde und – trotz aller Bemühungen, z. B. den Aufbau einer Kombi-Variante namens Voyage – nie über eine Randbedeutung hinauskam.

Eine besondere Rolle für den Erfolg der Rekord- und Commodore-Modelle ab der zweiten Hälfte der 1960er Jahre spielte selbstverständlich auch die Triebwerksentwicklung. „Der

Rot lackiert waren die ersten CIH-Motoren des Jahres 1965. Man sollte auf den ersten Blick das neue Triebwerk von seinem Vorgänger unterscheiden können, was allerdings auch schon am Klang gelang. Ab 1966 lackierte man die Triebwerke dann wieder in Schwarz.

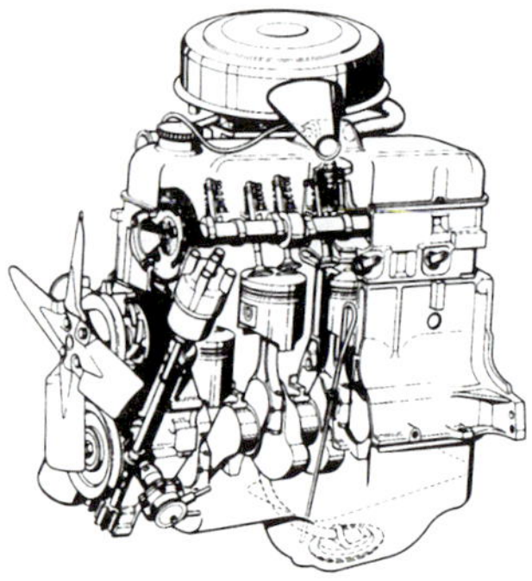

Die CIH-Motoren mit vier bzw. sechs Zylindern waren eng miteinander verwandt. Allen Triebwerken dieser Baureihe gemein war der identische Hub von 69,8 Millimeter. Teilweise stimmte auch die Kolbenbohrung überein, wie beim 1500er- und 2200er-Motor.

gute alte OHV-Motor war sowohl als Vier- als auch als Sechszylinder Mitte der sechziger Jahre zweifellos am Ende seiner Entwicklungsfähigkeit angekommen", erzählte Jahre später Dr. Werner Haas, in den 1960er und 70er Jahren leitender Motorenkonstrukteur bei Opel.

Mit allerlei Kunstgriffen hatte das Entwicklungsteam dem Vierzylinder zu maximal 67 PS aus 1,7 Liter Hubraum verholfen und damit das Ende der Fahnenstange erreicht. Um dieses Ziel zu erreichen, hatte man nicht nur die Ventilquerschnitte vergrößert und die Verdichtung erhöht, sondern auch einen Zwillings-Auspuffkrümmer eingesetzt. Ähnlich sah es beim 2,6 Liter mit 100 PS aus. Zwar waren bereits in den 1950er Jahren Konzeptstudien mit Vierzylinder-Vierventil-Motoren mit zwei Nockenwellen und halbkugelförmigen Brennräumen entstanden, jedoch ohne Auswirkung auf die Serienproduktion, da sie sowohl aus Kostengründen als auch aufgrund der Marktanforderungen nicht praktikabel erschienen.

„Wir hatten bereits erste Konzeptansätze für eine neue Vier-und Sechszylinderreihe entwickelt", so Haas später, „die auf dem Konzept des damals noch neuen Kadett-Vierzylindermotors basierten." Dies hätte folglich bedeutet: Solider OHV-Motorenbau mit Rollenkette statt der bisherigen Stirnräder, weit entfernt von den technisch anspruchsvollen Lösungen, mit denen Mercedes, BMW nebst Glas sowie Importeure wie Alfa Romeo operierten. Ein Leistungszuwachs stand für Opel also im Mittelpunkt. Dazu musste man gegenüber den alten Motoren nicht unbedingt mit aufwändiger OHC-Technik und halbkugelförmigem Brennraum experimentieren.

Doch wie so oft kam auch hier Hilfe aus Detroit. Denn im Frühsommer 1962 wurden zunächst ein rotlackierter Vierzylinder-Motor, später noch ein konstruktiv identischer Sechszylinder aus Detroit angeliefert, die ursprünglich als Konzeptidee für ein Chevrolet-Modell der amerikanischen „Compact"-Klasse gedient hatten, aber nach Ansicht der GM-Zentrale besser nach Europa passten. Dr. Haas: „Das neue Triebwerk war interessant und machte einen guten Eindruck, bot es gegenüber unserem Konzept doch eine seitlich im Kopf liegende Nockenwelle mit Rollenkettenantrieb und dachförmige Brennräume, von den so genannten Hydrostößeln ganz zu schweigen." Die jedoch brachten den Kunden später deutliche Vorteile bei den Servicekosten. In Rüsselsheim machte man sich also sofort ans Werk, das Triebwerk unter der Projektbezeichnung 1010 auf Produktionsstand zu trimmen. Vor allem musste das neue Triebwerk auf europäische Fahrgewohnheiten und die nicht geschwindigkeitsbegrenzten Autobahnen abgestimmt werden. Die seitliche Anordnung der Nockenwelle im Zylinderkopf kam dabei den Anforderungen an eine relativ niedrige Bauhöhe entgegen, die für neue Modelle mit flacher Motorhauben-Anordnung eine wichtige Rolle spielte. Außerdem war das Triebwerk kostengünstig zu produzieren.

Probleme gab es während der Entwicklung nur mit der Abdichtung des Triebwerks, speziell an der Stirnseite des Motors im Umfeld des

Druckvoll: Für den Rekord II (Baumuster Rekord D) präsentierte Opel 1972 erstmals einen hauseigenen Diesel mit 2,1 Liter Hubraum und 60 PS. Im Laufe der Jahre durchlief das Triebwerk verschiedene Entwicklungsstufen bis zum 2,3 Liter Turbodiesel mit 86 PS ab 1984 im Rekord (und Senator) und als 90-PS-Variante ab Herbst 1986 im Omega. Eine besondere Version dieses Triebwerks mit Comprex-Lader (auch Druckwellen-Lader genannt) und 95 PS war in der Endphase des Senator A zwischen 1984 und 1986 lieferbar.

Anlässlich der Einführung des ersten eigenen Dieselmotors ließ Opel das Triebwerk – mit Turboaufladung und 95 PS – auf dem hauseigenen Testgelände in Dudenhofen zu Rekordfahrten antreten – eine wirksame Marketing- und PR-Maßnahme. Der Opel Diesel Rekordwagen 1972 wurde pilotiert von (v.l.n.r.) Sylvia Österberger, Giorgio Pianta, Henri Greder, Paul Frére und Jochen Springer sowie Marie-Claude Beaumont (unten).

Eng verwandt: Auch der Sechszylinder wies die charakteristischen Eigenschaften der CIH-Familie mit oben seitlich im Kopf liegender Nockenwelle und Steuerung per Duplex-Rollenkette auf (unten).

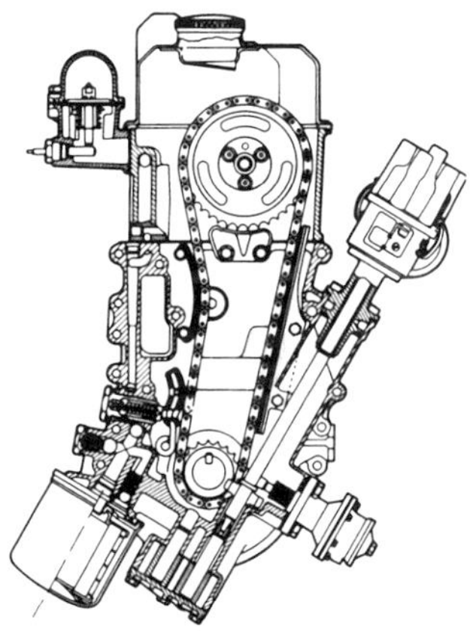

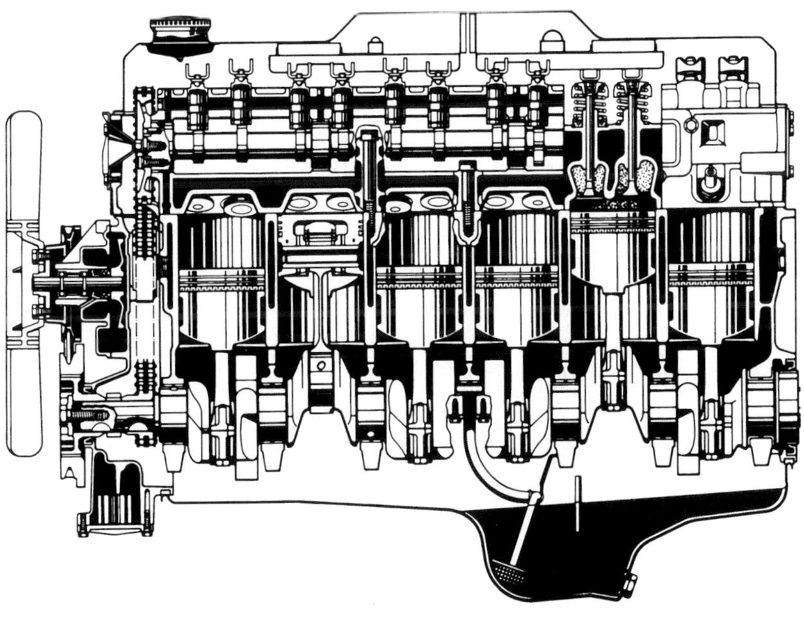

Aggregateträgers, sowie an der Zylinderkopfdichtung und mit der Wasserpumpe. Auch die Kurbelwellenlager mussten überarbeitet werden. Um die Dauerbelastbarkeit der Motoren zu testen, wurden sie sofort in Rekord-A-Modelle eingebaut und durften fortan permanent ihre Runden im Rüsselsheimer Umfeld drehen, ohne dass jemand die Besonderheiten des Fahrzeugs hätte auf den ersten Blick erkennen können. Nur der relativ helle, ungewohnte Klang der Motoren verriet, dass es sich hier um etwas Neues handeln musste.

V-Motoren, wie sie damals von Ford entwickelt und vorgestellt wurden, spielten, so Dr. Haas, für Opel seinerzeit keine Rolle. Und das aus zwei Gründen: Sechszylinder-V- und vor allem Vierzylinder-V-Motoren kamen für Opel von vornherein aufgrund ihres ungünstigen

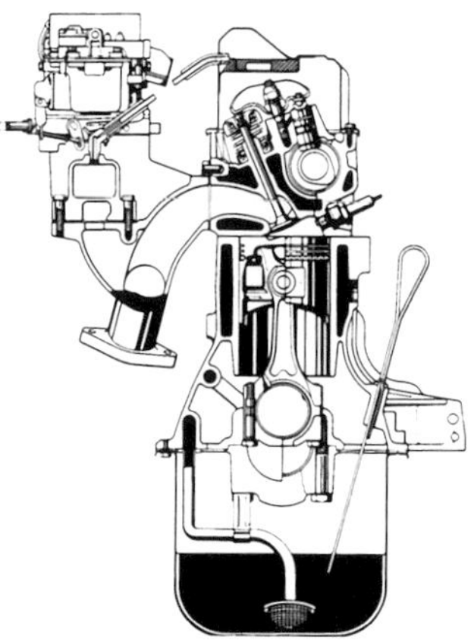

Langes Leben: Der 2.0-S-Motor mit 100 PS wurde viele Jahre im Rekord angeboten. Er startete im Rekord II als Top-Motor und wurde auch im Rekord E übernommen. Außerdem waren Ascona und Manta, später auch Kadett, mit diesem Triebwerk lieferbar.

Geräuschverhaltens nicht in Frage. Außerdem hätte eine V-Motoren-Produktion eine komplett neue Fertigungsstraße erforderlich gemacht, was ebenfalls inakzeptabel war.

Der Weg zu mehr Leistung bedeutete aber auch eine Abkehr von einer anderen Tugend, die auf Opel-Triebwerke nach dem Krieg zutraf und auf die der leitende Motorenentwickler Karl-August Huboi zusammen mit Josef Zauner, dem Leiter der Vergaser-Entwicklung, höchsten Wert legte: den Boulevard Ride durch bestmögliche Motorelastizität. In guter Erinnerung sind Dr. Haas die Testfahrten mit einem Kapitän 2,6, der auf dem alten Rüsselsheimer Testgelände in eingekuppeltem Zustand gestartet und anschließend im dritten Gang bis zur Höchstgeschwindigkeit beschleunigt wurde. Und genau dieses Verhalten konnte man von den neuen, kurzhubig ausgelegten Motoren in diesem Maße nicht mehr erwarten, was deren Erfolg jedoch keinen Abbruch tat.

Die Entwicklung lief auf vollen Touren, um den angestrebten Produktionsstart im August 1965 einhalten zu können. Interessanterweise wiesen alle Motoren – 1,5 bis 2,8 Liter Hubraum und später auch der Dreiliter und Dreiliter-24V – denselben Hub von 69,8 Millimeter auf. Bei den einzelnen Varianten unterschieden sich lediglich die Bohrungs-Maße, wobei die Kolben teilweise für Vier- als auch Sechszylinder genutzt werden konnten, wie beispielsweise beim 1,5 Liter und 2,2 Liter. Dr. Haas: „Es war uns von vornherein klar, dass der Motor kurzhubig ausgelegt sein sollte, andererseits Änderungen am Hub relativ kostenintensiv werden würden. Deshalb erschien uns dieser Hub als bester Kompromiss."

Nach Vorstellung der Triebwerke im Spätsommer 1965 spielte die Entwicklung der elektronischen Benzineinspritzung eine wesentliche Rolle. Speziell für die neue K-A-D-Reihe – also Kapitän, Admiral und Diplomat – wollte man technische Spitzenleistungen demonstrieren. Neben der aufwändigen Hinterachse nach De-Dion-Prinzip sollte der 2,8-Liter-Sechszylinder mit elektronischer Einspritzung ein Highlight dieses Top-Modells bilden. Abgeleitet von diesem Motor entstand allerdings auch noch eine 2,5-Liter-Variante, die für den Einsatz im Rekord-Derivat Commodore entwickelt wurde. Technik-Chef Charles S. Chapman und Earl Flemming waren hier die Drahtzieher und trieben die Entwicklung der elektronischen Einspritzung gezielt voran. Opel verschaffte sich damit höchsten Respekt, wenn auch das System in den Jahren 1969 bis 1971 gelegentlich für Ungereimtheiten im Fahrbetrieb sorgte, vor allem durch korrodierte Steckkontakte, die das System zeitweilig ohne erkennbaren Grund lahmlegen konnten. Auch Probleme mit dem Steuerungscomputer konnten in Einzelfällen auftreten. Doch spätestens Anfang 1971 hatte man diese Schwierigkeiten im Griff und erntete bei Testberichten viel Lob für die harmonischen Motoren. „Das zeigten auch unsere Testfahrten, zum Beispiel an der Turracher Höhe, am Katschberg oder auch auf dem Großglockner", berichtete Dr. Werner Haas in einem Gespräch später. Die Einspritzmotoren waren in den meisten Fällen überlegen. Vor allem, wenn große Steigungen bis 40 Prozent befahren wurden und Vergaser-Triebwerke dann gelegentlich Probleme mit der Gemischversorgung hatten.

Lob gab es auch für eine andere Entwicklung, die in Rüsselsheim erst Mitte der 1960er Jahre einsetzte: der 2,1-Liter-OHC-Dieselmotor. Da der Vertrieb hier ein hohes Marktpotenzial errechnet hatte, wurde umgehend mit der Konstruktion eines Diesel-Triebwerks nach dem Wirbelkammer-Verfahren begonnen, das zwar konzeptionell auf dem CIH-Motor basierte, sich aber am Ende dann doch in der Auslegung erheblich von den Benzinmotoren unterschied. Das gab Opel auch unumwunden in einer Presseinformation vom 25. September 1972 zu: „Die Entwicklung des Opel-Dieselmotors hatte vor acht Jahren mit einer Studie begonnen, die sich an die Konstruktion des Vierzylinder-Ottomotors anlehnte, wie er heute im mittleren Sektor des Opel-Personenwagenprogramms benutzt wird. Die Entwicklung nahm aber anschließend einen anderen Weg, der – von Kompromissen unbeschwert – zu einer genuinen konstruktiven Lösung führte. Einziges Bindeglied zwischen Diesel-und Ottomotor war damals die Möglichkeit, die Zylinderblöcke beider Bauarten rationell auf einer Transferstraße zu fertigen." Dazu Dr. Werner Haas: „Es war uns relativ schnell klar gewesen, dass aufgrund der hohen Arbeitsdrücke eines Dieselmotors erhebliche Änderungen gegenüber einem Ottomotor vorgenommen werden müssen."

Mit zunächst 60, später nach einer Hubraumerhöhung auf 2,3 Liter 65 PS war dieses Triebwerk relativ lebendig und sorgte vor allem in südlichen Exportmärkten für einen Verkaufsschub. Opel gab für den Rekord 2100 D eine Spitzengeschwindigkeit von 135 km/h sowie einen Standard-Beschleunigungswert auf 100 km/h von 23,5 Sekunden an und bemerkte in der oben erwähnten Pressemitteilung stolz: „Dieser bisher von keinem Diesel-Pkw erreichte Wert (gemeint ist die Beschleunigung, d. Autor) sorgt nicht nur für gutes Mitmischen im Stadtverkehr, sondern in Verbindung mit der Höchst- und Dauergeschwindigkeit von 135 km/h auch für gute Reisedurchschnitte." Auch der Verbrauch konnte sich durchaus sehen lassen. 8,7 Liter verbrannte der Rekord 2100 D pro 100 Kilometer nach DIN 70 030.

Es folgte die Entwicklung von Turbo- und Comprex-Varianten mit gepanzerten Ventilen. Die Konstruktion des 2,3-Liter mit Comprex-Druckwellenlader wurde übrigens in Zusammenarbeit mit dem Unternehmen BBC vorgenommen, das als Erfinder und Entwickler die Rechte an diesem System hält. Dieses 95 PS starke Triebwerk wurde allerdings exklusiv im Senator angeboten und sollte erneut Opels Technikkompetenz auch in diesem Segment untermauern. Ebenfalls auf die Diskussion um Energieknappheit und Ölkrisen ist Opels Teilnahme an einem bundesweiten Großversuch mit 200 Rekord zurückzuführen, die für den Betrieb mit einem 15-prozentigen Methanol-Benzingemisch ausgerüstet sind. Eingesetzt werden die jeweils 100 Fahrzeuge mit 2.0-S-Motor und 100 PS sowie 2.0-E-Motor und 110 PS – in großen Fahrzeugflotten und Taxibetrieben. Der technische Aufwand war immens: Mehr als fünfzig Bauteile mussten geändert werden, darunter Kraftstoffpumpe, -leitungen, -filter und Dichtungen, die direkt mit dem aggressiven Kraftstoff in Verbindung geraten können, der nicht-resistente Stoffe sofort angreift.

Im Bereich der Serien-Benzinmotorenentwicklung legte Opel nochmals im Jahre 1984 nach und stellte einen weiterentwickelten 2,2 Liter-Vierzylinder mit 115 PS Leistung und einem maximalen Drehmoment von 182 Nm bei 2800/min statt 162 Nm bei 3000/min vor, der bis zur Ablösung des Rekord 1986 angeboten wurde. Bei den Sechszylindern erfolgte 1983 eine wesentliche Umstellung: Die Kurbelwellen der Sechszylinder erhielten nun zwölf Gegengewichte. Dazu Dr. Werner Haas: „Etwa Mitte 1982 – ich war damals schon bei Klöckner-Humboldt-Deutz in Köln tätig – erhielt ich einen Anruf von Herbert Oberhaus. Er fragte mich, ob ich als Kenner und leitender Entwickler der CIH-Motoren eine Umstellung auf zwölf Gegengewichte unterstützen würde. Ich brauchte nicht lange zu überlegen und empfahl, diese Änderung so schnell wie möglich vorzunehmen." Ein guter Tipp, hatte die Motorpresse doch schon seit geraumer Zeit den im oberen Drehzahlbereich rauen Lauf der Opel-Sechszylinder moniert. Speziell über 4000 Umdrehungen neigten die Triebwerke – so jedenfalls schrieben zahlreiche Fachmagazine – zum leichten Dröhnen. Und das sei eines Oberklasse-Modells nicht mehr würdig. Tatsächlich sorgte in jenen Jahren vor allem BMW durch seine auf turbinenartigen, leisen und geschmeidigen Lauf getrimmte Reihen-Sechszylinder (diese Eigenschaft zeichnet diese Motoren noch heute aus) für Begeisterung und setzte einen Maßstab für die Konkurrenz. Vom Vorwurf des rauen Motorlaufs betroffen waren in jenen Jahren auch die 2,8-Liter-Reihensechszylinder von Mercedes-Benz mit ihren zwei obenliegenden Nockenwellen. Erst die nachfolgende Sechszylinder-Generation von Mercedes, 1984 präsentiert, bot einen ruhigeren Motorlauf.

Aber zurück zu den Opel-CIH-Motoren: Wie groß das Potenzial dieser Triebwerksfamilie wirklich war, hatte im Jahre 1962 wohl noch niemand geahnt. So schaffte das Konzept nicht nur den Sprung zu einem der besten Sechszylinder-24-Ventiler überhaupt, sondern bot da-

Langes Leben: Auch dieser 2,4-Liter-Einspritzmotor mit 125 PS – bis 1996 im Frontera eingesetzt – basierte auf der 1965 vorgestellten Motorenfamilie. Zwischen 1984 und 1987 hatte es auch einen 2,2-Liter-E-Motor mit 115 PS auf dieser Basis für Rekord/Senator und Monza gegeben.

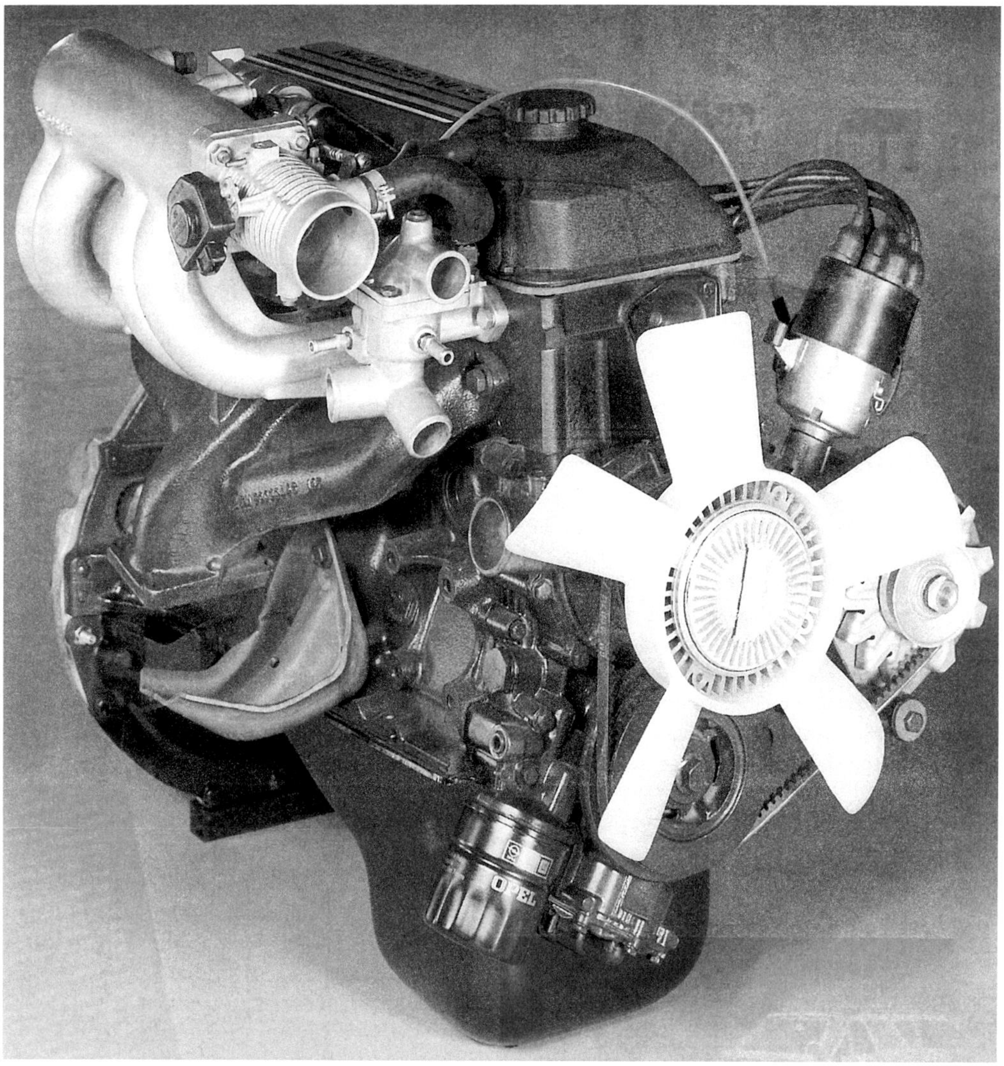

rüber hinaus noch Potenzial für weitere Varianten, wie der Irmscher Vierliter-24-Ventiler mit 272 PS zeigt, der 1989 bis 1992 in einer Kleinserie angeboten wurde. Serienmäßig – also ab Werk – wurde hingegen nur die Dreiliter-Variante mit 204 PS Leistung und 24 Ventilen angeboten, die sich in Vergleichstests mit Wettbewerbermodellen von Mercedes und BMW hervorragend schlug.

Die Entscheidung für ein Top-Triebwerk mit mehr als 177 PS (Dreiliter-Zweiventiler mit Katalysator) war übrigens im Vorfeld der Vorstellung des Senator B, der im Sommer 1987 auf den Markt kam, getroffen worden. Dabei hatte es zwei Alternativen gegeben: einen 3,6-Liter-Zweiventiler mit rund 197 bis 210 PS und den Dreiliter-24-Ventiler. Technik-Chef Friedrich W. Lohr – bis 1991 im Amt – hatte der anhaltenden internen Diskussion, welches Konzept zu bevorzugen sei, ein Ende bereitet und sich 1986 für die modernere und verbrauchsgünstigere Alternative entschieden, den Dreiliter-24V. Der Rest ist bekannt. Diese Entwicklung sollte aber auch gleichzeitig das Ende der CIH-Motorenreihe markieren. Denn schon 1979 hatte sich generell die Umstellung auf neue Triebwerks-Generationen angedeutet. Mittelfristig musste nämlich nicht nur die betagte CIH-Reihe, sondern auch die 1962 präsentierte OHV-Generation ersetzt werden. Da jedoch Anfang bis Mitte der 1970er Jahre – VW hatte 1974 den neuen Golf mit modernen OHC-Triebwerken vorgestellt, die von denen des Audi 80 abgeleitet waren – zunächst Wert auf modernere kleinvolumigere Motoren gelegt wurde, startete im ersten Schritt die Entwicklung der Motorenfamilie I, die anfänglich Hubräume bis 1,3 Liter umfasste, später aber auf Volumina bis zu 1,8 Liter ausgelegt wurde.

Diese Reihe debütierte im Sommer 1979 in den Modellen Ascona und Manta sowie im neuen Kadett D, dem ersten Opel mit Frontantrieb. Allen Mitgliedern dieser Familie gemein waren der Querstrom-Zylinderkopf aus Aluminium, die obenliegende, zahnriemengesteuerte Nockenwelle sowie der Grauguss-Block zur besseren Geräuschdämmung. Die darauf aufbauende Motorenfamilie II – zunächst für

Motoren zwischen 1,6 und 2,0 Liter gedacht – umfasste später Triebwerke bis 2,2 Liter Hubraum, wie sie später in Grundzügen auch im Opel Frontera bzw. im Opel Sintra zu finden waren. Zu dieser Familie gehörten auch die 1,8-Liter-Motoren, die ab Herbst 1982 als neue Basis-Treibsätze die bisherigen 1,7- und 1,9- sowie 2,0-N-Aggregate ablösten. Sie leisteten in der Normalbenzin-Version 75, in der S-Variante 90 PS und wurden zum selben Preis auch im frisch „gelifteten" Modell angeboten. Die wiederum davon im weitesten Sinne abgeleiteten Sechszylinder-V-Motoren von 2,5 und 3,0 Liter Hubraum starteten dann im Jahre 1992 und sind letztlich die Nachfahren der 2,5-, 2,6-, 2,8-, 3,0- und 4,0-Liter-CIH-Motoren (zusätzlich gab es auf CIH-Basis noch Varianten mit 3,9 Liter Hubraum, die von Erich Bitter für sein Modell „SC" produziert wurden).

Auch auf dem Getriebe-Sektor sollte sich – naturgemäß – zwischen 1963 und 1986 einiges ändern. Erinnern wir uns: 1963 hatte es den Rekord A als Vierzylinder wahlweise mit manuellem Drei- oder Viergang-Getriebe und Lenkrad- oder Mittelschaltung (serienmäßig im Coupé) gegeben. Zusätzlich konnte man den 1500er mit Dreigang-Getriebe wie schon zu P1-Zeiten mit der automatischen Kupplung „Olymat" erhalten, die von der Schweinfurter Firma Fichtel & Sachs zugeliefert wurde. Auch beim Nachfolger-Modell, dem Rekord B, gab es diese automatische Kupplung in Verbindung mit dem 1500er und dem 1700 S, aber nur in Kombination mit dem Dreigang-Schaltgetriebe, das nun wiederum für alle Vierzylinder-Versionen, also auch den 1700 S mit 75 PS, serienmäßig war. Interessanterweise war beim Rekord A der im Luxus-Modell serienmäßige S-Motor der alten OHV-Familie mit 67 PS Leistung noch serienmäßig mit Viergang-Schaltgetriebe geliefert worden. Neu im Programm war beim Rekord B in Verbindung mit dem 1900-S-Triebwerk ab Herbst 1965 die bekannte Zweigang-Automatik „Powerglide". Seit 1964 bot Opel dieses Getriebe auch für die Modelle Kapitän, Admiral und Diplomat V8 in Verbindung mit dem alten 2,6-Liter-OHV- sowie den 4,6- und 5,4 Liter-V8-Motoren an, später auch für die neuen 2,8-Liter-CIH-Motoren. Dieses Automatik-Getriebe erhielt Opel – ebenso wie die V8-Triebwerke übrigens – direkt aus den USA.

Obwohl das Zweigang-Automatik-Getriebe für die europäischen Anforderungen in Verbindung mit hubraumschwächeren Motoren weniger geeignet schien, blieb es bis September 1968 Bestandteil des Rekord-Programms. Erst zu diesem Zeitpunkt entschied sich Opel übrigens – der Rekord C war bereits seit zwei Jahren in Produktion – das Vierganggetriebe zur serienmäßigen Grundausstattung zu erheben. Gleichzeitig entfiel die bisher noch für 1,5- und 1,7-Liter-Modelle lieferbare Sonderausstattung „Olymat", und ein neues Dreigang-Automatik-Getriebe tauchte in den Preislisten auf. Diese neue Automatik war nun speziell auf die europäischen Anforderungen abgestimmt und bot mit drei Schaltstufen besonders in Verbindung mit den Vierzylindern eine deutlich verbesserte Fahrbarkeit. Für dieses neue Automatik-Getriebe hatte man ein komplett neues Werk in Strasbourg errichtet, da die Produktion und der Transport der Automatik aus den USA zu teuer und zu unrationell gewesen wären.

Die Entscheidung für die Entwicklung einer neuen Automatik für den europäischen Markt

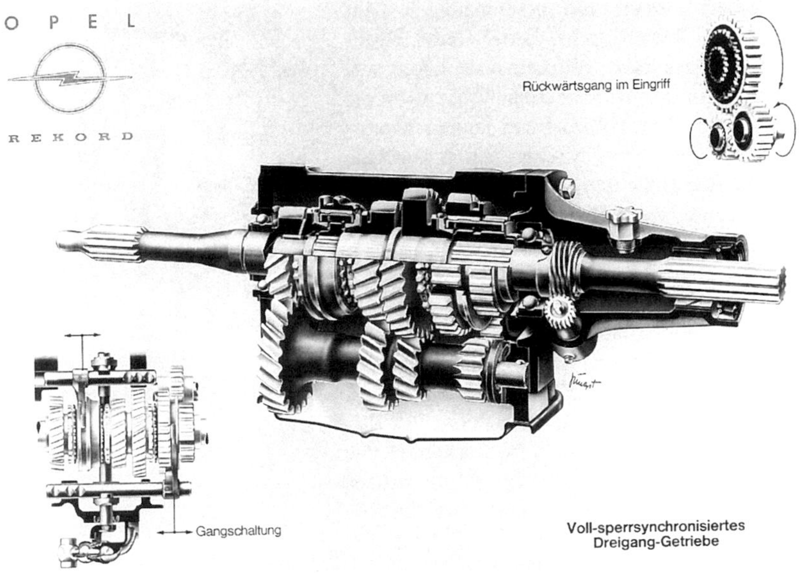

Butterweich ließen sich die manuellen Getriebe von Rekord und Commodore schalten. Bis 1968 rüstete Opel die Rekord-Modelle mit 1,7-N-Motor noch serienmäßig mit Dreigang-Lenkradschaltung aus. Vier Gänge kosteten Extra, die Knüppelschaltung musste bei der Limousine extra bezahlt werden.

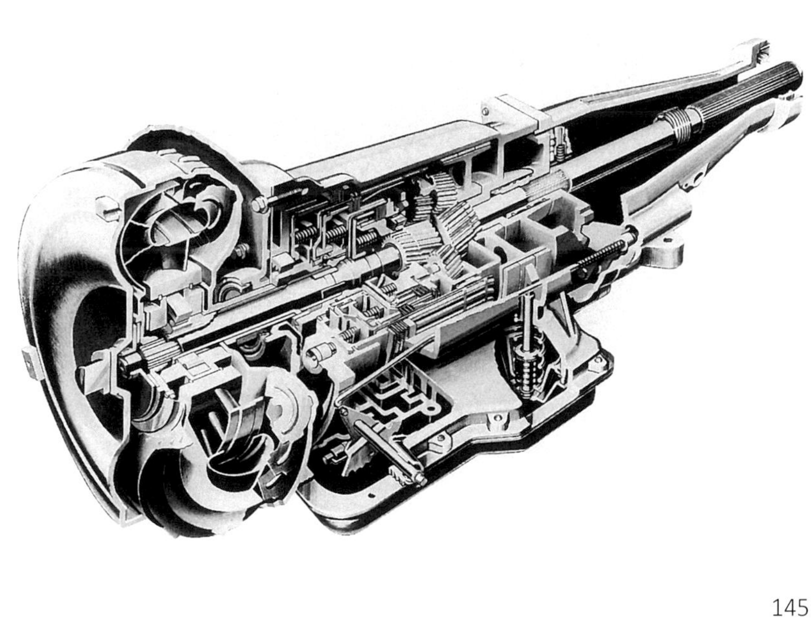

Automatisch besser: Die Fertigung des neuen, speziell auf die europäischen Bedürfnisse zugeschnittenen Dreigang-Automatikgetriebes setzte Ende der 1960er Jahre im neuerbauten Werk Strasbourg ein.

Brachiale Kraft: Fast 380 PS holte der Lotus Omega aus einem 3,6-Liter-Biturbo-Triebwerk. Neu war das für dieses Modell entwickelte Sechsgang-Schaltgetriebe. Alle Fahrzeuge wurden handverlesen unter Anwesenheit des Opel-Managements auf dem Opel-Prüffeld in Dudenhofen ausgeliefert.

und das dazugehörige Werk war aufgrund von Marktanalysen getroffen worden, die belegten, dass wegen wachsender Verkehrsdichte mit einer steigenden Automatik-Nachfrage gerechnet werden müsse. Tatsächlich stellten sich diese Steigerungsraten ein, lagen jedoch unter den zuvor errechneten Zuwächsen, eine Folge der europäischen Automobilkultur, die sich doch erheblich von der amerikanischen unterscheidet. Dieses Automatik-Getriebe setzte Opel prinzipiell bis zum Produktionsende des Rekord im Jahre 1986 ein. Ab Ende 1982 erhielt es jedoch zusätzlich eine Wandlerüberbrückungskupplung zur Verbrauchsreduzierung. Ab demselben Zeitpunkt war auch endlich das langerwartete Fünfgang-Schaltgetriebe lieferbar, das den seit Mitte 1980 als Zwischenlösung angebotenen Overdrive von Laycock ablöste. Erst mit der Omega-Modellreihe kam eine neues Fünfgang-Schaltgetriebe (R 25-Getriebe) mit synchronisiertem Rückwärtsgang sowie eine neue Viergang-Automatik mit Sport- und später auch Winter-Fahrprogramm.

Einen ungewöhnlichen Weg beschritt Opel im August 1988 mit der „Reinkarnation" des CIH-Motorenkonzepts in der Omega-Reihe. Bereits von Anfang an war klar, dass Wettbewerbern, wie dem Mercedes 230 E mit 136 PS, ein entsprechendes Angebot gegenübergestellt werden sollte. Da eine Erweiterung des neuen Familie-II-OHC-Triebwerks zu diesem Zeitpunkt noch ausschied, reaktivierte Motorenchef Dr. Fritz Indra das gute alte CIH-Baumuster und kommentierte dies mit den Worten: „Es gibt keine neuen oder alten, sondern nur gute oder weniger gute Motoren – und der CIH ist nach wie vor ein gutes Konzept!". Dieser Motor leistete zwar mit 125 PS nur 10 Pferdestärken mehr als der neue Zweiliter-OHC, entwickelte aber ein deutlich höheres Drehmoment bei etwas niedrigeren Drehzahlen: 191 Nm bei 2500/min gegenüber 172 Nm bei 2600/min.

Mitte 1990 überraschte Opel das Publikum mit einer speziellen und „heißeren" Variante des Omega 3000 24V, Omega Evolution 500 3,0 24V. Beim Triebwerk handelte es sich um eine Sportmaschine für den Wettbewerb. Aus Homologationsgründen erhielt dieses Modell eine Straßenzulassung. Für die Leistungssteigerung des Motors auf 169 kW/230 PS zeichnete „Haustuner“ Irmscher verantwortlich. Der Evolution 500 wurde nur ein Jahr lang, von September 1990 bis August 1991 in insgesamt 500 Exemplaren hergestellt.

Noch eine Stufe mehr lieferte ab 1989 der Lotus Omega, der mit einem 3,6 Liter großen Reihensechszylinder-24V-Motor und doppeltem Turbolader ausgerüstet war. Er leistete 277 kW (377 PS). Sein Preis belief sich 1991 auf 125.000 DM. Kein Geringerer als der damalige GM Europe Chef Robert J. Eaton, später Chrysler-Boss und damit auch Vertragspartner von Daimler-Benz bei der Gründung von DaimlerChrysler, hatte dieses Auto vehement in der Organisation gefordert und durchgesetzt.

Der Lotus Omega lief zwischen Februar 1989 und August 1992 in Großbritannien auf Basis des Omega 3000 vom Band und wurde nur 907 Mal bei Lotus gebaut, damals ein Unternehmen der GM-Gruppe. Er galt seinerzeit als eine der schnellsten Serienlimousinen der Welt.

Auf dem volkstümlichen Sektor der Omega-Motorisierungen wurde das bereits zuvor erwähnte CIH-Baumuster – das prinzipiell auch noch dem Lotus Omega zugrunde lag – erst mit dem Omega B abgelöst, zunächst durch den Zweiliter-Vierventiler mit 136 PS, danach mit dem Facelift im Jahre 2000 dann durch den 2,2-Liter-OHC mit 144 PS. Nach dem Start des Omega im August 1986 ließ sich Opel also 14 Jahre Zeit, um den Zweiliter-OHC auch hubraummäßig zu vergrößern. Mit der Umstellung vom 2,4-Liter CIH auf den 2,2-Liter-OHC war auch eine leichte Verringerung des maximalen Drehmoments auf 185 Nm bei 4000/min verbunden, die der neue 2,2-Liter-OHC nicht nur ausglich, sondern deutlich verbesserte: Sein maximales Drehmoment belief sich auf 205 Nm bei 4000/min. Auffällig war jedoch, dass hierzu ein höheres Drehzahlniveau erforderlich war.

Auch bei den Sechszylindern tat sich beim Omega B einiges: Die altgedienten Sechszylinder – inklusive des gelobten 3.0 24V – wurden gegen neue Vierventil-V6-Motoren mit einem engen Zylinderwinkel und Multiram-Ansaugsystem ausgetauscht Die Hubräume lagen bei 2,5 bzw. 3,0 Liter, die Leistungen bei 170 bzw. 211 PS. Wenn auch die Leistung des Dreiliter nominal über der des Reihensechszylinders lag, konnte er diesen in Bezug auf Laufruhe sowie Fahrleistungen nicht wirklich übertreffen. Erst mit der Erweiterung der Hubräume auf 2,6 bzw. 3,2 Liter und einer Steigerung der Leistungen auf 179 bzw. 218 PS war eine deutliche Verbesserung der Fahrleistungen aber auch der Laufkultur verbunden.

Auch bei der Diesel-Palette gab es mit der Umstellung von Omega A auf B deutlich Veränderungen: Der bisherige Vierzylinder-Diesel entfiel und wurde gegen einen von BMW zugekauften 2,5-Liter Wirbelkammer-Sechszylinder-Diesel mit 96 kW/131 PS Leistung ersetzt. Das gleiche Triebwerk leistete im 5er BMW 105 kW.

In etwa zeitgleich mit der Einführung der facegelifteten Omega-Serie erfolgte die Umstellung auf den neuen 2,5-Liter-Common-Rail-Direkteinspritzer-Diesel von BMW, der im Omega 110 kW/150 PS leistete (BMW 5er = 163 PS).

Bei den neuen Vierzylinder-Dieseln setzte Opel auf eine Eigenentwicklung mit 2,0 und 2,2 Liter Hubraum (100 und 125 PS). Besonderheit dieses Konzepts war eine 16-Ventil-Technik, bei der jeweils zwei Ein- und Auslassventile über eine so genannte „Brücke“ durch eine Nockenwelle gleichzeitig aktiviert wurden – eine kostengünstige Entwicklung, die in erster Linie aus Marketingaspekten gewählt wurde. Der Einfluss auf Verbrauch oder Fahrleistungen blieb gering.

Eine absolute Exotenrolle nahm die Entwicklung des Omega V8 mit dem 5,7-Liter-Corvette-Motor ein, von dem 32 Exemplare gefertigt wurden. Kurz vor der geplanten Markteinführung Anfang der 2000er Jahre wurde das Projekt aufgrund einer erneuten Marktanalyse zurückgezogen. Darüber hinaus hatten sich der Montageprozess und die ausreichende Getriebekühlung als kompliziert erwiesen. Ausschlaggebend war hingegen die strategische Entscheidung, künftig auf den Signum 3,2-V6 als modernes Top-Modell zu setzen.

Opel fand sich bei der Entscheidung gegen den V8 in der gehobenen Mittelklasse in guter Gesellschaft, denn auch Volkswagen zog den im Passat bereits lieferbaren Achtzylinder nach kurzer Laufzeit bei geringer Nachfrage wieder zurück. Dennoch wäre der Omega V8 mit dem charismatischen Corvette-Triebwerk und einer Leistung von 310 PS bei einem maximalen Drehmoment von 450 Nm eine „echte Ansage“ gewesen.

254
OPEL
11
201
REKORD

Familiensport

Rekord und Commodore auf der Piste

Herausforderung: Als Außenseiter startete Erich Bitter 1968 bei zwei Rennen in Zolder und Hockenheim mit der „Schwarzen Witwe", einem unscheinbaren Rekord-Zweitürer mit 150 PS Leistung – und sorgte auf der Strecke für Furore.

Bereits 1966 machte der Rekord im internationalen Rallye-Sport von sich reden, und das auch noch in Verbindung mit einem bis zu diesem Zeitpunkt fast unbekannten Piloten-Team. Denn ein gewisser Lillebror Nasenius gewann die Gruppe 1-Wertung der Schweden-, Finnland- und Ungarn-Rallye mit jenem Rüsselsheimer Produkt, dem man bis dato eher familiäre Spitzenleistungen nachsagte. Im selben Jahr – 1966 – konnte sich ebendieser Lillebror Nasenius sogar mit dem Titel Rallye-Europameister schmücken.

Natürlich hatten Privatfahrer bei kleineren Veranstaltungen schon bisher mit Opel-Modellen, darunter auch Rekord, teilgenommen (zum Beispiel auch der spätere Rennfahrer und Porsche-Pressechef Richard von Frankenberg, der Anfang der 1950er Jahre mit einem betagten Olympia an einer ADAC-Rallye angetreten war und einen Achtungserfolg erzielt hatte), doch nun schien auch der Rekord reif für die Profi-Liga zu sein. In Schweden jedenfalls, einem traditionell starken Opel-Exportmarkt, setzte sich ein Mitarbeiter der GM-/Opel-Vertriebsorganisation für den Motorsport ein und tat sich mit Ragnar Ekelund zusammen, der wiederum ebenfalls seit einigen Jahren Achtungserfolge auf privatsportlicher Ebene mit Opel-Modellen errungen hatte.

Top Secret: Nur ein kleines Mitarbeiterteam war mit dem Projekt der schwarzen Rekord-Limousine beteiligt.

Außerhalb Schwedens war man nun mit verschiedenen Modellen erfolgreich. So zum Beispiel bei der Tour d'Europe 1966, wo ein Rallye-Kadett hervorragend abschnitt und damit den Weg bereitete für den Verkaufserfolg einer ganzen Serie starker Kompaktwagen mit kräftigen Motoren. Entsprechend war der Rallye-Kadett – 1966 in die Serie aufgenommen – der Wegbereiter für Autos vom Schlage des NSU Prinz TT oder auch des späteren VW Golf GTI, der keinesfalls der Erfinder dieses Segments war, wie häufig fälschlicherweise behauptet wird. Denn der kam – wie bekannt – genau zehn Jahre später (1976) auf den Markt. Man hatte sich in Wolfsburg also viel Zeit gelassen ...

Doch zurück zum Rekord: Ein aufwändigeres Projekt steuerte Opel im Jahre 1968 an. In Rüsselsheim machte sich ein kleines Team eingeweihter Sportbegeisterter an den Umbau einer relativ schmucklosen zweitürigen, schwarzen Rekord-Limousine. Dieser unscheinbare Zweitürer hatte es jedoch in sich: Ragnar Ekelund, der Sportsfreund aus Schweden, hatte für dieses Auto einen ansonsten serienmäßigen 1,9-Liter-Motor speziell präpariert und 150 PS herausgekitzelt. Aus Gewichtsgründen erhielt dieses Auto Türen und Hauben aus Leichtmetall, zur Steigerung der Sicherheit wurde ein Stahlkäfig im Wagen montiert. Im Herbst 1968 dann tauchte diese Rekord-Limousine in Zolder sowie auf dem Hockenheimring bei Tourenwagen-Rennen auf, wo sie in der Gruppe 5 startete. Fahrer war kein Geringerer als Erich Bitter, dessen Unternehmen später die wunderschönen Modelle Diplomat CD und Bitter SC fertigte. Er schaffte es, mit diesem Rekord Gruppe-2-Fahrzeuge des Typs Porsche 911, aber auch Chevy Camaros aus dem Penske-Rennstall, auf die Plätze zu verweisen. Daher auch der Spitzname „Schwarze Witwe", den die erfolgreiche Rekord-Limousine umgehend von der Presse erhielt.

„Das Angebot, dieses Auto zu fahren, kam für mich total überraschend", blickte Erich Bitter später auf seinen Einsatz in der schwarzen Rekord-Limousine zurück. Bitter: „Ich war damals Abarth-Importeur, hatte mir aber im Rennsport schon einen Namen gemacht, als mich plötzlich Huschke von Hanstein (damals

Porsche-Pressesprecher) anrief und mir dieses Projekt anbot." Gut erinnerte sich Bitter an die Euphorie, mit der man im Opellager an diese Sache heranging. Allerdings: Opel wollte hier nicht offiziell in Erscheinung treten. Zwar waren Opel-Designer Anatol Lapine (später arbeitete er als Formgestalter bei Porsche, verstorben im Jahr 2012), Fahrwerk-Spezialist Herbert Oberhaus und sogar Technik-Chef Charles S. Chapman in diese Aktion eingebunden. Intern gab es jedoch weder eine Projekt-Nummer noch einen Vorstandsbeschluss für einen solchen Einsatz. Es handelte sich vielmehr um eine kleine Gruppe enthusiastischer Techniker, die endlich beweisen wollten, dass Opel-Fahrzeuge auch auf Rennstrecken erfolgreich mitmischen können. In den Starterlisten jedoch tauchte der Name Adam Opel AG

Akribische Vorbereitung: Der Auftritt der „schwarzen Witwe" sollte spektakulär und ohne Vorwarnung ausfallen. Auch deshalb wurden die Arbeiten mit größter Diskretion vorangetrieben.

Fachgespräch: Opel-Designer Lapine (links) bespricht sich mit Erich Bitter (Mitte).

Anatole Lapine ließ 1967 – ganz im Geheimen, da der Mutterkonzern GM jede Art von Rennaktivität verbot – eine schwarze Rekord Limousine zum Pistenschreck aufbauen: Erich Bitter schaffte es 1968 beim Saisonfinale der Gruppe 5, deren Spezifikation im Anhang J des Internationalen Sportgesetzes der FISA definiert war, in Hockenheim zwar nicht ganz nach vorn, begeisterte aber mit einer spektakulären Aufholjagd die Fans; der Opel-Mythos „Schwarze Witwe" war geboren! Kurt Bergmann holte den Wagen 1969 nach Österreich für das Flugplatzrennen in Tulln-Langenlebarn – Fahrer: Niki Lauda.

Auferstehung: Im Jahr 2012 erwachte der von Jens Cooper und Michael Splieth initiierte originalgetreue Nachbau der Schwarzen Witwe erstmals zum Leben. Die Replica des Spezial-Tourenwagen, der seinerzeit wohl vom Hof des Rennteambesitzers Kurt Bergmann verschwand, entstand unter Mithilfe von Anatole Lapine, dessen Erinnerungen fehlende Original-Aufzeichnungen ersetzen konnte. Dem Designer war aber nicht vergönnt, die Präsentation der gelungenen Kopie von Opels erstem Nachkriegs-Rennwagen noch zu erleben, er verstarb kurz zuvor im Alter von 81 Jahren.

Der betont spartanische Innenraum mit Schalensitzen war der Gewichtseinsparung geschuldet.

für das Fahrzeug nicht auf. Stattdessen wurde ein Wiesbadener Dachdeckermeister genannt. Bitter vermutet heute, dass Opel das Risiko zu groß war, bei einem Misserfolg dem Spott von Wettbewerbern und Journalisten ausgesetzt zu sein.

„Als ich zum ersten Training in Zolder ankam, war ich zwar von der Leistungsfähigkeit des Motors begeistert, das Fahrwerk jedoch entsprach noch weitgehend dem Serienmodell und war für meinen Anspruch zu weich. Das Handling war für mich einfach nicht OK", so Erich Bitter später. Also ging das Team mit viel Engagement an die Arbeit und operierte mit verschiedenen Federn und Dämpfern. „Zum Schluss", ergänzt Bitter, „setzten wir sogar Lkw-Stoßdämpfer ein. Damit war das Fahrwerk spitze." Beim Training allerdings brach ein Kipphebel, was Bitter einen schlechten Startplatz einbrachte. Beim Start in Hockenheim lief zunächst alles nach Plan: Bitter konnte sich mit seiner flotten Familien-Limousine schnell nach vorn arbeiten und errang die schnellste Zeit auf dem Großen Kurs. Gegen Ende des Rennens jedoch hatte Bitter Pech: Beim Überrunden erkannte ein Mitstreiter zu spät, dass Bitter zum Überholen angesetzt hatte und wich auf die falsche Seite aus.

„Ich konnte den Wagen gerade noch abfangen, landete aber im Kiesbett, wobei der Motor ausging", erinnerte sich Erich Bitter später. Dabei kam es zu einem folgenschweren Irrtum. Bitter: „Ich versuchte, den Motor zu starten, hatte dabei aber den Eindruck, dass der Anlasser nicht durchdreht und stieg aus. Ich dachte: Das Rennen ist für mich gelaufen. Nachdem ich den Helm abgesetzt hatte, probierte ich's noch einmal. Und siehe da: der Anlasser drehte, der Motor sprang an. Ich hatte in der Hitze des Gefechts durch den geschlossenen Helm nicht hören können, dass der Anlasser gedreht hatte." Die Aufholjagd begann. Zwar konnte Bitter sich nicht mehr auf die Führungsposition vorarbeiten, legte jedoch in den verbleibenden Runden immer weiter zu und hatte am Ende die volle Runde, die er verloren hatte, wieder

Pressetermin mit getuntem GS/E: Opel-PR-Mann Karl-Heinz Ihrig weist einen Journalisten ein.

Unten: *Der von Steinmetz getunte GS/E bot Leistung im Überfluss.*

Kontrahenten auf der Rennstrecke: Drei Liter Hubraum, drei Weber-Vergaser und ein 5-Gang-Sportgetriebe waren die Zutaten des Irmscher Commodore A.

Paroli konnte Steinmetz mit seiner Variante des A-Commodore (unten) bieten: Für einen Wagenpreis von 30.000 DM offerierte der auf 2,9 Liter aufgebohrte Motor ca. 250 PS. Hier zu sehen Gerhard Koch/Leopold von Bayern beim GP der Tourenwagen auf dem Nürburgring, einem 6-Stunden-Rennen zur Europameisterschaft 1970.

aufgeholt. Ein hervorragendes Ergebnis für ein Auto mit extrem kurzer Vorbereitungszeit. Vor allem wenn man bedenkt, dass dieses Projekt ohne hohen finanziellen Aufwand und ohne offizielle Unterstützung der Geschäftsleitung der Adam Opel AG vorgenommen worden war.

Dennoch war damit die Karriere der „Schwarzen Witwe" beendet. Opel verkaufte den Wagen an einen großen Opel-/GM-Händler aus Wien. Aber die Renn-Fans zogen vor diesem Ergebnis ehrfürchtig den Hut und zollten den Rüsselsheimern von nun an Respekt. Und auch bei Opel hatte man erkannt, dass der Renn- und Rallyesport bei gezieltem Einsatz der Marke zu neuer Dynamik verhelfen kann. So ließen auch die Erfolge nicht lange auf sich warten, die Tourenwagen-Fahrer mit dem neuen Commodore 2800 errangen – ein Sondermodell, das man speziell für interessierte Privatfahrer aufgelegt hatte und das von Tunern wie Steinmetz mit einer Reihe von technischen Tricks auf Höchstleistung gebracht wurde.

Besonders beliebt waren die von 1969 bis 1972 auf dem Nürburgring ausgetragenen Opel-Markenrennen, ein Marketing-Geniestreich der Opel-Sportbetreuung unter T. P. Preikschat. Die Veranstaltungen fanden (Ausnahme 1972) im Rahmen der Formel-1-Rennen zum Großen Preis von Deutschland statt, vor riesigem Publikum. Sie entwickelten sich zu Prestige-Schlachten zwischen den Opel-Tunern Steinmetz und Irmscher sowie Conrero (Italien), Jetten (Holland) und Greder (Frankreich). Steinmetz-Opel Commodore gewannen alle drei Rennen von 1970 bis 1972 und stellten damit die Vorherrschaft auf der Rennstrecke klar.

Ab Anfang der 1970er Jahre konzentrierte sich das Werk jedoch aus Marketinggründen stärker auf den Rallyesport, wo man weit bis in die 1980er hinein mit Fahrern wie Walter Röhrl oder Achim Warmbold sehr erfolgreich war. Im Jahre 1973 hingegen gewann ein Opel Commodore GS/E Coupé die ADAC-Hessen-Rallye, und Walter Röhrl errang auf einem Commodore GS/E Coupé den Klassensieg bei der renommierten Rallye Monte Carlo. Größter Triumph war jedoch zweifelsfrei Röhrls Sieg bei der Rallye Monte Carlo im Jahre 1982 – hier allerdings auf einem Ascona 400. Prinzipiell wurde dieses Ergebnis erst 1996 durch den Gesamtsieg bei der ITC (International Touringcar Championship) mit dem Calibra – auf Tourenwagen-Ebene – eingestellt.

MARTINI
MAHLE
Veedol
DUNLOP
Ate
TEXTAR
OPEL COMMODORE
101

Commodore extrem: Opel-Tuner Klaus Steinmetz implantierte einen Chevrolet-V8-Motor in das „Jumbo 6000" benannte Hochleistungsfahrzeug. Aus 6 Litern Hubraum generiete der Small-Block-Ami 510 PS, mit denen der 1020 kg schwere Wagen eine Spitzengeschwindigkeit von über 300 km/h erreichte – ein überdimensionales Flügelwerk sorgte dabei für den nötigen Anpressdruck. Die Leistungsdaten reichten aus, um die Ford Capri und BMW CSL Coupés zu ärgern. Der für 118.000 Mark angebotene Tourenwagen der Extraklasse startete 1974 beim IX. Internationales ADAC-300-km-Rennen um den Goodyear-Pokal am Nürburgring: Pilot Peter Hoffmann trat bei dem Lauf zur Interserie in der Klasse „Super Stock" an und belegte Platz 27.

Erfolge im Sport lieferten auch gute Werbemotive für den Commodore. Hier diente das Alte Fahrerlager am Nürburgring als Kulisse.

Erster Auftritt: Mit einem solchen von Günther Irmscher präparierten Serien-Commodore GS/E-Coupé debütierte der junge Walter Röhrl bei der Rallye Monte Carlo 1973 und erreichte – trotz eines Ausfalls – Rang 45 im Gesamt-Klassement und dominierte die GT-Klasse. „Kommode" – so nannte Walter Röhrl das Commodore Coupé wegen seines vergleichsweise komfortablen Innenraums.

COMMODORE
L

Auslandsjournal

Karriere jenseits von Deutschland

Prominenter Ableger: In Gestalt des Chevrolet Opala fand der Rekord C bzw. der Commodore A auch seinen Weg nach Brasilien. Der Opala – es gab später auch Comodora- und Diplomata-Modelle – verband dabei die Opel-Form mit Elementen der amerikanischen Chevy-Modelle (oben), z. B. Grill und Scheinwerfer sowie Blinkleuchten. Die Motoren stammten jedoch ausnahmslos aus dem Chevrolet-Regal (2,5-Liter-Vierzylinder und 3,8-Liter- bzw. 4,1-Liter-Sechszylinder).

Relativ schnell nach Wiederaufnahme der Produktion nach Ende des zweiten Weltkriegs beschäftigte sich Opel auch wieder mit dem Export seiner Fahrzeuge in andere Länder innerhalb und außerhalb Europas, darunter sogar die verwöhnten Vereinigten Staaten von Amerika. Mit weit über 50 Prozent Exportanteil bildete das Jahr 1959 einen Höhepunkt. Zur Steuerung der Verkaufsaktivitäten außerhalb der USA hatte General Motors übrigens schon 1911 eine eigene Organisation gegründet, die ihren Sitz seitdem in New York City hatte und die entsprechenden Schritte von dort koordinierte. Dabei überwachte sie nicht nur die reinen Montagestätten, also Werke, in denen angelieferte Einzelteile, so genannte CKD-Sätze (Completely Knocked Down = komplett zerlegt) zusammengesetzt wurden, sondern auch die großen Fertigungsstätten von Opel und Vauxhall sowie General Motors in Argentinien, Brasilien und Australien, wo General Motors unter dem Markennamen Holden vertreten ist.

Da Olympia und Rekord das weltweite GM-Programm – zusammen mit den Schwesterprodukten von Vauxhall in England – insgesamt nach unten abrundeten, spielten sie speziell für aufkeimende neue Märkte innerhalb und außerhalb Europas eine entscheidende Rolle und wurden in solchen Regionen vorrangig angeboten. Um einen direkten Wettbewerb zwischen den GM-Töchtern Vauxhall und Opel zu vermeiden, lieferte man Modelle beider Marken nur in den Ländern der so genannten Freihandels-Zone (EFTA) parallel. Dazu gehörten neben der Schweiz und Großbritannien auch Österreich, Portugal, Island, Norwegen, Dänemark, Finnland und Schweden. In Vauxhalls Heimatmarkt England war Opel jedoch – strategisch durchaus nicht ungeschickt – in den meisten Jahren nicht offiziell vertreten. Besonderheiten waren Nischenmodelle, wie das Coupé Manta, das offiziell als Opel angeboten wurde. Mit dieser Strategie verhinderte General Motors eine direkte Kanibalisierung, war aber in Marktsegmenten vertreten, in denen Vauxhall nichts Adäquates anbieten konnte. Allerdings fertigte Opel im Werk Rüsselsheim seit den späten 1970er Jahren für Vauxhall die Modelle Royale und Royale Coupé (Senator und Monza) und später auch den Omega. Interessanterweise wies bei diesen für den britischen Markt bestimmten Autos ein kleines Klebeschild an der Windschutzscheibe darauf hin, dass es sich bei diesem Wagen um ein in Deutschland gefertigtes Produkt handelt. Auch in England schätzt man also den Ruf handwerklicher Soliditat, der immer noch von Deutschland ausgeht.

Das wusste man auch in den USA, wo man den Rekord ab Ende der 1950er Jahre als „compact sedan" über die Buick-Händlerbetriebe anbot. „The cute little car from Germany" (das niedliche kleine [!] Auto aus Deutschland) kam dabei nicht über einen Achtungserfolg hinaus. Höhere Stückzahlen erreichten Modelle wie Kadett A und B sowie Ascona und Manta, wie sie ab Mitte der 1960er Jahre angeboten wurden.

Vor allem der Kadett sollte eine Alternative im neu entstehenden Segment der Klein-

wagen darstellen, zu denen natürlich auch der VW Käfer gehörte. Es war die Zeit, in der die Japaner diese Export-Möglichkeit noch nicht erkannt hatten. Zehn Jahre später sollte es im so genannten Segment der „Compact und Intermediate Cars" ganz anders aussehen ...

Aus der Vielzahl der Rekord-Derivate, die im Ausland – teilweise auch unter anderen Marken-Namen – angeboten wurden, erscheinen zweifellos zwei Modelle/Projekte einer besonderen Erwähnung wert: Da ist zunächst der Rekord C, der nicht nur innerhalb Deutschlands ein herausragender Erfolg war, sondern auch im Export eine Sonderrolle einnahm. Er sollte auf dem brasilianischen Markt eine entscheidende Rolle spielen, nachdem GM do Brazil Mitte der 1960er Jahre vom Status einer Zweigstelle zu einem eigenständigen Produzenten avanciert war. Denn im Herbst 1968 erschien der Chevrolet Opala, der seine unmittelbare Verwandtschaft mit dem Rekord C schon auf den ersten Blick nicht verleugnen konnte. Für die Anpassungen an die Marktanforderungen, darunter die optischen Retuschen und die Auswahl des Motorenangebots, hatte GM bzw. Chevrolet do Brazil verantwortlich gezeichnet und sich für bewährte Triebwerke aus den USA entschieden. Darunter ein 2,5-Liter-Vierzylinder-Stoßstangen-Motor (in den USA Iron Duke, also Eiserner Ritter, genannt) sowie 3,8- und später 4,1-Liter-Sechszylinder-OHV-Triebsätze. Auf dieser Basis entstanden neben dem Opala (den es natürlich in verschiedenen Ausstattungsstufen gab) auch weitere Derivate, die sich Diplomata und Comodora nannten. Immerhin ließen sich diese Modelle erfolgreich bis zum Jahre 1992 verkaufen, als sie durch den Omega A abgelöst wurden.

Das zweite interessante Modell – eigentlich handelte es sich dabei um eine eigene Marke – war 1968 in Südafrika geboren worden: Ranger. Hierbei handelte es sich um eine Verknüpfung von Opel-Karosserie, Vauxhall-Komponenten (Vorderachse, Zierrat) und Chevrolet-

Grill mit Variationen: „Ranger" war eine spezielle Marke, die General Motors in Südafrika sowie der Schweiz, aber auch in Benelux-Ländern anbot. Die Design-Änderungen wurden dabei im Rüsselsheimer Design-Center entwickelt. In manchen Ländern kamen Opel-Triebwerke, in anderen Märkten Chevy-Motoren zum Einsatz.

Nur geringfügige Änderungen kennzeichneten die südafrikanische Export-Version des Rekord, die in den frühen 1970er Jahren unter der Markenbezeichnung Chevrolet verkauft wurde. Dieses Modell besaß einen Sechszylinder-Motor und war auch mit einer Klimaanlage ausgerüstet, die es im deutschen Programm nicht gab.

Triebwerken. Zumindest in Südafrika. Auch in der Schweiz und in Belgien wurden Rekord-Derivate unter dieser Marke ab Anfang der 1970er Jahre angeboten, wenn auch mit den bewährten Opel-Motoren. Während in Südafrika Ranger-Modelle von amerikanischen Chevrolet-Motoren angetrieben wurden, blieb man bei den Ranger-Modellen für die Schweiz also bei den bewährten Vier- und Sechszylindern von Opel: Im Angebot waren der 1900, der 2500 und auch der 2800, in Belgien kam noch der 1,7-Liter-Motor dazu.

Produziert wurden die Fahrzeuge in den Montagewerken Biel in der Schweiz und Antwerpen (die beide bereits lange nicht mehr existieren). Parallel zur Vorstellung von Rekord D/Commodore B änderte man dann auch die entsprechenden Ranger-Modelle ab – auch hier war die Abstammung auf den ersten Blick erkennbar. Der Erfolg dieser Modelle in der Schweiz und den Benelux-Märkten war jedoch äußerst zurückhaltend, so dass die Marke Ranger in Europa sukzessive verschwand, zuletzt in der Schweiz im Jahre 1975.

Doch Rekord- und Commodore-Modelle setzten auch weiter unter den verschiedensten Markennamen international ihren Erfolg fort. So zum Beispiel in Australien, wo es den Holden Commodore bis Mitte der 1970er Jahre gab. Dabei handelte es sich um einen direkten Verwandten des Commodore C, wie er in Deutschland ab September 1978 verkauft worden war. Während dies auch optisch auf den ersten Blick erkennbar war, fand man unter dem Blech deutliche Abweichungen. Hier kamen nämlich für den australischen Markt vornehmlich eigene Aggregate mit 2,8, 3,3 und 4,1 Liter Hubraum zum Einsatz. Ende der 1980er Jahre wurde dieses Modell durch ein Derivat des inzwischen in Deutschland präsentierten Senator B abgelöst. Auch dieses Fahrzeug wurde von „Fremd-Triebwerken" befeuert, darun-

Neben Grill und Schriftzügen unterschieden sich auch die Radkappen der südafrikanischen Export-Version von denen des Rekord.

ter ein von Holden entwickelter Fünfliter-V8 und ein 3,8-Liter-V6 von Buick, wie er in den USA heute auch in den Modellen Buick LeSabre, Park Avenue, Oldsmobile LSS und Pontiac Bonneville eingesetzt wird.

Nicht vergessen werden darf auch der Verkauf des Rekord E in Südafrika ab 1982. Obwohl traditionell in diesem Markt über die Volumen-Marke Chevrolet lange Zeit vertreten, hatte GM sich entschlossen, aufgrund der Apartheids-Politik und den damit in Verbindung stehenden Ressentiments der Bevölkerung gegen US-Unternehmen, den Namen Chevrolet zugunsten des Namens Opel abzuschaffen. Gleichzeitig zog sich General Motors offiziell von diesem Markt zurück. Stattdessen übernahm das 1987 im Rahmen eines Management-Buy-outs neugegründete Unternehmen „Delta Motors" die Geschäfte für General Motors und fertigte in den bisherigen Chevrolet-Produktionsstätten nun Rekord-Modelle, die als Teilesätze aus Rüsselsheim importiert worden waren. Bei den zuvor unter dem Markennamen Chevrolet verkauften Fahrzeugen hatte es sich zwar auch schon im Wesentlichen um die deutschen Rekord- und Commodore-Modelle gehandelt, jedoch waren diese „Zwitter" mit betagten Chevrolet-Vier- und Sechszylinder-Motoren ausgerüstet gewesen, wenngleich es zusätzlich ab 1980 auch den bekannten Zweiliter-CIH-Motor gab. Im Jahr 2004 übernahm General Motors Delta Motors wieder zu 100 % und firmiert seitdem – nach Ende der Apartheid – wieder als General Motors South Africa.

Omega und Senator B fanden später ein weiteres Einsatzgebiet in Australien – als Holden Commodore, der in verschiedenen Versionen angeboten wurde: Acclaim, Calais, SS, Berlina. Grundsätzlich auf der Opel-Plattform basierend und auch optisch Omega und Senator ähnlich, wurde der Commodore mit verschiedenen Triebwerken angeboten, die nicht nur aus dem GM-Regal stammten. Entsprechend der Marktanforderungen handelte es sich schwerpunktmäßig um V6- und V8-Triebwerke, wobei General Motors selbstverständlich auch gerne in Ehren ergraute US-Treibsätze – wie beispielsweise den 3,8-Liter-V6 mit vergleichsweise frugalen 177 PS – „down under" anbot. Noch bis 2006 waren so Omega- und Senator-Derivate im Einsatz, obwohl diese Modelle in Europa bereits spätestens 2003 aus der Produktion genommen worden waren. Insidern bekannt ist, dass diese Modelle teilweise in Australien aufgrund einer Kooperation auch von Toyota angeboten wurden.

Komfortabel: Im Bild die speziell für den südafrikanischen Markt nachgerüstete Klimaanlage mit Ausström-Öffnungen vor dem Beifahrer.

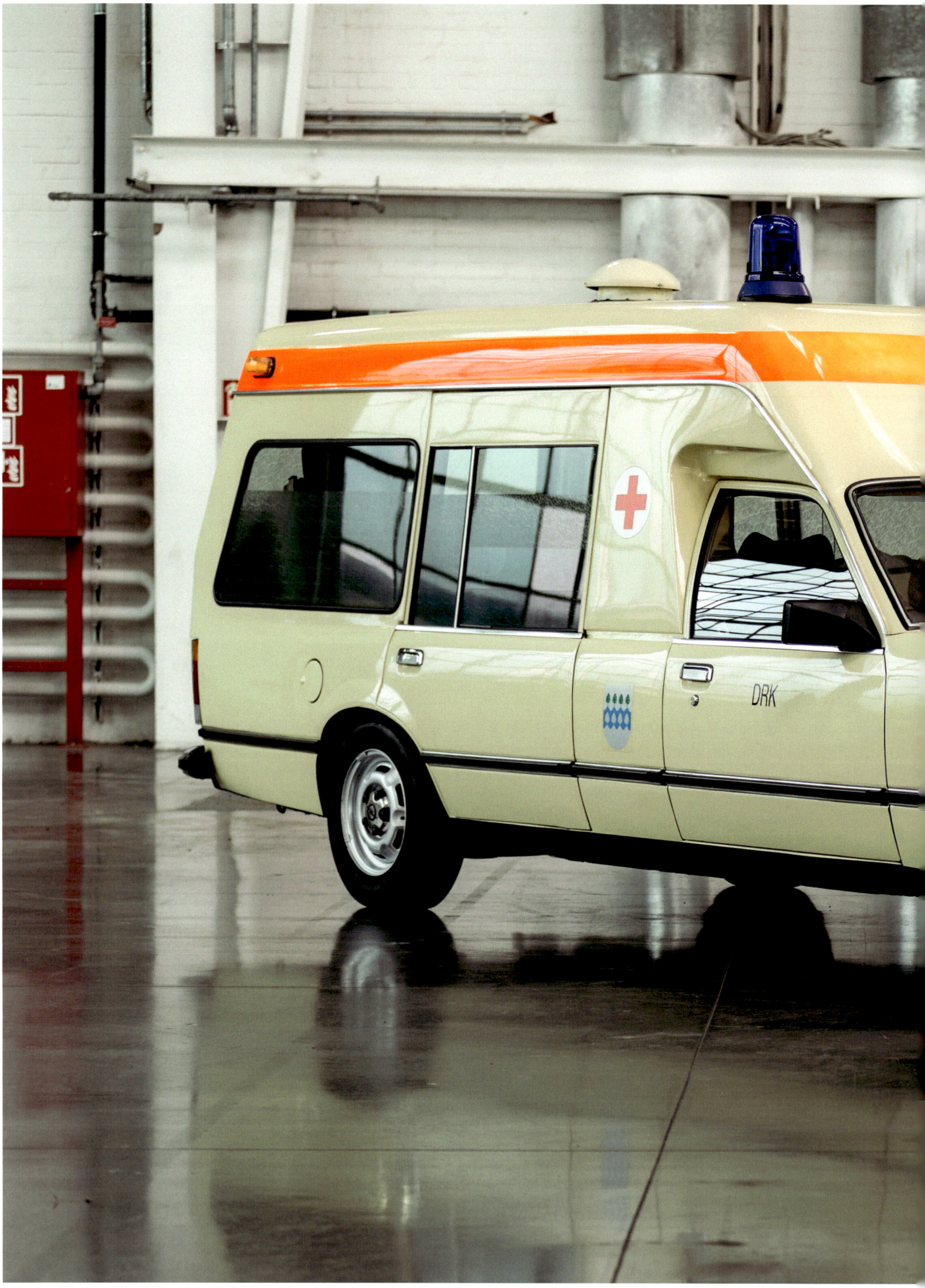
DRK

Abgesang

Wie Opel Im Juli 1986 den Rekord verabschiedete

Rekord II Coupé: Sicher eines der ausgewogensten und elegantesten Modelle der erfolgreichen Rekord-Baureihe.

Am 16. Juli 1986 flatterte eine Pressemitteilung der Adam Opel AG auf die Redaktionsschreibtische, die – erstmals offiziell – das Ende der Rekord-Ära ankündigte. Hier der Original-Text dieser Presseerklärung:

„Die Opel-Rekord-Story“

33 Jahre deutsche Automobilgeschichte

Rüsselsheim: Vor genau 40 Jahren begann für Opel in Rüsselsheim ein neuer Zeitabschnitt: 1946 nimmt das Unternehmen wieder die Produktion von Fahrzeugen auf. Sind es zunächst nur Blitz-Lastwagen, die aus Ersatzteilen zusammengeschraubt werden, so fertigt Opel schon bald auch wieder Neuteile. Zu den Modellen, die ein Jahr später – 1947 – das noch stark beschädigte Werk Rüsselsheim verlassen, gehört auch das Modell Olympia, das mit seiner rahmenlosen – sprich selbsttragenden – Ganzstahl-Karosserie schon bei seinem Erscheinen vor dem Krieg für Furore gesorgt hatte. Schnell findet die Olympia-Neuauflage viele Freunde. Bis zur Einstellung der Produktion dieses Wagens gibt es zahlreiche Verbesserungen an Motor, Getriebe, Karosserie und Fahrwerk. Sieben Jahre nachdem der erste Nachkriegs-Olympia das Werk verlassen hat, schlägt dann die Geburtsstunde eines von Grund auf neuen Wagens, des Olympia Rekord.

„Schwarzwaldmädel“ und „Showsternchen“

1953: Neue Wohnsiedlungen entstehen, in deutschen Wohnzimmern tauchen die ersten TV-Geräte auf – „Fernsehempfänger“ genannt. Das Statistische Bundesamt meldet eine Steigerung der Stahlproduktion von 5,6 Millionen Tonnen im Jahre 1948 auf nun 15,7 Millionen Tonnen. Während in den USA Kinofans ihre Hollywood-Filmstars auf den Leinwänden mit Spezialbrillen dreidimensional bewundern können, freuen sich die Deutschen über Streifen wie „Schwarzwaldmädel“ und ihr neues „Showsternchen“, das fast täglich im Radio zu hören ist: Die junge Cornelia Froboess singt sich mit ihrem fröhlichen Liedchen („Pack die Badehose ein“) in die Herzen der Deutschen.

„Olympia-Rekord, Star seiner Klasse“

Ein ganz anderer Star steht im Frühjahr 1953 auf der Internationalen Automobilausstellung in Frankfurt am Main – der neue Opel Olympia Rekord. Er löst den bisher gebauten Olympia ab und ist ein von Grund auf neuer Wagen. „Star seiner Klasse“, heißt es im Verkaufsprospekt des Jahres 1953, und weiter liest man: „Die guten Eigenschaften des Olympia zum Rekord gesteigert – das ist der Olympia Rekord.“ Auch auf das kraftvolle Triebwerk weist der Werbetext hin. „Sein Vierzylinder-Kurzhubmotor befähigt ihn zu ungewöhnlicher Leistung – schnell am Start, zügig am Berg und beim Überholen, dabei äußerst sparsam im Verbrauch, verschleißfest und langlebig.“

Tatsächlich gilt der Rekord zu dieser Zeit mit seinem 1,5-Liter-Vierzylinder und einer Leistung von 40 PS als schnelle und komfortable Limousine mit moderner Ponton-Karosserie und aktuellem Kühlergrill-Design im vielbestaunten Haifischmaul-Look“.

Lenkradschaltung und „Elastik-Federung“

Im Innenraum überzeugt der Olympia Rekord 1953 durch eine – den Kundenwünschen entsprechend – „vordere Sitzbank mit durchsitzfester Elastik-Federung“ und eine „Dreigang-Getriebe-Fernschaltung am Lenkrad – damals ein wichtiges Komfortdetail. Für klare Sicht sorgen neben der großzügigen Verglasung „besonders lebhafte Gegentakt-Scheibenwischer mit erhöhtem Anpressdruck“ (Werbetext).

Der neue Rekord – Opels erste völlige Neukonstruktion seit Wiederaufnahme der Produktion im Jahre 1946 – wird ein großer Erfolg. Schon im ersten Jahr nach seiner Vorstellung verkauft das Unternehmen 74.419 Fahrzeuge, darunter auch Cabrio-Limousinen, der dreitürige Kombi CarAVan sowie Lieferwagen mit geschlossenen Seitenwänden hinten. Fast fünf Jahre bleibt die Rekord Limousine weitgehend gleich, von kleinen Änderungen an Front und Heck abgesehen. Die Leistung des 1,5-Liter-Vierzylinders steigt auf 45 PS. Insgesamt fertigt das Unternehmen zwischen 1953 und 1957 genau 583.784 Rekord.

1957 beginnt für die Weltmächte UdSSR und USA ein neues Zeitalter: Nach dem erfolgreichen Start des ersten Satelliten, Typ „Sputnik“, in der Sowjetunion schießt Nordamerika im Dezember des gleichen Jahres seine erste „Atlas“-Interkontinentalrakete mit einer Reichweite von rund 9000 Kilometern ins All. Diese Aufbruchsstimmung spiegelt sich Ende der 1950er Jahre auch im Automobilbau wider. In Amerika, wo der fetzige Rock ‘n‘ Roll seit Bill Haley‘s „Rock around the clock“ alle Hitparaden stürmt, stellen die Automobilhersteller Dreamcars vor – Autos, wie sie sich Design-Studios in den 1950er Jahren wünschen, und die nicht selten mehr an Flugzeuge als an Fahrzeuge erinnern.

Gepriesenes Design-Element: Panoramascheiben

Im Herbst jenes Jahres gibt‘s ein interessantes und damals hochgepriesenes Design-Element amerikanischer Wagen auch in Deutschland zu sehen, die Panoramascheibe, die – sowohl vorn als auch hinten – im komplett neukonstruierten Opel Olympia Rekord des Jahrgangs 1958 zu finden ist und bei Fachleuten wie Käufern sehr gut ankommt. Anfänglich kann das Rüsselsheimer Unternehmen gar nicht genügend Rekord-Modelle produzieren, so groß ist die Nachfrage. Statt einer Cabrio-Limousine gibt es jetzt auf Wunsch ein großes, zurückkurbelbares Stoffdach. Das beliebte Modell CarAVan bleibt im Programm, und 1959 stellt Opel eine viertürige Limousine vor. Bis zur Einstellung der Produktion im Jahr 1960 liefert das Unternehmen 884.907 Rekord-P1-Modelle aus. Als „Opel 1200“ mit einem 1,2-Liter-Motor (40 PS) lebt die Karosserieform sogar nach dem Erscheinen des Nachfolgemodells noch zwei Jahre fort. Allein von diesem Typ verkauft Opel 31.143 Einheiten.

1960 begeistern die Olympischen Spiele in Rom die Sportfans, und der harsche Auftritt des sowjetischen Regierungschefs Nikita Chruschtschow bei der UN-Vollversammlung in New York sorgt für Aufsehen. In der Bundesrepublik Deutschland ist von einem „fast schon explosiven Wirtschaftswachstum“ die Rede. Die Bundesregierung beschließt die Einführung eines Freibetrags für Arbeitnehmer in Höhe von hundert Mark sowie die Erhöhung des Kindergelds.

Ob in Deutschland oder fernab der Heimat: Der Rekord P2 war stets ein zuverlässiger Reisebegleiter, ob als Viertürer mit L-Ausstattung (oben) oder Zwei- bzw. Viertürer in der Grundausstattung. Auch künftige Autofahrer zeigten sich vom Rüsselsheimer Bestseller begeistert.

1963 – ein sehr ereignisreiches Jahr. Fünf Monate nach seinem vielumjubelten Besuch in Westberlin wird US-Präsident John F. Kennedy am 22. November in Dallas/Texas ermordet. In Bonn tritt Bundeskanzler Konrad Adenauer im Alter von 87 Jahren von seinem Amt zurück. Sein Nachfolger heißt Ludwig Erhard. Und in England landen die legendären Postzugräuber einen Coup: Bei einem minutiös geplanten Überfall erbeuteten sie 2,5 Millionen Pfund, umgerechnet etwa 28,5 Millionen Mark. Die englische Popgruppe „The Beatles" erobert alle Hitparaden.

Winterfreuden: Trotz Heckantriebs bewältigte der Rekord auch gebirgige Winterstrecken – mit der richtigen Bereifung – ohne große Probleme. Dieses Privatfoto hätte sicher auch jeden Rekord-A-Prospekt geschmückt.

Erstmals ein Rekord Coupé

Im Herbst stellt Opel seinen neuen Rekord vor. Eine glattflächige Karosserie mit großen Scheiben und – dem Zeitgeschmack entsprechend – angedeuteten „Heckflossen" kennzeichnen die komplett neue Fahrzeugreihe, die wahlweise von einem 1,5-Liter-Motor mit 50 PS oder einem 1,7-Liter-Vierzylinder mit 55 PS angetrieben wird. Wie bisher gibt's zwei- und viertürige Limousinen sowie einen Kombi mit der Bezeichnung CarAVan. Ein Jahr später folgen zwei neue Modelle: das sportliche Coupé und die elegante Limousine in Luxusausstattung. Im Innenraum fällt der gegenüber dem P1-Modell geänderte Trommeltachometer auf, dessen Leuchtband jetzt drei Farben besitzt. Bis 50 Kilometer pro Stunde zeigt das Instrument die Geschwindigkeit in Grün, bis 100 in Orange und über 100 km/h in Rot an. 786.411 Fahrzeuge werden von diesem Rekord-Modell – intern auch Typ P2 genannt – bis zur Einstellung gebaut.

Klassisch: Der Rekord diente vielen Besitzern jahrelang treu und erwarb sich so den Ruf des zuverlässigen Wegbegleiters

Sechszylinder-Kraft für den Rekord

Der Automobilmarkt in der Bundesrepublik nimmt den im März vorgestellten neuen Rekord – die Bezeichnung Olympia fällt in diesem Jahr offiziell weg – mit Begeisterung auf. „Ein Wagen des kompromisslosen Fortschritts, der gibt, was so erstrebenswert ist", heißt es im Verkaufsprospekt aus dem Jahre 1963. Besonders loben die Autofahrer die glatte, schnörkellose Karosserie mit ihrem großzügigen Raumangebot. Zunächst gibt es den Rekord nur als zwei-und viertürige Limousine mit und ohne Luxusausstattung, Kombi CarAVan und sportliches Coupé mit 1,5- und 1,7-Liter-Vierzylindermotoren, ein Jahr später aber auch mit dem kräftigen 2,6-Liter-Sechszylinder des Kapitäns, der 100 PS leistet. Als Rekord „6" erreichen die viertürige Limousine oder das Coupé Spitzengeschwindigkeiten von mehr als 170 km/h und gelten für damalige Verhältnisse als sehr schnell. Bis Herbst 1965 baut Opel 882.433 Wagen dieses Typs.

Neuer Motor, neuer Wagen

1965 löst der Rekord B das Modell A ab. Äußerlich an großen, rechteckigen Scheinwerfern und neuen, runden Heckleuchten zu erkennen, unterscheidet sich der neue Typ technisch grundlegend von seinem Vorgänger: Er hat eine neue Vorderachse, eine deutlich verbreiterte Hinterachse und ist mit brandneuen 1,7-Liter- und 1,9-Liter-Motoren lieferbar, die 75 und 90 PS leisten, eine im Zylinderkopf liegende Nockenwelle besitzen und die bisherigen OHV-Triebwerke ablösen. Weiter im Programm bleibt der Kapitän-Motor für den Rekord „6" und das Rekord Coupé „6". Insgesamt verkauft Opel 302.017 Wagen von diesem Modell mit allen Varianten.

1966 starten die USA die Mondsonde „Surveyor 2", die im Juni jenes Jahres im vorgesehenen Zielgebiet auf dem Mond landet und sofort brillante Bilder von der Oberfläche des Planeten überträgt. In der Bundesrepublik tritt Bundeskanzler Ludwig Erhard ab, sein Nachfolger heißt Kurt-Georg Kiesinger, bisher Ministerpräsident von Baden-Württemberg. Koalitionsverhandlungen zwischen CDU, SPD und FDP führen im Dezember zur Gründung einer Großen Regierungskoalition.

Hüftschwung und Fastback

Opel präsentiert im Herbst 1966 den Rekord C, ein wiederum komplett neues Modell mit schraubengefederter Hinterachse. Begeistert sind die Käufer vor allem vom Karosserie-Design mit aktuellem „Hüftschwung“ und der völlig neuen Gestaltung des Innenraums. Erstmals gibt es den CarAVan auch mit fünf Türen.

Gut kommt vor allem das neue Fastback-Design der Coupé-Version an, das eine Besonderheit zu bieten hat: Die hinteren Seitenscheiben mit integrierter B-Strebe lassen sich herunterkurbeln. Erstmals baut Opel mehr als eine Million Fahrzeuge von einem Rekord-Typ – genau 1.274.362 Wagen.

Rekord mit Diesel-Ökonomie

1972 finden in München die Olympischen Sommerspiele statt, und Anfang des Jahres präsentiert Opel seinen neuen Rekord (Typ D). Dieses Modell unterscheidet sich wieder grundlegend von seinem Vorgänger. Es ist kompakter, niedriger und hat eine betont tief angesetzte Gürtellinie. Vollkommen überarbeitet ist auch das Fahrwerk. Erneut besteht das Fahrzeugprogramm aus zwei- und viertürigen Limousinen, drei- oder fünftürigen Kombis und einem sportlichen Coupé. Ende 1972 ist der Rekord dann mit einem neukonstruierten 2,1-Liter-OHC-Diesel-Triebwerk lieferbar, das 60 PS leistet. Angeboten wird dieser Motor auch für den CarAVan, der damit der einzige in Serie gebaute deutsche Kombi mit Dieselaggregat ist.

Gut unterwegs: Ob mit der Rekord D Limousine (oben), dem Commodore A Coupé (Mitte) oder dem Rekord Coupé – mit einem Opel-Modell der gehobenen Mittel- oder gar Sechszylinder-Klasse war man immer gut „gekleidet“.

Stilfrage: Nebeneinander aufgestellt, lassen sich die Änderungen im Stil zwischen 60er und 70er Jahre im Opel-Design gut erkennen: Coke Bottle Shape im Vergleich zur neuen Sachlichkeit rechts.

Besitzerstolz: Schon eine zweitürige Rekord-Limousine konnte seine Besitzerin glücklich machen.

Quantensprung: Beim Vergleich des Design der Phase der 1960er Jahre mit dem Still der späten 70er und 80er lassen sich deutliche Trends bei der Aerodynamik-Gestaltung erkennen.

Unten: *Stolz im Winter: Nicht nur mit einem Mercedes der sogenannten /8-Serie konnte man sich beim Wintersport blicken lassen – auch der Commodore gab ein überzeugendes Bild ab.*

Im Innenraum weist das Rekord-D-Modell ein neugestaltetes Cockpit mit großer Mittelkonsole auf. Bis Herbst 1977 baut Opel 1.128.196 Fahrzeuge dieses Typs – trotz des so genannten Ölschocks 1973/74 und einer damit verbundenen deutlichen Dämpfung der Konjunktur.

Rekord 1977: Forschung im Windkanal

„Dynamische Technik aus dem Windkanal", heißt es 1977 im Verkaufsprospekt für den neuen Rekord E, der sich durch eine nach aerodynamischen Gesichtspunkten gestaltete Karosserie von anderen Wagen dieser Klasse unterscheidet. Großzügiges Raumangebot und ein Fahrwerk, das ein Höchstmaß an Fahrsicherheit bei größtmöglichem Komfort bietet, machen den Rekord schnell zu einem der beliebtesten Wagen auf dem deutschen Markt. Im Programm bleiben Limousine und CarAVan, die jetzt auch mit Einspritzmotoren geordert

Gewohntes Bild: Der Rekord gehörte über Jahrzehnte zum gewohnten Straßenbild dazu – und das in ganz Europa.

werden können; ein Coupé gibt es nicht mehr.

Im Herbst 1982 stellt Opel einen weiterentwickelten Rekord auf Basis des bisherigen Modells vor, der aber in entscheidenden Punkten verbessert ist. Veränderungen an der Karosserie-Front sowie am Heck senken den c_w-Wert auf 0,36. Als Basistriebwerk dient ab sofort ein neukonstruiertes 1,8-Liter-OHC-Vierzylinderaggregat, wahlweise mit 55 kW/75 PS oder 66 kW/90 PS, das später auch mit Einspritzung und elektronisch gesteuertem Dreiwege-Katalysator lieferbar ist. In dieser Version leistet der Motor 74 kW/100 PS. Ferner neu im Programm ist ab Ende 1984 auch ein 2,2-Liter-Vierzylinder-Triebwerk, das den Zweiliter-Motor ablöst und 85 kW/115 PS leistet. Tester und Kritiker loben den guten Drehmomentverlauf dieses Aggregats sowie den sparsamen Umgang mit dem Kraftstoff.

Der Rekord – ein unübertroffener Bestseller

Insgesamt setzt Opel von dieser Rekord-Serie seit 1977 bis Sommer 1986 1,48 Millionen Fahrzeuge ab. Seit der Vorstellung des ersten Opel Rekord im Jahre 1953 entscheiden sich für diese Modellreihe über 7,62 Millionen Käufer. Der Rekord ist damit zu einem Rekord-Fahrzeug geworden: „Von keinem anderen deutschen Wagen dieser Klasse wurden mehr Autos verkauft als von diesem Rüsselsheimer Bestseller."

Kinderglück: Auf der Motorhaube von Papis Rekord sitzen zu dürfen war schon etwas Besonderes. Wenige Jahre später sollte aber der Lieblingsplatz vor dem Cockpit sein.

Unten: *Stolz präsentiert sich diese zweitürige Commodore-C-Limousine mit Vinyldach. Ebenso stolz dürfte der Besitzer gewesen sein, denn mit dem Commodore gehörte man ja bereits der Sechszylinder-Klasse an.*

GG SP 849

Die Ära Omega

Neue Technik – traditionelle Kunden

Das triste Grau dieses Frühjahrstages im März 1986 konnte kaum düsterer wirken als die Mine des PR-Chefs: Voller Unverständnis las er, was ein deutsches Boulevardmagazin da auf seiner Motorseite schrieb: „Der Rekord-Nachfolger werde wieder mit hinterer Starrachse auf den Markt gebracht", stand da Schwarz auf Weiß. Während landesweit Journalisten bereits zu Recht mutmaßten, dass der Rekord-Nachfolger – nach dem überzeugenden Beispiel von Senator und Monza – eine Schräglenker-Hinterachse erhalte, schien diese Vermutung jenem Redakteur verborgen geblieben zu sein.

Glatte Linien, bündige Verglasung: Der Omega A präsentierte sich im Aerodynamik-Stil seiner Zeit und glänzte bei seiner Präsentation mit dem niedrigsten Luftwiderstands-Beiwert aller damaligen Serien-Limousinen.

Tatsächlich hatte Opel sehr lange auf die bewährte Bauweise mit Starrachse gesetzt, die mit dem Rekord C im August 1966 debütierte. Viele Verfeinerungen im Detail hatten diese Achse zu einem Maßstab für gut geführte Fahrwerke gemacht, wenngleich – systembedingt – Kompromisse beim Komfort in Kauf genommen werden mussten. Doch seit der Vorstellung der neuen Oberklassemodelle Senator und Monza im Mai 1978 war klar, dass Opel auch die Entwicklung anspruchsvoller Schräglenker-Hinterachsen beherrschte. Seine Qualitäten hatte der Senator nicht zuletzt im Sommer 1978 in einem vielbeachteten Vergleichstest der *„Auto Zeitung"* gegen Mercedes 280 SE und BMW 730 bewiesen, die beide vom Rüsselsheimer Premium-Modell auf die Plätze verwiesen wurden.

Während Opel bei Rekord und Commodore – bis zu dessen Einstellung – an der noch immer passablen Starrachse festgehalten hatte, konnte man so eindrucksvoll unter Beweis stellen, dass man in Rüsselsheim auch die „hohe Fahrwerkskunst beherrschte". War es also seit Start von Rekord E im Herbst 1977 und Commodore C Ende 1979 noch immer möglich gewesen, relativ einfache Fahrwerkstechnik glaubwürdig in einem Modell der oberen Mittelklasse zu „verkaufen", sorgten zunehmend anspruchsvoller konzipierte Wettbewerber auch in der Vierzylinderklasse – darunter Ford Granada sowie Audi 100 – für verschärften Wettbewerb.

Stichwort Audi 100, Modell C3, wie es 1982 auf den Markt kam: Obwohl zweifellos ein fortschrittliches Fahrzeug mit damals bester Aerodynamik, verfügten die Frontantriebs-Versionen doch auch „nur" über eine Verbundlenkerhinterachse, eine feinere Beschreibung für eine starre Achse, wie man sie auch heute noch in vielen Frontantriebs-Fahrzeugen findet. Konzeptbedingt ist dies allerdings bei einem Fronttriebler komfortmäßig kein allzu großes Manko, während bei einer angetriebenen Hinterachse eine Einzelradaufhängung doch in den meisten Fällen deutliche Vorteile bringt. So war die Schräglenker-Hinterachse ab den 1980er Jahren im Umfeld von Mercedes und Audi einfach „marketing-technisch" erforderlich geworden. Dennoch darf – bis heute – die in Rüsselsheim unter Fahrwerks-Chef Herbert Oberhaus, später Leiter der technischen Entwicklung, immer wieder verfeinerte hintere Starrachse als eine der besten ihrer Art gelten.

Doch bevor es ab August 1986 endlich soweit war, konterte Opel mit Sonderserien, wie dem sportlich aufgemachten Rekord SR/E ab Herbst 1981 sowie einem Overdrive-Getriebe für den Commodore, der als Alternative für ein im Commodore nicht lieferbares mechanisches 5-Gang-Getriebe seit Herbst 1980 wahlweise angeboten wurde. Dabei handelte es sich um dieselbe Technik, die bereits seit den 1960er Jahren optional bei Triumph TR 3, TR 4, TR 5, TR 250 und TR 6 zum Einsatz gekommen war.

Nun – Mitte der 1980er Jahre – hatte man in der PEK in Rüsselsheim, Kurzbezeichnung für Produkt-Entwicklung-Konstruktion, ordentlich in neue Technik investiert: 5-Gang-Getriebe, Servolenkung, Schräglenker-Hinterachse, Katalysatortechnik, ABS – all das sollte der Rekord-Nachfolger nun serienmäßig mitbringen – und damit nicht nur zur Konkurrenz aufholen, sondern auch teilweise deutlich bessere Lösungen sowie ein unschlagbares Preis-Leistungsverhältnis liefern. Zur Erinnerung: Mitte der 1980er Jahre gehörten derartige Zutaten noch keineswegs zum Standard der Oberen Mittelklasse. Aufpreise zwischen 2000 und

Sport, Spiel, Spannung: Mit einem Laderaumvolumen von maximal 1850 Liter bot der Omega A Cavan genügend Raum – auch für den Transport ausladender und technisch anspruchsvoller Gegenstände ...

3000 Mark für ein Antiblockier-Bremssystem beispielsweise waren die Regel. Nur Ford lieferte ab 1985 im neuen Scorpio ABS serienmäßig. Für den Omega entschieden die Markt-Strategen in Rüsselsheim einen Mittelweg: Serie in den Top-Versionen CD und 3000.

Opel hatte also viel investiert, und der neue Rekord-Nachfolger – dessen Name noch nicht bekannt war – sollte in jeglicher Hinsicht den neuen technischen Anspruch dokumentieren. Da durften leichtfertige und unrealistische Mutmaßungen in der Presse natürlich nicht um sich greifen. Infolge dessen musste auch jener unglückselige Journalist, der in dieser Phase von hinteren Starrachsen „phantasierte" in aller Freundlichkeit, dennoch gleichwohl bestimmt, über den künftigen technischen Anspruch bei Opel informiert werden. Von nun an las man nur noch über die neue künftige technische Orientierung in Rüsselsheim.

Die Zeit vor der Pressevorstellung im August 1986 nutzte man auch intern dazu, die komplette Mannschaft auf den neuen Anspruch einzustimmen. Öffentlichkeitsarbeit und Marketing veranstalteten regelmäßige Informationsveranstaltungen auf dem Testgelände in Dudenhofen nahe Hanau: Ob Spitzentempi auf der Hochgeschwindigkeitsstrecke mit den neuen Zweiliter-OHC-Motoren, die Leichtgängigkeit des neuen R-25-5-Gang-Getriebes oder das neue Fahrzeug auf der Komfortstrecke – ganze Pilgerscharen interner Mitarbeiter konnten sich über die neue Entwicklung vor Ort informieren, meistens im direkten Vergleich mit Konkurrenzmodellen, die zum Vergleich bereitstanden: Ford Scorpio, Audi 100, Mercedes W123 sowie BMW 5er.

Besonders großen Aufwand trieb man dabei für die Präsentation des neuen Fahrwerks. Denn der bereits vorgestellte neue Ford Scorpio – so viel war bereits klar – hatte als Highlight ein serienmäßiges ABS zu bieten. So präsentierte man den Rekord-Nachfolger im Wettbewerb in einer speziellen so genannten Versuchsanordnung (Mü Split genannt), bei der ein Teil der Fahrbahn mit normalem Fahrbahnbelag, der andere Teil mit einer Art Seife belegt war. Vorteil des Omega-Fahrwerks war, dass der Wagen – auch ohne ABS – beim Bremsen auf unterschiedlichem Fahrbahnbelag die Spur sicher hielt. Hierzu wurde bei den Wettbewerbsmodellen auf Fahrzeuge ohne ABS zurückgegriffen bzw. das ABS außer Betrieb gesetzt. Selbstverständlich wurde der Test auf Opel-Fahrzeugen mit ABS-Ausrüstung durchgeführt. Der Rekord-Nachfolger zeigte in allen Tests eine überzeugende Vorstellung.

Body-Tuning: Für sportliche orientierte Käufer bot Opel ab Modellstart für den Omega ein reichhaltiges Zubehör-Programm an.

Ebenfalls im Frühjahr 1986 präsentierte Technik-Chef Herbert Oberhaus im Rüsselsheimer Design-Center das neue Modell und hob, unterstützt vom stellvertretenden Design-Chef George Gallion, die Vorzüge des neu-

Serien-Tuning: Freunde sportlicher Limousinen versorgte Opel „serienmäßig“ mit dem Omega 3000. Zunächst mit dem bekannten 156 PS starken Dreiliter-Zweiventiler mit Kat (bzw. 177 PS ohne Kat) lieferbar, folgte später der Dreiliter-24-V mit 204 PS.

en Modells in Bezug auf Technik sowie Design hervor. Durch gezielte Feinarbeit an der neuen Karosserie – beispielsweise eine komplett außenbündige Verglasung – war es Opel gelungen, den zur IAA 1981 vorgestellten Aerodynamik-Meister Audi 100 sogar zu unterbieten. Auch in die neue Generation von OHC-Motoren, eine massive Weiterentwicklung der 1982 präsentierten 1,8-Liter-Familie-2-Triebwerke, hatte Opel viel Zeit und Geld investiert, was Herbert Oberhaus enthusiastisch hervorhob.

Die Mannschaft zeigte sich beeindruckt. Auch die Entscheidung, dieses neue Technik-Paket mit einem neuen Namen zu garnieren, erschien absolut gerechtfertigt, zumal der seit 1953 genutzte Name „Rekord“, ursprünglich „Olympia Rekord“, nach Meinung der Marktforscher gewisse Abnutzungserscheinungen aufwies und nach Meinung des Opel-Marketing nicht mehr zum neuen technischen Anspruch passte. Beim neuen Namen ging man ähnlich pragmatisch vor wie bei früheren Namens-Kreationen, bei denen man gerne auf die von General Motors bereits geschützten Begriffe zurückgriff. Beispiele hierfür waren Corsa und Monza, die GM bereits Ende der 1950er Jahre im Zusammenhang mit der Vorstellung des neuen Kompaktmodells Chevrolet Corvair schützen ließ.

Beim Rekord-Nachfolger griff man allerdings auf einen Namen für die Oldsmobile-Division zurück, jene Marke, mit der man bei GM gerne neue Technologien einführte: So waren beispielsweise die modernen GM-4-Ventil-Motoren – Quad 4 genannt – über Oldsmobile in den Markt eingeführt worden. Für den Rekord-Nachfolger nutzte man nun den Namen „Omega“, den „Olds“, so der liebevolle Kurzbegriff der Marke, in den frühen 1970er Jahren hatte schützen lassen. Für den Rekord-Nachfolger sollte der Name Omega technischen Anspruch, Hochwertigkeit und Modernität vermitteln.

Während man sich in Rüsselsheim mit diesem neuen Technik- und Design-Paket für den Schwerpunkt der Nachfrage in der gehobenen Mittelklasse gut gerüstet sah, wollte sich ein kleines Team um PR-Vorstand Hans-Wilhelm Gäb mit einem soliden Angebot um 115 PS mit Dreiwege-Katalysator nicht zufriedengeben. Schon im Jahr vor der Vorstellung – 1985 – hatte man nach Möglichkeiten gesucht, den Omega mit einem aufsehenerregenden und leistungsstärkeren Spitzenmodell zu garnieren. Zwar war für das Folgejahr – 1987 – die Einführung des vom Omega abgeleiteten Senator mit Dreiliter-Sechszylinder vorgesehen. Doch

Neuer Stil: Harmonisch und dennoch sportlich wirkte das Design des Omega B, der 1994 als Limousine und Caravan startete.

die Einführung eines derart wichtigen Modells wie dem Rekord-Nachfolger, sollte mit einem echten Top-of-Line-Modell garniert werden. Das Problem: Zwar hatte man viel in die neuen Vierzylinder-Triebwerke investiert – ein neuer leistungsstarker Top-Motor war aber erst deutlich später geplant. Er kam 1989 in Form des Dreiliter-24-V-Motors, der ebenfalls Bestnoten im Konkurrenzvergleich erzielte.

Jetzt aber – für Mitte 1986 – suchte man nach einer schnellen und dennoch wirkungsvollen Lösung, die zusätzlich Aufmerksamkeit erzielen sollte. Gäb war es dabei gelungen, Opel-Chef Ferdinand Beickler zu überzeugen. Und auch der neue Vertriebsvorstand Georg Hehner hatte sich schnell von diesem Plan begeistern lassen. Die Lösung hieß Omega 3000, eine optisch im Stil der Zeit aufgepeppte Sportlimousine, unter deren Motorhaube der bekannte Dreiliter-CIH-Sechszylinder mit 177 PS oder – mit Katalysator – 156 PS antrat. Besonderheiten dieses Modells waren geschmiedete Fuchs-Leichtmetallräder, Sportsitze mit hochwertigen Stoff-Lederbezügen. Klima-Anlage, elektrisches Glas-Schiebedach sowie elektrische Fensterheber mit Auto-Up/Down-Funktion auf Wunsch. Der auffällige Heckspoiler auf dem Kofferraumdeckel konnte vom Kunden abgewählt werden.

Derart gerüstet peilte man in Rüsselsheim voller Enthusiasmus die Vorstellung des neuen Omega an, wobei die Vorstellung des Spitzenmodells 3000 erst im Frühjahr – zusammen mit dem neuen Kadett Cabrio – erfolgen sollte. Die Pressevorstellung des Omega im August 1986 führte in den Soonwald im Rhein-Hunsrück-Kreis. Beginnend am Wiesbadener Kurhaus führte die Testroute auch über Schloss Westerhaus, das Gestüt und Weingut eines Vertreters der Opel-Dynastie: Heinz von Opel. Bei der Rückkunft in Wiesbaden zeigten sich die meistern Journalisten beeindruckt. So war man in Rüsselsheim nicht minder begeistert, als der neue Omega den ersten Vergleichstest gegen den – inzwischen allerdings bereits vier Jahre im Markt befindlichen – Audi 100 gewann.

Hatte man mit dem Omega 2.0 in der wichtigen 115-PS-Klasse ein starkes Angebot im Markt, so wurden doch die Rufe nach einem Angebot oberhalb von 115 PS bis maximal 150 PS immer lauter. Während man in Rüsselsheim fieberhaft an der Vorstellung des Top-Modells 3000 arbeitete, die im Frühjahr 1987 in Porto Cervo auf Sardinien zusammen mit dem bereits erwähnten Kadett Cabrio stattfand, lief in der PEK die Endphase der Entwicklung eines stärkeren Vierzylinders an.

Anders als von vielen vermutet, griff die Motorenentwicklung dabei auf das seit 1965 verwendete CIH-Baumuster (camshaft in head) zurück, das in Form der bekannten 1,5- bis 1,9-Liter-Vierzylinder im Rekord B seine Premiere gefeiert hatte. Fragen, warum man für diese Leistungsklasse oberhalb von 115 PS ausgerechnet auf einen „alten Motor“ zurückgegriffen habe, entgegnete Motorenchef Dr. Fritz Indra, 1985 von Audi zu Opel gewechselt: „Es gibt keine alten und neuen, sondern nur gute oder weniger gute Motoren“. Und der 2,4-Liter-CIH sei trotz seines Alters ein sehr gutes und effizientes Triebwerk. Technisch gesehen handelte es sich übrigens um das gleiche Konzept, das bis in die 1990er Jahre auch weiterhin bei den Sechszylindern – inklusive des neuen Dreiliter-24-V ab Ende der 1980er Jahre

Ein Hauch von Raumschiff-Enterprise: LCD-Instrumente galten Mitte der 1980er Jahre als modern und ablesefreundlich. Opel bot dieses von Kritikern gern als „Mäusekino“ bezeichnete Feature im Senator CD serienmäßig an, im Omega kosteten diese Instrumente Aufpreis und waren auch dementsprechend wenig gefragt ...

Motor-Tuning: Aufgrund des Reglements in der „alten“ DTM produzierte Irmscher im Auftrag von Opel eine limitierte Sonderserie des Omega, genannt Evo 500. Auch der auf 230 PS gesteigerte 24-Ventiler kam von Günther Irmscher.

Sportlich und komfortabel: Für den Omega Evo 500 ließ Opel über Irmscher ein exklusives Interieur mit elektrisch einstellbaren Recaro-Sitzen liefern.

genutzt werden sollte. Um eine deutliche Steigerung des Drehmoments zu erzielen, hatte der Rüsselsheimer Motorstab den Hub auf 85 Millimeter erhöht, dasselbe Maß, das bereits der hauseigene 2,3-Liter-Diesel aufzuweisen hatte.

Noch eine Stufe weiter ging Opel mit der Vorstellung des 2,6-Liter-Dual-Ram-Motors im August 1990, der ebenfalls auf dem CIH-Motorenkonzept aufbaute und erschwinglichen Sechszylinder-Komfort bot. Dieses Modell war DAS Angebot für frühere Commodore-Käufer, die keinen Vierzylinder-Omega fahren wollten und andererseits kein Interesse am sportlichen Omega 3000 hatten.

Doch zurück zum Marktstart des Omega im Spätsommer 1986: Händler und Kunden hatten das Modell lange und heiß ersehnt erwartet. Zu lang war die Zeit seit der Vorstellung der letzten echten Neueinführung gewesen: Immerhin 9 Jahre hatten zwischen der Vorstellung des Rekord E zur IAA 1977 und der Präsentation des Omega gelegen. Da hatte auch das Facelift des Rekord 1982/83 nicht viel ändern können. Obwohl optisch aufgefrischt, wirkten die zahlreichen Rekord-Dienstwagen auf dem Rüsselsheimer Firmengelände doch inzwischen wie Youngtimer – höchste Zeit also für einen Neustart!

Gleich im ersten Vergleichstest von *„auto motor und sport"* siegte der Omega gegen den inzwischen knapp vier Jahre alten Audi 100. Und auch bei weiteren Vergleichen mit dem Ford Scorpio und anderen Wettbewerbern konnte sich der Omega wiederholt behaupten. Besonders gut kam dabei der Omega Caravan weg, der mit einer Ladekapazität von fast 1900 Litern bei umgeklappter Rückbank einen Spitzenwert markierte.

Eine weitere Karriere erlebte der Omega übrigens auch in Brasilien, wo er den seit 1968 angebotenen Chevrolet Opala ablöste, ein Derivat des 1966 in Deutschland vorgestellten Rekord C. Den Omega gab es in Brasilien als Limousine und Caravan („Suprema") mit dem Zweiliter- und Dreiliter-Einspritzer. Zusätzlich wurde der Omega in Brasilien mit einem – in Ehren ergrauten – 4,1-Liter-Reihen-Sechszylinder angeboten, den es auch schon im Vorgänger gegeben hatte: ein echter Triebwerks-Veteran aus den GM-Motoren-Katakomben!

Eine besondere Spezialität im Omega-Programm stellte der von Lotus entwickelte und mit einem 377 PS leistenden Twin-Turbo-3,6-Liter-Motor ausgestattete Lotus Omega dar. Mit einem Stückpreis von 125.000 Mark und einer Auflage von 907 Einheiten wurde nur ein weiteres Omega-Modell noch seltener produziert: der Omega Evolution 500, dessen vom Dreiliter-24-V-Motor abgeleiteter Treibsatz 230 PS leistete. Er war in den Jahren 1991 und 1992 auf Basis der damaligen DTM-Vorgabe entstanden, dass 500 Einheiten der Basisversion zur Homologation erforderlich sind. Die Leistungssteigerung vom Basis-24-V mit 204 PS auf die 230 PS der Straßenversion war im Übrigen mit hohem Aufwand und Anleihen aus dem Rennmotorenbau (Leichtbaukolben, geschmiedete Kurbelwelle) erreicht worden. Dazu kamen besondere optische Zutaten, wie ausgestellte Kotflügel und spezielle 18-Zoll-Leichtmetallräder. Eine weitere Besonderheit war der – je nach Geschwindigkeit – variable Heckspoi-

Start einer Bewegung: Hatte der Rekord Caravan schon zahlreiche zumeist gewerbliche Abnehmer gefunden, startete der Omega Caravan seinen Siegeszug bei privaten Kunden, die ihn auch für die Freizeit nutzen wollten.

ler, unter Fans auch gerne „Fritten-Theke" genannt. Entgegen dem ursprünglichen Plan, den EVO 500 in fünf Farben anzubieten, war er letztlich nur in Novaschwarz Metallic zu einem Grundpreis von rund 90.000 Mark erhältlich. Unter anderem zählte Steffi Graf zu den prominenten Besitzern. Weniger exklusiv war ab 1992 der Omega mit dem neuentwickelten 2,6-Liter-150-PS-Sechszylinder, der auf dem bekannten CIH-Baumuster basierte und als Besonderheit eine Dual-Ram-Einspritzung aufwies. Bei der Produktion dieses heute gesuchten Sport-Modells leistete übrigens kein Geringerer als Günther Irmscher wertvolle Hilfe, der nicht nur die Leistungssteigerung bewerkstelligte, sondern auch das komplette Fahrzeug endmontierte.

Keine dieser Motorvarianten schaffte es in den neuen Omega B, der ab 1994 die gehobene Mittelklasse im Hause Opel repräsentieren sollte. Um ein hochwertiges Qualitätsniveau von Anfang an sicherzustellen, hatte Opel alle Führungskräfte vier Monate vor Modellstart mit so genannten „Verification Cars" bestückt, über die genau Buch zu führen war. Dieser neue Omega B verfügte nicht nur über eine neue Karosserie, sondern auch über komplett neuentwickelte V6-Benzinmotoren mit einem geringen Zylinderwinkel von nur 54 Grad. Für Dieselfreunde kaufte man zunächst den 2,5-Liter-Vorkammerdiesel von BMW zu und wechselte ihn im Jahr 2000 gegen den 2,5-Liter-Direkteinspritzer-Diesel von BMW, der im Omega 150 PS leistete.

Zeitweise parallel zum Omega kämpfte ab 1978 auch der Senator – nebst dem Coupé Monza – um Kunden in der Oberklasse. Trotz äußerst positiv bewerteter neuer Motoren, darunter beispielsweise der Dreiliter-Reihen-Sechszylinder mit 24 Ventilen, oder die neue 54-Grad-V6-Generation oder auch Sechszylinder-Diesel mit Common-Rail-Technologie von BMW, verloren Omega und Senator zunehmend an Nachfrage. Auch die Überlegung gegen Ende des Lebenszyklus, den legendären Corvette-V8 mit auf rund 310 PS reduzierter Leistung in den Omega zu implantieren, wurde – trotz beeindruckender Fahrleistungen – verworfen. Letztlich hatten neue Marktanalysen im Jahre 2000 ergeben, dass der sich bereits in Entwicklung befindliche und konzeptionell neuartige Signum ab Modelljahr 2003 die Spitze im Opel-Programm übernehmen sollte. Erst 2008 folgte eine Neuorientierung mit dem Spitzenmodell Insignia, der letztlich Vectra, Signum und Omega gemeinsam ersetzte.

Nach der Opel-Übernahme durch PSA markiert seither der Insignia, inzwischen in der zweiten Generation, auch im neugestalteten Konzern – zusammen mit Peugeot 508, DS7 sowie künftig vermutlich dem DS9 die Spitze des Modellprogramms.

Grill-Frage: Der schwarze Grill mit Chromrahmen blieb nach dem Facelift zum Modelljahr 2000 den Sport-Versionen vorbehalten, hier am Beispiel des Omega Sport 2.5 DTi mit Sechszylinder-Common-Rail-Diesel-Motor aus dem Hause BMW.

Technische Daten

Rekord A			
Bauzeitraum	1963-1965		
Stückzahl	861.722		
Motor:			
Motorvarianten	1,5 Liter	1,7 Liter	1,7 Liter S
Verbrennungsart	Otto		
Zylinderzahl / Anordnung	4 / Reihe		
Zylinderkopf / Motorblock	Grauguss / Grauguss		
Hubraum in ccm	1488	1680	1680
Bohrung x Hub in mm	80 x 74	85 x 74	85 x 74
Leistung in kW (PS)/min^{-1}	40 (55) / 4500	44 (60) / 4300	50 (67) / 4400
max. Drehmoment in Nm/min^{-1}	108 / 2000-2600	122 / 1800-2400	128 / 2200-2900
Ventilsteuerung	o. h. v., Stirnräder		
Schmierung	Druckumlaufschmierung		
Gemischaufbereitung	Fallstrom-Vergaser mit Beschleunigungspumpe		
Kühlsystem	Wasserkühlung mit Pumpe und 4-flügeligem Lüfter		
Zündsystem / Bordspannung	Batterie / 6 V 77 Ah		
Kraftübertragung:			
Kupplung, Bauart	Einscheiben-Trockenkupplung		
Getriebe, Bauart, Gänge	Dreigang-Getriebe, auf Wunsch Viergang-Getriebe		
Automatik, Bauart, Gänge	auf Wunsch: Olymat, automatische Duplo-Kupplung		
Schaltung	Lenkradschaltung		
Radantrieb, Bauart	Hinterradantrieb, Differenzial mit Hypoidverzahnung		
Karosserie / Fahrwerk:			
Aufbau	2- und 4-türige Limousine, Coupé, 3-türiger Caravan		
Ausstattungsvarianten	Rekord L (4-türige Limousine)		
Aufbau- / Chassis-Konstruktion	selbsttragend mit wannenförmigem Unterboden, gewölbte Seitenscheiben		
Vorderradaufhängung	Stahlblech-Achskörper mit Querlenkern, Stabilisator, wartungsfreie Schmierung aller Chassis-Aggregate		
Vorderradfederung / -dämpfung	Schraubenfedern mit linearer Rate, Teleskop-Stoßdämpfer		
Hinterradaufhängung	Starrachse, Banjo-Typ		
Hinterradfederung / -dämpfung	Blattfeder mit Spaltblatt, hinten in Drucklasche, Teleskop-Stoßdämpfer		
Räder, Bauart	Stahlscheibenräder, 4 ½ J x 13		
Reifen, Dimension	schlauchlos, 5.90 x 13		
Lenkung / Bremsen:			
Lenkung, Bauart	Kugelumlauf-Lenkung mit dreiteiliger Spurstange		
Fußbremse	hydraulische Vierradbremse		
Vorderradbremse	Duplex-Trommelbremse		
Hinterradbremse	Trommel (Laschenbremse)		
Handbremse	Stockhandbremse, Seilzug auf die Hinterräder		
Maße / Preise:			
Länge / Breite / Höhe in mm	4512 x 1669 x 1465 (Limousine)		
Radstand in mm	2639		
Spurweite vorn / hinten in mm	1321/1276		
Leergewicht in kg	965-990		
Zuladung in kg	430-455		
Tankinhalt in l	45		
Verbrauch l/100 km	8,9 (8,5-9,5)	9,3 (9-10)	9,2 (9-10)
Höchstgeschwindigkeit km/h	134	138	142
Grundpreise in DM	6480,- bis 7935,-		

Rekord B			
Bauzeitraum	1965-1966		
Stückzahl	294.185		
Motor:			
Motorvarianten	1,5 Liter	1,7 Liter S	1,9 Liter S
Verbrennungsart	Otto		
Zylinderzahl / Anordnung	4 / Reihe		
Zylinderkopf / Motorblock	Grauguss / Grauguss		
Hubraum in ccm	1492	1698	1897
Bohrung x Hub in mm	82,5 x 69,8	88 x 69,8	93 x 69,8
Leistung in kW (PS)/min^{-1}	44 (60) / 4800	55 (75) / 5200	66 (90) / 5100
max. Drehmoment in Nm/min^{-1}	105 / 2800-3600	130 / 2500-2900	149 / 2500-3100
Ventilsteuerung	c. i. h., Nockenwelle, Hohlstößel, Rollenkette		
Schmierung	Druckumlaufschmierung		
Gemischaufbereitung	Fallstromvergaser mit Beschleunigungspumpe		
Kühlsystem	frostsichere Überdruck-Flüssigkeitskühlung		
Zündsystem / Bordspannung	Batterie / 12 V 44 Ah		
Kraftübertragung:			
Kupplung, Bauart	Einscheiben-Trockenkupplung mit Belleville-Feder		
Getriebe, Bauart, Gänge	Opel Dreigang-Getriebe, auf Wunsch: Viergang-Getriebe		
Automatik, Bauart, Gänge	Olymat	Olymat	Zweigang Automatik
Schaltung	ab Werk: Mittelschaltung; Lenkradschaltung bei Viergang		
Radantrieb, Bauart	Hinterradantrieb, Differenzial mit Hypoidverzahnung		
Karosserie / Fahrwerk:			
Aufbau	2- und 4-türige Limousine, Coupé, 3- und 5-türiger Caravan		
Ausstattungsvarianten	Rekord L (2- und 4-türige Limousine)		
Aufbau- / Chassis-Konstruktion	selbsttragend mit wannenförmigem Unterboden, gewölbte Seitenscheiben		
Vorderradaufhängung	Einzelradaufhängung mit ungleich langen Lenkern, Stabilisator		
Vorderradfederung / -dämpfung	Schraubenfedern mit linearer Rate, Teleskop-Stoßdämpfer		
Hinterradaufhängung	Starrachse, Banjo-Typ		
Hinterradfederung / -dämpfung	3-Blattfeder mit Spaltblatt, hinten in Drucklasche, Teleskop-Stoßdämpfer		
Räder, Bauart	Stahlscheibenräder, 4 ½ J x 13		
Reifen, Dimension	schlauchlos, 5.90 x 13 / 5.90 S 13		
Lenkung / Bremsen:			
Lenkung, Bauart	Kugelumlauf-Lenkung mit dreiteiliger Spurstange		
Fußbremse	hydraulische Vierradbremse (1,9 Liter: Zweikreis-Bremse)		
Vorderradbremse	Festsattel-Scheibenbremse		
Hinterradbremse	Trommel (Laschenbremse)		
Handbremse	Stockhandbremse, Seilzug auf die Hinterräder		
Maße / Preise:			
Länge / Breite / Höhe in mm	4529 x 1690 x 1442 (Limousine)		
Radstand in mm	2639		
Spurweite vorn / hinten in mm	1325 / 1352		
Leergewicht in kg	965-990		
Zuladung in kg	430-455		
Tankinhalt in l	45		
Verbrauch l/100 km	9,1	9,8	9,6
Höchstgeschwindigkeit km/h	136	148	160
Grundpreise in DM	7210,- bis 8485,-		

Rekord C					
Bauzeitraum	1966-1971				
Stückzahl	1.253.161				
Motor:					
Motorvarianten	1,5 Liter	1,7 Liter	1,7 Liter S	1,9 Liter S	2,2 Liter
Verbrennungsart	Otto				
Zylinderzahl / Anordnung	4 / Reihe	4 / Reihe	4 / Reihe	4 / Reihe	6 / Reihe
Zylinderkopf / Motorblock	Grauguss / Grauguss				
Hubraum in ccm	1492	1698	1698	1897	2239
Bohrung x Hub in mm	82,5 x 69,8	88 x 69,8	88 x 69,8	93 x 69,8	82,5 x 69,8
Leistung in kW (PS)/min^{-1}	43 (58) / 4800	44 (60) / 4600	55 (75) / 5200	66 (90) / 5100	70 (95) / 4800
max . Drehmoment in Nm/min^{-1}	105 / 2500	118 / 2300	130 / 2700	149 / 2800	160 / 3000
Ventilsteuerung	c. i. h., Nockenwelle, Hohlstößel, Rollenkette				
Schmierung	Druckumlaufschmierung				
Gemischaufbereitung	Fallstromvergaser mit Beschleunigungspumpe				
Kühlsystem	frostsichere Überdruck-Flüssigkeitskühlung				
Zündsystem / Bordspannung	Batterie / 12 V 44 Ah				
Kraftübertragung:					
Kupplung, Bauart	Einscheiben-Trockenkupplung mit Scheibenfeder				
Getriebe, Bauart, Gänge	Dreigang-Getriebe, auf Wunsch: Viergang-Getriebe				
Automatik, Bauart, Gänge	auf Wunsch für Motoren 1,9 S und 2,2: Powerglide Zweigang-Automatic				
Schaltung	Lenkradschaltung, Viergang auf Wunsch mit Mittelschaltung				
Radantrieb, Bauart	Hinterradantrieb, Differenzial mit Hypoidverzahnung				
Karosserie / Fahrwerk:					
Aufbau	2- und 4-türige Limousine, Coupé, 3- und 5-türiger Caravan				
Ausstattungsvarianten	Rekord L (2- und 4-türige Limousine)				
Aufbau- / Chassis-Konstruktion	selbsttragende Ganzstahlkarosserie mit 5 Plätzen				
Vorderradaufhängung	Einzelradaufhängung mit ungleich langen Querlenkern, Stabilisator				
Vorderradfederung / -dämpfung	Schraubenfedern mit linearer Rate, Teleskop-Stoßdämpfer in der Schraubenfeder				
Hinterradaufhängung	ungeteilte Hinterachse mit Doppel-Längslenkern				
Hinterradfederung / -dämpfung	Schraubenfedern mit linearer Rate, Teleskop-Stoßdämpfer				
Räder, Bauart	Stahlscheibenräder, 4 ½ J x 13				
Reifen, Dimension	6.40 x 13	6.40 x 13	6.40 x 13	6.40 S 13	6.40 S 13
Lenkung / Bremsen:					
Lenkung, Bauart	Kugelumlauf-Lenkung mit selbsttätigem Rücklauf (Sicherheitslenkung)				
Fußbremse	hydraulische Zweikreisbremse mit Bremskraftverstärker				
Vorderradbremse	Festsattel-Scheibenbremse				
Hinterradbremse	Trommel				
Handbremse	Stockhandbremse, Seilzug auf die Hinterräder				
Maße / Preise:					
Länge / Breite / Höhe in mm	4550 x 1754 x 1456 (Limousine)				
Radstand in mm	2668				
Spurweite vorn / hinten in mm	1400 / 1400				
Leergewicht in kg	1040-1080				
Zuladung in kg	400-460				
Tankinhalt in l	55				
Verbrauch l/100 km	9,9	10,5	10,8	10,5	11,4
Höchstgeschwindigkeit km/h	133	136	148	160	163
Grundpreise in DM	7590,- bis 9350,-				

Rekord D			
Bauzeitraum	1972-1977		
Stückzahl	1.116.088		
Motor:			
Motorvarianten	1,7 Liter	1,7 Liter S	1,9 Liter SH
Verbrennungsart	Otto		
Zylinderzahl / Anordnung	4 / Reihe		
Zylinderkopf / Motorblock	Grauguss / Grauguss		
Hubraum in ccm	1698	1698	1897
Bohrung x Hub in mm	88 x 69,8	88 x 69,8	93 x 69,8
Leistung in kW (PS)/min^{-1}	49 (66) / 5300	61 (83) / 5400	71 (97) / 5200
max. Drehmoment in Nm/min^{-1}	120 / 2000-3100	130 / 2600-3800	150 / 3800
Ventilsteuerung	c. i. h., Hydro-Stößel, Duplex-Rollenkette		
Schmierung	Druckumlaufschmierung		
Gemischaufbereitung	Fallstromvergaser mit Beschleunigungspumpe		
Kühlsystem	frostsichere Überdruck-Flüssigkeitskühlung		
Zündsystem / Bordspannung	Batterie / 12 V 44 Ah		
Kraftübertragung:			
Kupplung, Bauart	Einscheiben-Trockenkupplung		
Getriebe, Bauart, Gänge	Viergang-Getriebe		
Automatik, Bauart, Gänge	Opel Dreigang-Automatik		
Schaltung	Mittelschaltung		
Radantrieb, Bauart	Hinterradantrieb, Differenzial mit Hypoidverzahnung		
Karosserie / Fahrwerk:			
Aufbau	2- und 4-türige Limousine, Coupé, 3- und 5-türiger Caravan		
Ausstattungsvarianten	Rekord L (2- und 4-türige Limousine)		
Aufbau- / Chassis-Konstruktion	selbsttragende Ganzstahlkarosserie mit 5 Plätzen		
Vorderradaufhängung	Einzelradaufhängung mit ungleich langen Querlenkern, Stabilisator		
Vorderradfederung / -dämpfung	Schraubenfedern mit progressiver Rate, Teleskop-Stoßdämpfer		
Hinterradaufhängung	ungeteilte Hinterachse mit Doppel-Längslenkern		
Hinterradfederung / -dämpfung	Schraubenfedern mit progressiver Rate, Teleskop-Stoßdämpfer, Stabilisator		
Räder, Bauart	Stahlscheibenräder, 5 J x 13		
Reifen, Dimension	6.40 x 13	6.40 S 13	6.40 S 13
Lenkung / Bremsen:			
Lenkung, Bauart	Kugelumlauf-Lenkung (Sicherheitslenkung)		
Fußbremse	hydraulische Zweikreisbremse mit Bremshilfe		
Vorderradbremse	Scheibenbremse		
Hinterradbremse	Trommel		
Handbremse	Seilzug auf die Hinterräder		
Maße / Preise:			
Länge / Breite / Höhe in mm	4567 x 1718 x 1405 (Limousine)		
Radstand in mm	2668		
Spurweite vorn / hinten in mm	1427 / 1412		
Leergewicht in kg	1065-1090		
Zuladung in kg	420-480		
Tankinhalt in l	70		
Verbrauch l/100 km	9,8	9,9	9,8
Höchstgeschwindigkeit km/h	143	155	161
Grundpreise in DM	9285,- bis 11.114,50		

Rekord E '77						
Bauzeitraum	1977-1982					
Stückzahl	962.218					
Motor:						
Motorvarianten	1,7 Liter N	1,9 Liter N	2,0 Liter N	2,0 Liter S	2,0 Liter E	2,1 Liter D
Verbrennungsart	Otto	Otto	Otto	Otto	Otto	Diesel
Zylinderzahl / Anordnung	4 / Reihe					
Zylinderkopf / Motorblock	Grauguss / Grauguss					
Hubraum in ccm	1698	1897	1979	1979	1979	2068
Bohrung x Hub in mm	88 x 69,8	93 x 69,8	95 x 69,8	95 x 69,8	95 x 69,8	88 x 85
Leistung in kW (PS)/min^{-1}	44 (60) / 4800	55 (75) / 4800	66 (90) / 5200	74 (100) / 5200	81 (110) / 5400	44 (60) / 4400
max. Drehmoment in Nm/min^{-1}	114 / 2200-3000	135 / 2200-3400	145 / 3400	158 / 3400-3800	162 / 3000	120 / 2500
Ventilsteuerung	c. i. h., Hydro-Stößel, Duplex-Rollenkette					
Schmierung	Druckumlaufschmierung					
Gemischaufbereitung	Fallstromvergaser mit Beschleunigungspumpe			Einspritzung	Einspritzpumpe	
	35 PDS	35 PDSI	Varajet II	35/40 INAT	L-Jetronic	Bosch
Kühlsystem	frostsichere Überdruck-Flüssigkeitskühlung					
Zündsystem / Bordspannung	12 V 44 Ah	12 V 44 Ah	12 V 44 Ah	12 V 44 Ah	12 V 44 Ah	12 V 88 Ah
Kraftübertragung:						
Kupplung, Bauart	Einscheiben-Trockenkupplung					
Getriebe, Bauart, Gänge	Viergang-Getriebe					
Automatik, Bauart, Gänge	Opel Dreigang-Automatik					
Schaltung	Mittelschaltung					
Radantrieb, Bauart	Hinterradantrieb, Differenzial mit Hypoidverzahnung					
Karosserie / Fahrwerk:						
Aufbau	2- und 4-türige Limousine, 3- und 5-türiger Caravan					
Ausstattungsvarianten	2- und 4-türige Limousine Luxus, Berlina, Caravan Luxus					
Aufbau- / Chassis-Konstruktion	selbsttragende Ganzstahlkarosserie mit 5 Plätzen					
Vorderradaufhängung	Einzelradaufhängung mit McPherson Federbeinen					
Vorderradfederung / -dämpfung	Schraubenfedern, Teleskop-Stoßdämpfer, separate Dämpferpatronen, Stabilisator					
Hinterradaufhängung	ungeteilte Hinterachse mit vier Längslenkern und einem Querlenker					
Hinterradfederung / -dämpfung	Schraubenfedern, Teleskop-Stoßdämpfer, Stabilisator					
Räder, Bauart	Stahlscheibenräder, 5 ½ J x 14					
Reifen, Dimension	175 SR 14	175 SR 14	175 SR 14	175 SR 14	175 HR 14	175 SR 14
Lenkung/Bremsen:						
Lenkung, Bauart	Kugelumlauf-Lenkung (Sicherheits-Lenkung)					
Fußbremse	hydraulische Zweikreisbremse mit Bremshilfe, 2 Liter-Motoren mit Bremskraftregler					
Vorderradbremse	Scheibenbremse					
Hinterradbremse	Trommelbremse					
Handbremse	Seilzug auf die Hinterräder					
Maße / Preise:						
Länge / Breite / Höhe in mm	4593 x 1726 x 1420 (Limousine), 4618 x 1718 x 1435 (Caravan)					
Radstand in mm	2668					
Spurweite vorn / hinten in mm	1431 / 1412 (Caravan: 1435 / 1412)					
Leergewicht in kg	1100-1140 (Caravan: 1140 bis 1310)					
Zuladung in kg	500-560 (Caravan: 530 bis 600)					
Tankinhalt in l	65 (Caravan: 70)					
Verbrauch l/100 km	9,8	10,2	10,7	9,4	9,4	8,4
Höchstgeschwindigkeit km/h	146	155	165	173	179	135
Grundpreise in DM	13.640,-	13.640,-	14.112,-	14.248,-	15.708,-	16.575,-

Rekord E ’82					
Bauzeitraum	1982-1986 (Export-Teile bis Juli 1989)				
Stückzahl	483.419				
Motor:					
Motorvarianten	1,8 Liter N	1,8 Liter S	2,0 Liter S	2,0 Liter E	2,3 Liter D
Verbrennungsart	Otto	Otto	Otto	Otto	Diesel
Zylinderzahl / Anordnung	4 / Reihe				
Zylinderkopf / Motorblock	Querstrom, Aluminium / Grauguss		Grauguss / Grauguss		
Hubraum in ccm	1796	1796	1979	1979	2260
Bohrung x Hub in mm	84,8 x 79,5	84,8 x 79,5	95 x 69,8	95 x 69,8	92 x 85
Leistung in kW (PS)/min^{-1}	55 (75) / 5400	66 (90) / 5400	74 (100) / 5200	81 (110) / 5400	48 (65) / 4200
max. Drehmoment in Nm/min^{-1}	135 / 3000	143 / 3000-3400	156 / 3800	162 / 3000	172 / 2500
Ventilsteuerung	o. h. c., Zahnriemen	o. h. c., Zahnriemen	c. i. h., Zweifach-Rollenkette	c. i. h., Zweifach-Rollenkette	c. i. h., Zweifach-Rollenkette
Schmierung	Druckumlaufschmierung				
Gemischaufbereitung	Fallstromvergaser mit Beschleunigungspumpe			Einspritzung	Einspritzpumpe
	1 B 1	Varajet II	Varajet II	LE-Jetronic	Bosch
Kühlsystem	frostsichere Überdruck-Flüssigkeitskühlung				
Zündsystem / Bordspannung	12 V 44 Ah	12 V 44 Ah	12 V 44 Ah	12 V 44 Ah	12 V 2 x 44 Ah
Kraftübertragung:					
Kupplung, Bauart	Einscheiben-Trockenkupplung				
Getriebe, Bauart, Gänge	Opel Viergang-Getriebe, auf Wunsch Fünfgang-Getriebe				
Automatik, Bauart, Gänge	Opel Dreigang-Automatik				
Schaltung	Mittelschaltung				
Radantrieb, Bauart	Hinterradantrieb, Differenzial mit Hypoidverzahnung				
Karosserie / Fahrwerk:					
Aufbau	2- und 4-türige Limousine, 5-türiger Caravan				
Ausstattungsvarianten	Limousine LS, GL, GLS, CD; Caravan LS, GL, GLS, CD				
Aufbau- / Chassis-Konstruktion	selbsttragende Ganzstahlkarosserie mit 5 Plätzen				
Vorderradaufhängung	Einzelradaufhängung mit McPhersan-Federbeinen				
Vorderradfederung / -dämpfung	Schraubenfedern, Teleskop-Stoßdämpfer, separate Dämpferpatronen, Stabilisator				
Hinterradaufhängung	ungeteilte Hinterachse mit vier Längslenkern und einem Querlenker				
Hinterradfederung / -dämpfung	Schraubenfedern mit progressiver Rate, Teleskop-Stoßdämpfer, Stabilisator				
Räder, Bauart	Stahlscheibenräder, 5 ½ J x 14				
Reifen , Dimension	175 SR 14	175 SR 14	175 HR 14	175 HR 14	175 SR 14
Lenkung / Bremsen:					
Lenkung, Bauart	Kugelumlauf-Lenkung (Sicherheits-Lenkung)				
Fußbremse	hydraulische Zweikreisbremse mit Bremshilfe und Bremskraftregler				
Vorderradbremse	Schwimmsattel-Scheibenbremse				
Hinterradbremse	Trommelbremsen				
Handbremse	Seilzug auf die Hinterräder				
Maße/Preise:					
Länge / Breite / Höhe in mm	4652 x 1726 x 1420 (Limousine), 4678 x 1720 x 1470 (Caravan)				
Radstand in mm	2668				
Spurweite vorn / hinten in mm	1435 / 1412				
Leergewicht in kg	1115-1150 (Caravan: 1125 bis 1320)				
Zuladung in kg	520-540 (Caravan: 585 bis 640)				
Tankinhalt in l	65 (Caravan: 70)				
Verbrauch l/100 km	9,2	8,5	8,7	8,7	7,0
Höchstgeschwindigkeit km/h	160	173	181	187	155
Grundpreise in DM	18.560,-	18.560,-	18.928,-	19.928,-	20.510,-

Commodore A		
Bauzeitraum	1967-1971	
Stückzahl	156.497 (2-türig: 13.567, 4-türig: 72.597, Coupé: 70.333, einschließlich «GS» und «GS/E»)	
Motor:		
Motorvarianten	2,5 Liter S	2,2 Liter
Verbrennungsart	Otto	
Zylinderzahl / Anordnung	6 / Reihe	
Zylinderkopf / Motorblock	Grauguss / Grauguss	
Hubraum in ccm	2490	2239
Bohrung x Hub in mm	87 x 69,8	82,5 x 69,8
Leistung in PS/min^{-1}	115 / 5200	95 / 4000
max. Drehmoment in Nm/min^{-1}	177 / 3600-4000	160 / 3000-3400
Ventilsteuerung	c. i. h., Hohlstößel, Rollenkette	
Schmierung	Druckumlaufschmierung	
Gemischaufbereitung	Fallstromvergaser mit Beschleunigungspumpe	
Kühlsystem	frostsichere Überdruck-Flüssigkeitskühlung	
Zündsystem / Bordspannung	Batterie / 12 V 44 Ah	
Kraftübertragung:		
Kupplung, Bauart	Einscheiben-Trockenkupplung mit Scheibenfeder	
Getriebe, Bauart, Gänge	Viergang-Getriebe	
Automatik, Bauart, Gänge	Powerglide, Drehmomentwandler und automatisch schaltendes Zweigang-Planetenradsystem	
Schaltung	Mittelschaltung	
Radantrieb, Bauart	Hinterradantrieb, Differenzial mit Hypoidverzahnung	
Karosserie / Fahrwerk:		
Aufbau	2- und 4-türige Limousine, Coupé	
Aufbau- / Chassis-Konstruktion	selbsttragende Ganzstahlkarosserie mit 5 Plätzen	
Vorderradaufhängung	Einzelradaufhängung mit ungleich langen Querlenkern, Stabilisator	
Vorderradfederung / -dämpfung	Schraubenfedern mit linearer Rate, Teleskop-Stoßdämpfer in der Feder	
Hinterradaufhängung	ungeteilte Hinterachse mit Doppel-Längslenkern	
Hinterradfederung / -dämpfung	Schraubenfedern mit linearer Rate, Teleskop-Stoßdämpfer	
Räder, Bauart	Stahlscheibenräder, 5 ½ J x 14	
Reifen, Dimension	165 S 14	
Lenkung / Bremsen:		
Lenkung, Bauart	Kugelumlauflenkung mit selbsttätigem Rücklauf	
Fußbremse	hydraulische Zweikreisbremse mit Bremshilfe	
Vorderradbremse	Festsattel-Scheibenbremse	
Hinterradbremse	Trommelbremse	
Handbremse	Stockhandbremse, Seilzug auf die Hinterräder	
Maße / Preise:		
Länge / Breite / Höhe in mm	4574 x 1754 x 1445 (Limousine), 4574 x 1758 x 1440 (Coupé)	
Radstand in mm	2668	
Spurweite vorn / hinten in mm	1410 / 1410	
Leergewicht in kg	1130 bis 1170	
Zuladung in kg	395 bis 435	
Tankinhalt in l	55	
Verbrauch l/100 km	11,6 (Coupé: 11,2)	11,4 (Coupé: 11,2)
Höchstgeschwindigkeit km/h	170 (Coupé: 175)	163 (Coupé: 167)
Grundpreise in DM	2-türige Limousine: 9775,-	9650,-
	4-türige Limousine: 10.200,-	10.075.-
	Coupé: 10.350,-	10.225,-

	Commodore B 2.5 S	Commodore B GS/E, GS/2.8, GS (2.5 H)
Bauzeitraum	1972-1977	
Stückzahl	140.827 (4-türig: 98.548; Coupé: 42.279, einschließlich «GS» und «GS/E»)	
Motor:		
Motorvarianten	2,5 Liter S	2,8 Liter E (2,8 H; 2,5 H)
Verbrennungsart	Otto	
Zylinderzahl / Anordnung	6 / Reihe	
Zylinderkopf / Motorblock	Grauguss / Grauguss	
Hubraum in ccm	2490	2753 (2753; 2490)
Bohrung x Hub in mm	87 x 69,8	92 x 69,8 (92 x 69,8; 87 x 69,8)
Leistung in kW (PS)/min^{-1}	85 (115) / 5200	118 (160) / 5400 (104 (142) / 5200; 95 (130) / 5300)
max. Drehmoment in Nm/min^{-1}	177 / 3600	233 / 4200 (216 / 3400; 190 / 4000)
Ventilsteuerung	c. i. h., Hydrostößel, Rollenkette	
Schmierung	Druckumlaufschmierung	
Gemischaufbereitung	Fallstromvergaser mit Beschleunigungspumpe (Zenith 34/40 INAT)	D-Jetronic (2 Register-Vergaser Zenith 35/40 INAT; 2 Register-Verg. Zenith 34/40 INAT
Kühlsystem	frostsichere Überdruck-Flüssigkeitskühlung	
Zündsystem / Bordspannung	Batterie / 12 V 44 Ah	
Kraftübertragung:		
Kupplung, Bauart	Einscheiben-Trockenkupplung mit Scheibenfeder	
Getriebe, Bauart, Gänge	Viergang-Getriebe	
Automatik, Bauart, Gänge	Opel Automatik, hydraulischer Drehmomentwandler und automatisch schaltendes Dreigang-Planetenradsystem	
Schaltung	Mittelschaltung	
Radantrieb, Bauart	Hinterradantrieb, Differenzial mit Hypoidverzahnung	
Karosserie / Fahrwerk:		
Aufbau	4-türige Limousine, Coupé	
Aufbau- / Chassis-Konstruktion	selbsttragende Ganzstahlkarosserie mit 5 Plätzen	
Vorderradaufhängung	Einzelradaufhängung mit ungleich langen Querlenkern, Stabilisator	
Vorderradfederung / -dämpfung	Schraubenfedern mit progressiver Rate, Teleskop-Stoßdämpfer in der Feder	
Hinterradaufhängung	ungeteilte Hinterachse mit Doppel-Längslenkern	
Hinterradfederung / -dämpfung	Schraubenfedern, Teleskop-Stoßdämpfer (GS: Gasdruck-Stoßdämpfer), Stabilisator	
Räder, Bauart	Stahlscheibenräder, 6 J x 14	
Reifen, Dimension	175 HR 14	175 HR 14 oder 195/70 HR 14
Lenkung / Bremsen:		
Lenkung, Bauart	Kugelumlauf-Lenkung mit selbsttätigem Rücklauf (GS/E Servolenkung serienmäßig)	
Fußbremse	hydraulische Zweikreisbremse mit Bremshilfe und Bremskraftregler	
Vorderradbremse	Festsattel-Scheibenbremse	belüftete Scheibenbremse
Hinterradbremse	Trommelbremse	
Handbremse	Seilzug auf die Hinterräder	
Maße / Preise:		
Länge / Breite / Höhe in mm	4607 x 1728 x 1405 (Lim.), 4607 x 1728 x 1370 (Coupé)	
Radstand in mm	2668	
Spurweite vorn / hinten in mm	1434 / 1400	1450 / 1400
Leergewicht in kg	1190 bis 1250	1210 bis 1265
Zuladung in kg	425	420 bis 440
Tankinhalt in l	70	
Verbrauch l/100 km	11,1 (Coupé: 10,5)	10,6 - 11,3
Höchstgeschwindigkeit km/h	175 (Coupé: 180)	180 - 200 (GS 2.5 - GS/E)
Grundpreise in DM	4-türige Limousine: 12.890,-	4-türige Limousine: 16.460,- (GS/E)
	Coupé: 13.225,-	Coupé: 14.520,- bis 16.795,30

	Commodore C 2,5 S	Commodore C 2,5 E
Bauzeitraum	1978-1982	1980-1982
Stückzahl	82.820 (Voyage: 2440)	
Motor:		
Motorvarianten	2,5 Liter S	2,5 Liter E
Verbrennungsart	Otto	
Zylinderzahl / Anordnung	6 / Reihe	
Zylinderkopf / Motorblock	Grauguss / Grauguss	
Hubraum in ccm	2490	
Bohrung x Hub in mm	87 x 69,8	
Leistung in kW (PS)/min^{-1}	85 (115) / 5200	96 (130) / 5600
max. Drehmoment in Nm/min^{-1}	179 / 3800-4200	185 / 4600
Ventilsteuerung	c. i. h., Hydrostößel, Rollenkette	
Schmierung	Druckumlaufschmierung	
Gemischaufbereitung	Register-Vergaser, Zenith 35/40 INAT	Bosch LE-Jetronic
Kühlsystem	frostsichere Überdruck-Flüssigkeitskühlung	
Zündsystem / Bordspannung	Batterie / 12 V 44 Ah	
Kraftübertragung:		
Kupplung, Bauart	Einscheiben-Trockenkupplung mit Scheibenfeder	
Getriebe, Bauart, Gänge	Viergang-Getriebe (el. Overdrive ab 1981)	Viergang-Getriebe
Automatik, Bauart, Gänge	Opel Automatik, hydraulischer Drehmomentwandler und automatisch schaltendes Dreigang-Planetenradsystem	
Schaltung	Mittelschaltung	
Radantrieb, Bauart	Hinterradantrieb, Differenzial mit Hypoidverzahnung	
Karosserie / Fahrwerk:		
Aufbau	2- und 4-türige Limousine	
Ausstattungsvarianten	Commodore «Berlina»	
Aufbau- / Chassis-Konstruktion	selbsttragende Ganzstahlkarosserie mit 5 Plätzen	
Vorderradaufhängung	Einzelradaufhängung an McPherson Federbeinen	
Vorderradfederung / -dämpfung	Schraubenfedern mit progressiver Rate, Teleskop-Stoßdämpfer in der Feder	Schraubenfedern, Teleskop-Stoßdämpfer, Stabilisator
Hinterradaufhängung	ungeteilte Hinterachse mit vier Längslenkern und einem Querlenker	
Hinterradfederung / -dämpfung	Schraubenfedern, Teleskop-Stoßdämpfer, Stabilisator	Schraubenfedern mit progressiver Rate, Teleskop-Stoßdämpfer
Räder, Bauart	Stahlscheibenräder, 6 J x 14, Leichtmetallräder auf Wunsch	
Reifen, Dimension	175 HR 14, 195/70 HR 14 (auf Leichtmetallräder)	
Lenkung / Bremsen:		
Lenkung, Bauart	Kugelumlauf-Lenkung mit selbsttätigem Rücklauf, Servolenkung a. Wunsch bzw. Serie bei Berlina	
Fußbremse	hydraulische Zweikreisbremse mit Bremshilfe und Bremskraftregler	
Vorderradbremse	belüftete Scheibenbremse	
Hinterradbremse	Trommelbremse	
Handbremse	Seilzug auf die Hinterräder	
Maße / Preise:		
Länge / Breite / Höhe in mm	4705 x 1722 x 1410; 4732 x 1772 x 1470 (Voyage)	
Radstand in mm	2668	
Spurweite vorn / hinten in mm	1434 / 1400; 1447 / 1438 (Voyage)	
Leergewicht in kg	1170 bis 1200	1237 bis 1332 (Voyage)
Zuladung in kg	425	603 bis 623
Tankinhalt in l	65 / 70 (Voyage)	
Verbrauch l/100 km	10,9 bis 11,7 (Voyage)	
Höchstgeschwindigkeit km/h	180 (Voyage 175)	187 (Voyage 182)
Grundpreise in DM	2-türige Limousine: 16.765,- / 19.700,- (ab 4/81)	
	4-türige Limousine : 17.200,- Voyage 19.050 EUR	Voyage 2.5 E: 23.795.-

Mobil
PIRELLI
OSLO
JOCHEN BERGER
WALTER RÖHRL
22
BOSCH
RECARO
BILSTEIN